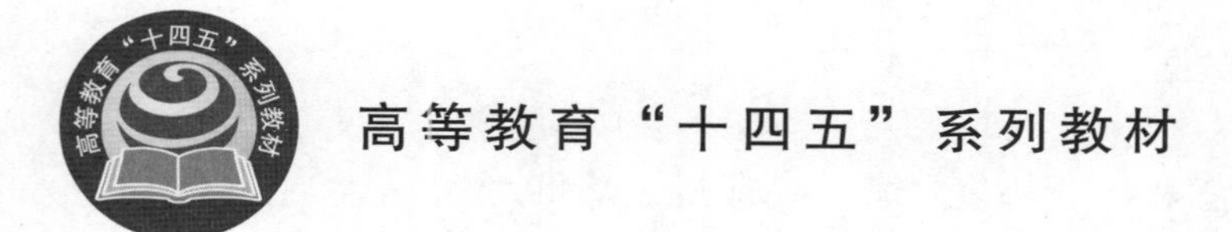

电路与电子技术实验教程

主编　于心俊

郑州大学出版社

图书在版编目(CIP)数据

电路与电子技术实验教程 / 于心俊主编. -- 郑州 : 郑州大学出版社, 2024.1(2025.1 重印)
ISBN 978-7-5773-0141-9

Ⅰ. ①电… Ⅱ. ①于… Ⅲ. ①电路 - 实验 - 教材②电子技术 - 实验 - 教材 Ⅳ. ①TM13-33②TN-33

中国国家版本馆 CIP 数据核字(2024)第 021612 号

电路与电子技术实验教程
DIANLU YU DIANZI JISHU SHIYAN JIAOCHENG

策划编辑	祁小冬	封面设计	苏永生
责任编辑	李　香	版式设计	苏永生
责任校对	杨飞飞	责任监制	朱亚君
出版发行	郑州大学出版社	地　　址	郑州市大学路 40 号(450052)
出 版 人	卢纪富	网　　址	http://www.zzup.cn
经　　销	全国新华书店	发行电话	0371-66966070
印　　刷	河南印之星印务有限公司		
开　　本	787 mm×1 092 mm　1 / 16		
印　　张	14.25	字　　数	323 千字
版　　次	2024 年 1 月第 1 版	印　　次	2025 年 1 月第 2 次印刷
书　　号	ISBN 978-7-5773-0141-9	定　　价	49.00 元

前言
QIANYAN

本书是根据社会发展及教学改革的新形势,结合专业认证理念,以学生为中心,以成果为导向,形成持续改进机制的"OBE"理念,培养具有创新意识的高素质人才,依据工科院校本科电类专业课程电路、模拟电子技术、数字电子技术的实验要求而编写的实验类课程教材,内容包括验证类实验、综合设计类实验和模拟仿真实验。

本书共分为四章:第一章为实验基础知识,主要包括实验守则、实验数据的误差分析与处理等内容;第二章为电路基础实验,包括16 个实验;第三章为模拟电子技术实验,包括 8 个实验;第四章为数字电子技术实验,包括 13 个实验。书末设有附录,介绍了本书相关仪器的使用方法。书中实验内容根据电路、模拟电子技术和数字电子技术课程的特点,既与理论教学内容有机衔接,又体现理论教学未充分反映出来的、但实际工作中需要解决的问题。书中配有简洁且具有指导性的实验学习资料,引导学生在实验预习及实验过程中进行深入、积极的思考,系统地运用所学知识,从自主学习研究的目的出发,培养学生解决复杂工程问题的能力。

本书可作为高等学校电子信息类、电气类及仪器仪表类专业本、专科学生进行电路与电子技术实验的教材,也可供从事电工电子技术工作的工程技术人员参考。

本书由河南工业大学于心俊任主编,杨建军、卫黄河、王学梅任副主编,刘林芝、张瑞、孟艳花参与了部分章节的修订工作,薛光周和王爱民对本教材的编写提供了大力支持,特此感谢。由于编者水平有限,书中难免有错误和欠妥之处,恳请读者提出宝贵意见。

编者

2023 年 4 月

目录

MULU

第一章 实验基础知识

电路与电子技术实验是高等学校电子信息类、电气类专业的电路、模拟电子技术、数字电子技术等理论课程的实验教学部分。它是一门实践性很强的技术基础课,是整个教学过程极其重要的一环。本书着重加强实验基本技能的训练,设置了从常用仪器的操作和电路调整、测试等单项基本功训练到设计、安装、调试的综合实验技能训练。为使实验顺利进行,在开始实验前,请认真阅读实验基础知识及附录中有关仪器的使用方法。

第一节 安全用电常识和实验守则

一、电的危害

电作为一种能源,同阳光、水、空气一样,是人类不可缺少的伙伴。但是,由于缺乏安全用电常识,在生活或工作中会出现触电、电击、烧伤、火灾,产生窒息、生命垂危、设备损坏、财产损失,从而造成不可估量的经济损失和政治影响。因此,掌握安全用电的知识与技能,不仅是电气工作人员必须做到的,还是每个人应该做到的。

电气安全主要包括人身安全与设备安全两个方面。人身安全是指在从事电气工作和电气设备操作使用过程中人员的安全,造成伤害的原因主要是缺乏安全用电知识和违章行为。设备安全是指电气设备及其附属设备的安全。

触电事故是电类实验室人身安全问题的主要因素之一,触电事故指人体接触带电体或接近高压带电体,使人体成为电流通路的一部分,从而造成对人体的伤害。人体触电时,电流会对人体造成电击和电伤两种伤害。一般人体受到 30 mA/s 以上的电击强度时,就会发生永久性伤害。数毫安的电流即可使人有电击的感觉;十几毫安的电流就可使肌肉收缩、痉挛,失去自控能力,无力脱离带电体;几十毫安的电流通过 1 s 以上就可造成死亡;几百毫安的电流可使人严重烧伤,停止呼吸。

实验中电击主要是用电设备的破损或故障、电路连接错误或操作不当等原因造成的。此外,对于已充电的电容器(特别是高电压、大容量的电容器),即使断开电源,由于残留电荷的作用,触及时也会发生电击,尤其应引起注意。

二、实验室供电系统

一般实验室的动力电源由低压电力网提供。低压电力网通常采用三相四线制,频率为 50 Hz,电压为 380 V(或 220 V)。图 1 为实验室供电系统的示意图,其中 A、B、C 为相线(火线);N 为工作零线(零线),它是三相电源星形连接时的中线;PE 为保护零线(地线),它是为安全而设置的接地线。接地通常是指用电设备的金属外壳直接与地连接,而接零是指与保护零线连接(虽然保护零线也是接地的,但用电设备的金属外壳只接保护零线,并不直接接地)。图 2 给出了接地和接零两种情况。在中性点不接地的低压系统中采用保护接地;在中性点接地的低压系统中均采用保护接零的方式,而不能采用保护接地的方式。

实验室一般采用中性点接地系统,因此一般采用保护接零。由于机器的金属外壳是接零的,而仪器的输出端子(如信号发生器)或输入端子(如毫伏表)都有一端是和机壳相通的,因此当数台仪器相互连接时,一定要将接零端和接零端连在一起,如图 3(a)所示;否则会发生短路,使仪器不能正常工作,甚至损坏。

用电设备的电源插头(座)采用图 3(b)、图 3(c)所示插头(座)。

判别相线与工作零线的最简单方法是用试电笔。试电笔由一只氖管和一个电阻(约 1 MΩ)串联构成,使用时手持一端,另一端与相线接触时,氖管两端有高电压即发光;另一端与工作零线接触时,氖管两端无高电压,则氖管不发光。因此,可以根据氖管发光与否来判别相线与工作零线。试电笔中电阻阻值很高,通过人体的电流极小,不会使人触电。但应当注意,试电笔只能用于 220 ~ 380 V 的电压,超过此电压范围则不安全,过低则无效。

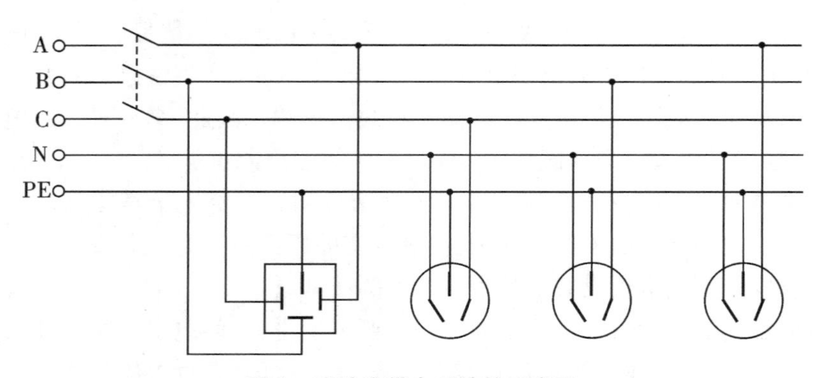

图 1　实验室供电系统的示意图

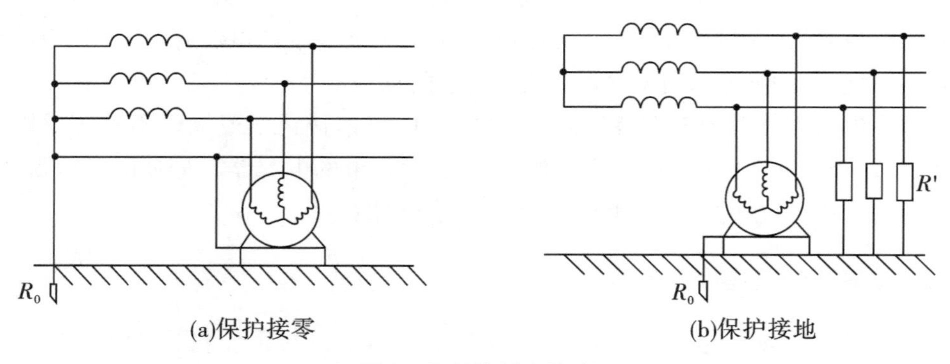

图 2　保护接零和接地

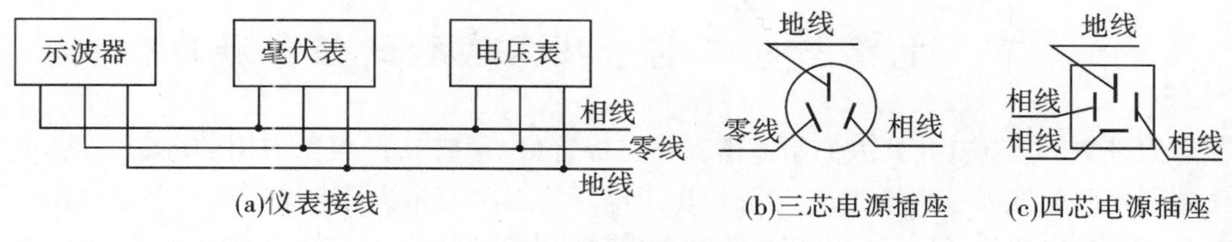

图3　电源保护接线

三、实验守则及安全注意事项

(1)课前应进行必要的预习并写出预习报告,做到心中有数,否则不得参加实验。

(2)应按规定时间到达实验室参加实验,认真听取老师的讲解,未听老师讲解的不得参加实验。

(3)实验前掌握实验室所有电源线路走向与控制。接线、拆线和改接线路都要在断电状态下进行。操作闸刀、开关要果断迅速,同时密切注意电路及各仪器、仪表的工作状态,出现异常立即恢复原始状态。接好线后本组同学应轮流检查确认无误后再行通电,没把握者请老师协助检查。

(4)电机实验尤其要注意勿将导线、发辫、衣服、围巾等接触到转轴,以免造成事故。

(5)电压表应与被测电路并联使用,电流表应与被测电路串联使用,接入前应选好量程。使用万用表要特别注意换挡,切忌用电流挡或电阻挡测试电压。

(6)电子实验时要特别注意调好电源电压,使其符合电路要求。

(7)电烙铁、电灯泡等要注意随时收放在合适位置以防火灾。

(8)要保持实验室的整洁与安静,养成良好的实验秩序。既要注意人身安全,也要注意设备安全。做到与实验无关的仪器、设备不动;对仪器设备的使用方法没有掌握不动;未正确选择量程不动。出现冒烟、打火、异味等异常现象时未切断电源不离开;出现故障时原因未查清楚不离开;由于操作不当造成仪器、设备损坏等责任事故时未进行登记并经老师认可不离开。尤其要注意无论发生什么异常,都应迅速切断本组或总电源以保证人身、设备的安全。

(9)实验中注意观察并记录实验现象,及时分析实验结果,若有异常,应重新测量或请老师指导,获得正确结果后继续进行下一步的实验,实验完毕要整理好实验数据请老师审查签字认可后再行断电、拆线,整理好实验器材后离开实验室。

(10)一旦发生触电事故,应使触电者迅速脱离电源然后急救。根据当时条件可采取断开开关、拔出电源插头或采用干燥的绝缘物拨开电源线等一切在保证施救者安全的前提下使触电者迅速脱离电源的措施。脱离电源后应根据受伤害的程度施救。若停止呼吸或心脏停搏,应立即进行人工呼吸或人工胸外心脏按压复苏处理,并迅速与医院急救取得联系救援。

第二节 电路与电工电子技术实验的任务和地位

自从20世纪20年代人们制造出真空三极管(电子管),产生了实用的电子电路,电工电子电路的发展极其迅速,至今已经历了电子管电路—晶体管电路—集成电路的发展过程。集成电路又经历了由大规模到超大规模的发展过程。在这些发展过程中,电工电子学总是随电子器件的发展而发展,每一种新器件的出现都对电工电子技术的发展产生重大的影响,而每一种器件的产生和应用又都是与实验紧密相关的,实验是电工电子电路产生和发展的基础,每一种新电工电子产品或新电工电子技术的出现都经历如图4所示的过程。

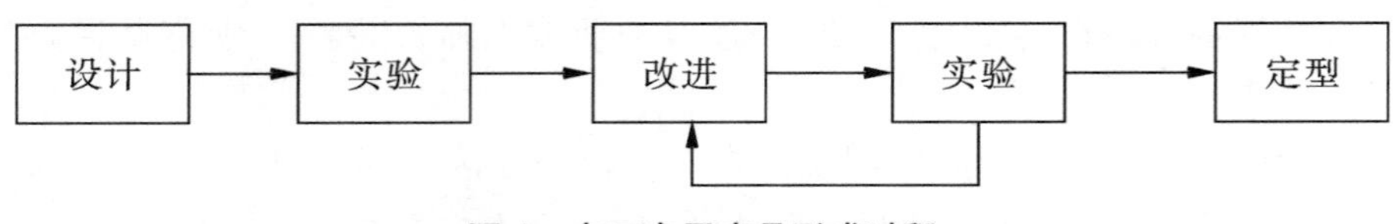

图4 电工电子产品形成过程

显然实验在这里起了重要的作用,因此从学科性质上看,电工电子电路既是一门理论性学科,又是一门实验性学科,电工电子技术实验在电工电子技术的教学过程中同样占有极其重要的地位。其主要任务是:

(1)验证、巩固理论知识。

(2)使学生获得广博的实际知识。如电工电子器件的类型、型号、规格及典型电路等。

(3)训练学生的基本技能,动手、动脑解决实际问题。如调试、安装、维修、测量等技能以及使用仪表、查阅手册、资料的能力。

(4)培养学生的实验能力。如制订实验方案、设计实验电路、分析实验现象、撰写实验报告等。

(5)培养学生的科研能力,使学生养成实事求是的科学态度和严谨的工作作风。

第三节 电路与电工电子技术实验的特点和学习方法

一、电路与电工电子技术实验的特点

(1)电工电子器件种类繁多、同种类型特性各不相同,我们首先面临着如何正确选择电工电子器件的问题。因此对电工电子器件的性能应有所了解。

(2)电工电子器件的特性参数分散性大,电工电子元件(如 R、C 等)的数值也有较大差别,这就使得实际电路与设计要求有一定差异,实验中要花费相当的精力进行调试,要注意总结调试的经验。

(3)电工电子器件的特性相当一部分是非线性的,这就带来了如何合理地选择与调整静态工作点以及如何使工作点稳定的问题。而工作点是由偏置电路来确定的,因此偏置电路的设计与调整是极其重要的。另外,非线性使得设计难以精确,因此通过实验进行调试是必不可少的。

(4)寄生参数(如分布电容、寄生电感等)和外界电磁干扰有时会对电路产生重大影响,甚至会产生自激振荡,尤以高频为甚。因此元件的合理布局和合理的连接方式,接地点的合理选择和地线的合理安排,去耦的合理应用以及屏蔽等措施在模拟电子技术实验中是相当重要的,应注意总结经验。

(5)各单元电路相互连接时,要注意相互匹配。尽管各单元电路都能正常工作,若不能相互匹配,总电路就可能不能正常工作。这就要求除了在设计时合理选择电路形式和元件参数或采取某些特殊的措施外,实验时也应引起足够的重视。

(6)由于测试仪器都是非理想的,对被测电路的工作状态会有一定的影响,因此要注意选择合适的仪器,分析时要注意由此引起的误差。

二、电路与电工电子技术实验课程的学习方法

这门课程包括预习、实验和总结三个阶段,要认真完成各个阶段。

(1)预习。搞清楚实验内容、实验要求、实验方法及实验中应注意的问题,按照如下格式撰写预习报告:

实验目的

实验器材

实验原理

实验步骤(包括列出实验用表格)

估算实验结果,以便在实验过程中及时发现错误。一定要从理论上来研究电路原理和特性,注意理论对电路设计及测试的指导作用。

(2)实验。这一阶段是本课程的主要阶段。应带着预习报告按时到达实验室,认真听取老师的讲解,之后开始按预定的实验方案进行实验。采集实验数据,记录实验现象。实验过程中要注意理论和实践相结合,用理论来解释、分析实验现象和数据,指导电路调整,并及时总结记录,尤其是记录一些实际知识和经验,如仪器与元器件的型号、规格、使用方法以及典型的现象与故障等。实验过程中要有意识地、主动地锻炼自己的实际工作能力,不依赖老师的指导,力求自己解决实验中出现的各种问题,要不怕困难和失败。完成全部实验步骤并经老师检查后离开实验室。

(3)总结。实验完成后,要整理实验数据,分析实验结果,完成实验作业,总结实验收获,在预习报告的基础上撰写出完整的实验报告。这一阶段完成得好坏对实验收获的大小有很大的影响。

第四节　测量误差与数据处理

一、测量方法

1. 直接测量和间接测量

(1)直接测量。直接用仪器仪表测得所需物理量的值。

(2)间接测量。利用直接测量的量与被测量之间的函数关系,得到该被测量值的测量方法。

(3)组合测量。将被测量和另外几个量组成联立方程,通过直接测量这几个量后求解得出被测量。

2. 直读测量和比较测量

(1)直读测量。从仪器的刻度线上直接读出数值。

(2)比较测量。在测量过程中,对被测量与标准量进行比较而获得测量结果。例如,电桥就是利用标准元件对被测量进行测量。

3. 按被测量的性质分类

(1)时域测量。各电量与时间的关系常可用示波器得到。

(2)频域测量。如通频带的测量。

(3)数据域测量。这是逻辑分析仪对数字量进行测量的方法。它具有多个输入通道,可以同时观测许多单次并行的数据。

(4)随机测量。如各类噪声干扰信号的动态测量。

测量方法分类很多,比如自动和非自动测量,精密与工程测量,原位和远距离测量等。随着科技的进步,将会产生更多的测试方法和手段,我们应在实践中不断总结与探索。

二、测量误差及处理方法

测量是人类对自然界的客观事物取得数量观念的一种认识过程。在这一过程中借助于专门的设备,通过实验的方法,求出未知量大小。未知量的真实大小称为真值。在测量过程中,人们对客观规律认识的局限性、测量工具不准确、测量手段不完善以及测量工作中的疏忽或错误,都会使测量结果与真值不同,即造成失真,这种失真称为测量误差。

测量误差根据其性质和特点,可分为系统误差、随机误差和粗大误差三大类。

1. 系统误差

在相同条件下多次测量同一量时,误差的绝对值和符号保持恒定,或在条件改变时按某种确定规律而变化的误差称为系统误差,简称系差。在某些条件改变时仍保持不变的叫恒值系差,随测试条件而变化的叫变值系差。

造成系统误差的原因很多,常见的有以下几个方面:

(1)测量设备的缺陷或使用不当。

(2)测量环境的变化。如温度、湿度、电源电压、周围电磁场等的变化。

(3)测量方法的不完善、所依据的理论不严密和采用了某些近似公式。这些常称为理论误差或方法误差。如用电压表和电流表测量电阻时,电流表内接或外接引起的误差。

(4)测量人员的某些不正确的测量习惯或能力所限。如用耳机判断电桥平衡就受到人耳灵敏度的限制。

总的说来,当测试条件改变时,系统误差客观上有确定的规律,但是,困难的是系统误差的变化规律常常很难掌握,即使多次重复测量,采用统计的方法,也不能消除其影响。因此对待系统误差很难说有什么通用的处理方法,通常是针对具体测量条件采用一定的技术措施。这主要取决于测量人员的经验、学识和技巧,一般涉及以下几个方面:

(1)设法检验系统误差是否存在;

(2)分析可能造成系统误差的原因,并在测量之前尽力消除;

(3)测量过程中采取某些技术措施,来尽力消除或减弱系统误差的影响;

(4)设法估计出残存的系统误差的数值或范围,以便掌握它对测量结果的影响。

相应采取的措施有:

(1)测量原理、方法力求正确、严格;

(2)测量仪器定期检定、校准,并注意仪器的正确使用条件和方法;

(3)采取措施尽力消除周围环境对测量的影响,如恒温、散热、屏蔽、减振等措施;

(4)提高测量人员的技术水平和工作责任心。

2. 随机误差

在相同条件下多次测量同一量时,误差的绝对值和符号均发生变化,且没有确定的规律,也不可以预定的误差称为随机误差。它主要是由那些对测量值影响较小而又互不相关的多种因素共同造成的。

一次测量的随机误差没有规律,不可控制,也不能用实验的方法加以消除,但是在足够多次测量的总体上服从统计的规律,也就是说,对于大量的测量,从统计的观点来看,随机误差表现出了它的规律性。其特点是:

(1)有界性。在多次测量中其绝对值不会超过一定的界限。

(2)对称性。即绝对值相等的正、负误差出现的机会相同。

(3)抵偿性。

其中,抵偿性是随机误差的一个典型特征,据此我们可以通过多次测量取平均值来削弱随机误差的影响。

3. 粗大误差

在一定的测量条件下,测量值显著地偏离其真值时所对应的误差称为粗大误差。它主要是由读数错误、记录错误、仪器故障、测量方法不合理、计算错误及不被允许的干扰等原因造成的。就数值大小而言,粗大误差一般明显地高于正常条件下的系统误差和随机误差。凡确定含有粗大误差的测量数据称为坏值,应该剔除不用。

三、测量误差的表示方法

误差通常有绝对误差和相对误差两种表示方法。

1. 绝对误差

绝对误差又叫绝对真误差,它可以表示为

$$\Delta x = x - x_0$$

式中:Δx 为绝对误差;x 为被测量的给出值;x_0为被测量的真值。

给出值在测量中通常是被测量的测得值,但也可以是仪器的示值,量具的标称值,近似计算的近似值等。

真值可由理论给出或由计量学作出规定。大多数情况下,真值常常只能尽量逼近,很难完全确定。在一般测量工作中,通常是把由更高一级以上的标准仪器或与计量基准对比所测得的值来代替真值(称实际值)。只要标准仪器的误差与测量仪器的误差相比小于 1/30 ~ 1/20,用实际值代替真值通常是允许的。

2. 相对误差

相对误差又叫相对真误差,它是绝对误差与真值的比值,通常用百分数表示:

$$\gamma = \frac{\Delta x}{x_0} \times 100\%$$

还可用对数表示,叫分贝误差。例如我们测量一个有源或无源网络,其电压或电流传输函数为 A,则可以把这个传输函数用分贝表示为

$$A[\mathrm{dB}] = 20\lg A_0[\mathrm{dB}] + \gamma[\mathrm{dB}]$$

式中:$\gamma[\mathrm{dB}]$叫作分贝误差。

相对误差可以较好地反映某次测量的准确程度,但是,在连续刻度的仪表中,用相对误差来表示整个量程内仪表的准确程度时式中分母变化,求得的相对误差也将随着变化,因此为了计算和划分仪表的准确等级的方便,在求相对误差时分母改取仪表的量程值,这就是引用相对误差(又叫满度相对误差):

$$\gamma_n = \frac{\Delta x}{x_m}$$

常用电工仪表分为±0.1、±0.2、±0.5、±1.0、±1.5、±2.5、±5.0 七级,分别表示它们的引用相对误差所不超过的百分比。

若仪表的等级是 s 级的,它的满刻度值为 x_m,被测量的真值为 x_0,那么测量的绝对误差为

$$\Delta x \leqslant x_m \cdot s\%$$

测量的相对误差为

$$\gamma \leqslant \frac{x_m \cdot s\%}{x_0}$$

可见，当一个仪表的等级选定后，测量中绝对误差的最大值与仪表刻度的上限 x_m 成正比，因此所选仪表的量程不应比实测量 x_0 大得太多。而相对误差在 x_0 向 x_m 靠近时变小，因此，我们在使用这类仪表时一般应使测量值尽可能在仪表满刻度的 2/3 以上。

四、测量数据的表示方法

测量数据的表示方法通常有列表法、图形表示法、方程表示法，请同学们结合实际情况灵活应用。

五、测量数据的处理

1. 有效数字

通过实验测量出数据后，通常还要对这些数据进行计算、分析、整理，有时还要把数据归纳成一定的表达式或表格、曲线等，这就是数据处理。数据处理建立在误差分析的基础上，在数据处理过程中要进行去粗取精、去伪存真的工作，并通过分析、整理得出正确的科学结论，并在实践中进一步检验。

测量误差使得测量数据不可能完全准确，另外，在对测量数据进行计算时，遇到像 π、e、$\sqrt{2}$ 等无理数也只能取近似值，我们得到的数据通常只是一个近似数，当我们用这个数来表示一个量时，为了表示得确切，通常规定误差不得超过末位数字的一半。如末位数字是个位，则包含的绝对误差不应大于 0.5。这种误差不大于末位单位数字一半的数，从它左边第一个不为零的数字起，直到右边最后一个数字止，都叫有效数字。根据定义，我们可以知道，数字左边的零不是有效数字，而中间和右边的数字是有效数字，如 0.050 0 kΩ 左边的两个零不是有效数字，因为它们可以通过单位变换为 50.0 Ω，而右边的两个零对应着测量的精度，不能随意增减，50.0 Ω 代表误差的绝对值不超过 0.05 Ω，因此有效数字的位数要和误差大小相对应。此外，对于像 100 000 Hz 这样的数字若百位数上就包含了误差，就只能有四位有效数字，应该用有效数字乘 10 的乘幂的形式来表达成 1.000×10^5 Hz，它表明有效数字只有四位，误差绝对值不大于 50 Hz。这一点应在记录实验数据时引起注意，使所取的有效数字的位数与实际测量的准确度相一致。

2. 有效数字的舍入规则

当测量时只有 n 位有效数字时，计算过程中出现的超过 n 位的数字就要根据舍入规则进行处理。如对某电流进行了 4 次测量，分别为 $I_1=1.50$ A，$I_2=1.80$ A，$I_3=1.40$ A，$I_4=1.60$ A，它们的平均值为

$$\bar{I}=\frac{1}{4}\sum_{i=1}^{4} I_i=1.575\ \text{A}$$

对于每个测量值来说，小数点后的第二位都含有误差，它们的平均值在小数点后的第二位当然也会含有误差，则小数点后的第三、四位就没有什么意义了，因此应处理掉。

取 n 位有效数字，那么从 $n+1$ 位右边的数字都应处理掉，第 $n+1$ 位数字可能为 0～9 共十个数字，它们出现的概率相同，因此目前广泛使用的舍入规则如下：

(1)当保留 n 位有效数字,若后面的数字小于第 n 位单位数字的0.5就舍掉。

(2)当保留 n 位有效数字,若后面的数字大于第 n 位单位数字的0.5就在 n 位进1。

(3)当保留 n 位有效数字,若后面的数字恰为第 n 位单位数字的0.5,则在第 n 位数字为偶数时就舍掉后面的数字,在 n 位数字为奇数时,则在第 n 位数字加1。由于第 n 位数字为奇数和偶数的概率相同,舍和入的概率也相同,当舍入次数足够多时,舍入误差就会抵消。同时由于规定第 n 位数字为偶数时就舍,为奇数时进1(这时第 n 位由于进1也变成偶数了),这就使有效数字的尾数为偶数的机会大一些,而偶数在作为被除数时,被除尽的机会比奇数多一些,这有利于减少计算上的误差。

3.有效数字的运算规则

处理数据时,常常要运算一些准确度不相等的数值,按照一定的规则运算,既可以提高计算速度,也不因数字过少而影响结果的准确性。常用规则如下:

(1)加法运算。参加运算的加数所保留的小数点后的位数,一般应与各数中小数点后位数最少的位数相同。

(2)减法运算。参加运算的数据,数值相差较大时,与加法规则相同;相差较小时,运算后将失去若干位有效数字,误差较大,这是要避免的。解决的方法是尽量采取其他的测量方法。

(3)乘除运算。一般以百分误差最大或有效数字位数最少的项为准,不考虑小数点的位置。如0.12、1.057、23.41相乘,0.12的位数最少,则 $0.12\times1.1\times23=3.036$,结果应记为3.0。

为了减少计算误差,也可多保留一位有效数字,即 $0.12\times1.06\times23.4=2.976\,48$,结果应记为3.0。

(4)乘方及开方运算。当指数的底远大于或远小于1时,指数的误差对结果影响较大,指数应尽可能多保留几位有效数字。

(5)对数运算。取对数前后的有效数字位数相等。如,$\lg 7.564=0.878\,8$。

六、思考题

(1)什么叫测量误差?它有几种表达方式?

(2)测量误差按其性质和特点分为哪几种类型?应采取什么措施来减少这些误差?

第五节 减小仪表测量误差的方法

为了准确地测量电路中实际的电压和电流,必须保证仪表接入电路后不会改变被测电路的工作状态。这就要求电压表的内阻为无穷大,电流表的内阻为零。而实际使用的指针式电工仪表都不能满足上述要求。因此,当测量仪表一旦接入电路,就会改变电路原有的工作状态,这就导致仪表的读数值与电路原有的实际值之间出现误差。减小因仪表内阻而产生的测量误差的方法有以下两种。

1. 不同量程两次测量计算法

当电压表的灵敏度不够高或电流表的内阻太大时，可利用多量程仪表对同一处测量用不同量程进行两次测量，用所得读数经计算后可得到较准确的结果。

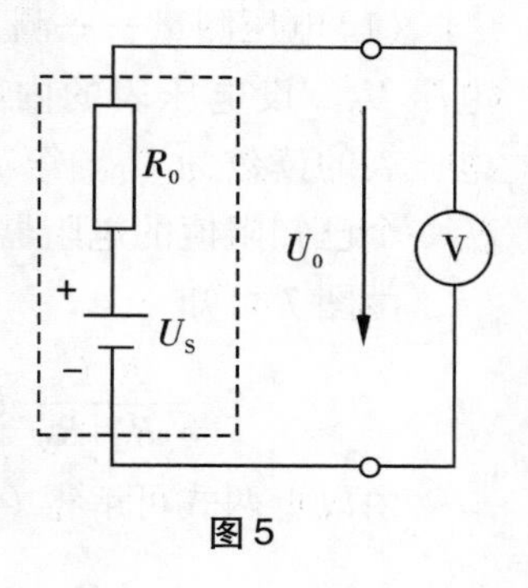

图 5

如图 5 所示电路，要测量具有较大内阻 R_0 的电动势 U_S 的开路电压 U_0 时，当所用电压表的内阻 R_V 与 R_0 相差不大时，将会产生很大的测量误差。

设电压表有两挡量限，U_1、U_2 分别为在这两个不同量程下测得的电压值，令 R_{V1} 和 R_{V2} 分别为这两个相应量限的内阻，则由图 5 可得出

$$U_1=\frac{R_{V1}}{R_0+R_{V1}}\times U_S, U_2=\frac{R_{V2}}{R_0+R_{V2}}\times U_S$$

解得 U_S 为

$$U_S=\frac{U_1U_2(R_{V2}-R_{V1})}{U_1R_{V2}-U_2R_{V1}}$$

由上式可知，当电源内阻 R_0 与电压表的内阻 R_V 相差不大时，通过上述的两次测量结果，即可计算出开路电压 U_0 的大小，且其准确度要比单次测量好得多。

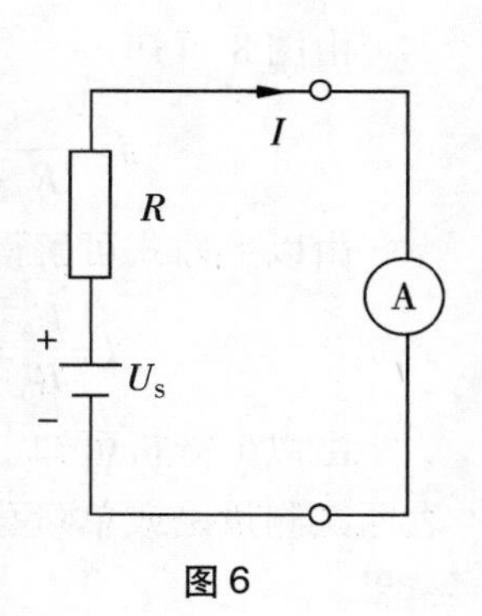

图 6

对于电流表，当其内阻较大时，也可用类似的方法测得较准确的结果。如图 6 所示电路，不接入电流表时的电流为

$$I=\frac{U_S}{R}$$

接入内阻为 R_A 的电流表 A 时，电路中的电流变为

$$I'=\frac{U_S}{R+R_A}$$

如果 $R_A=R$，则 $I'=I/2$，会出现很大的误差。

如果用有不同内阻 R_{A1}、R_{A2} 的两挡量程的电流表进行两次测量并经简单的计算，就可得到较准确的电流值。

按图 6 所示电路，两次测量得

$$I_1=\frac{U_S}{R+R_{A1}}, I_2=\frac{U_S}{R+R_{A2}}$$

由以上两式可解得 U_S 和 R，进而可得

$$I=\frac{U_S}{R}=\frac{I_1I_2(R_{A1}-R_{A2})}{I_1R_{A1}-I_2R_{A2}}$$

2. 同一量程两次测量计算法

如果电压表（或电流表）只有一挡量程，且电压表的内阻较小（或电流表的内阻较大），可用同一量程两次测量法减小测量误差。其中，第一次测量与一般的测量并无两

样。第二次测量时必须在电路中串入一个已知阻值的附加电阻。

(1)电压测量——测量如图7所示电路的开路电压 U_0。设电压表的内阻为 R_V。第一次测量时，电压表的读数为 U_1。第二次测量时应与电压表串接一个已知阻值的电阻器 R,电压表读数为 U_2。

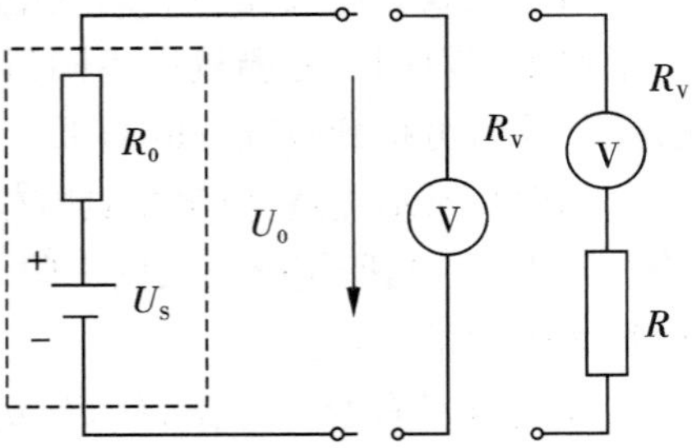

由图7可知

$$U_1=\frac{R_V U_S}{R_0+R_V},U_2=\frac{R_V R_S}{R_0+R+R_V}$$

图7

由以上两式可解得 U_S和 R_0,其中 $U_S(U_0)$为

$$U_S=U_0=\frac{R\ U_1 U_2}{R_V(U_1-U_2)}$$

(2)电流测量——测量如图8所示电路的电流 I。设电流表的内阻为 R_A。第一次测量时电流表的读数为 I_1。第二次测量时应与电流表串接一个已知阻值的电阻器 R,电流表读数为 I_2。

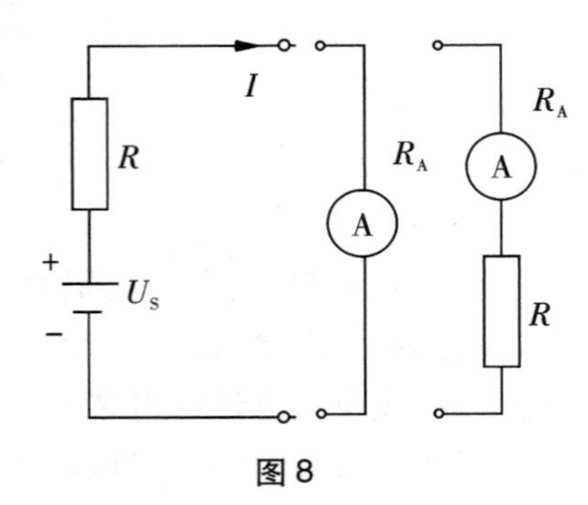

图8

由图8可知

$$I_1=\frac{U_S}{R_0+R_A},I_2=\frac{U_S}{R_0+R_A+R}$$

由以上两式可解得 U_S和 R_0,从而可得

$$I=\frac{U_S}{R_0}=\frac{I_1 I_2 R}{I_2(R_A+R)-I_1 R_A}$$

由以上分析可知,当所用仪表的内阻与被测线路的电阻相差不大时,采用多量程仪表两次测量法或单量程仪表两次测量法,再通过计算就可得到比单次测量准确得多的结果。

第二章　电路基础实验

实验1　电路元件的伏安特性测绘

【实验目的】

（1）掌握几种电路元件的伏安特性的测试方法。

（2）掌握实际电压源和电流源的调节方法。

（3）学习常用电工仪器仪表的使用方法。

【实验原理及电路】

1. 实验原理

电路的基本元件包括电阻元件、电感元件、电容元件、独立电源元件，晶体二极管、双极型晶体管和绝缘栅型场效应晶体管等。为了实现某种应用目的，就需要将某些电工、电子器件或设备按一定的方式互相连接，构成电路。其基本特征是电路中存在着电流通路。

在电路中，电路元件的特性一般用该元件两端的电压 U 与通过元件的电流 I 之间的函数关系 $U=f(I)$ 来表示，这种函数关系称为该元件的伏安特性，有时也称外特性（电源的外特性是指它的输出端电压和输出电流之间的关系）。在 U–I 平面内将伏安关系绘成曲线，这种曲线就叫作伏安特性曲线或外特性曲线。

如果电路元件的伏安特性曲线在 U–I 平面内是一条通过坐标原点的直线，则该元件称为线性元件。如果电路元件的伏安特性曲线在 U–I 平面内不是一条直线，则该元件称为非线性元件。本实验中用到的元件有线性电阻、白炽灯、二极管、稳压管及电源等常见电路元件。其中，线性电阻的伏安特性是一条过原点的直线，即服从欧姆定律（$U=RI$），如图1–1所示，该直线的斜率等于该电阻的阻值。

白炽灯在工作时灯丝处于高温状态，其灯丝的电阻随着温度的变化而发生变化，并且具有一定的惯性，因此其伏安特性为一条曲线，如图1–2所示。可见，电流越大，温度越高，对应的电阻也越大，一般白炽灯的冷电阻与热电阻可相差几倍到几十倍。

半导体二极管也是非线性元件，它的正向压降很小（一般锗管为0.2～0.4 V，硅管为0.5～0.7 V），正向电流随正向压降的升高而急骤上升，而反向电压从零一直增加到十几至几十伏时，其反向电流增加很小，粗略地可视为零，其伏安特性如图1–3所示。

稳压二极管是一种特殊的半导体二极管，其正向特性与普通二极管类似，但其反向特性较特别，在反向电压开始增加时，其反向电流几乎为零，但当电压增加到某一数值时（称为管子的稳压值，有各种不同稳压值的稳压管）电流将突然增加，以后它的端电压将基本维持恒定，即稳压。当外加的反向电压继续升高时其端电压仅有少量增加。其伏安特性如图 1–3 所示。

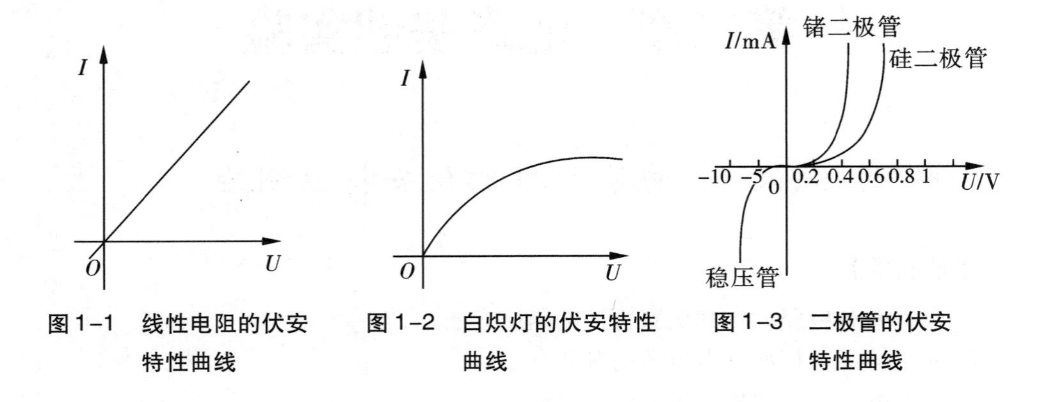

图 1–1　线性电阻的伏安特性曲线　　图 1–2　白炽灯的伏安特性曲线　　图 1–3　二极管的伏安特性曲线

2. 实验电路

伏安特性实验电路如图 1–4 所示。

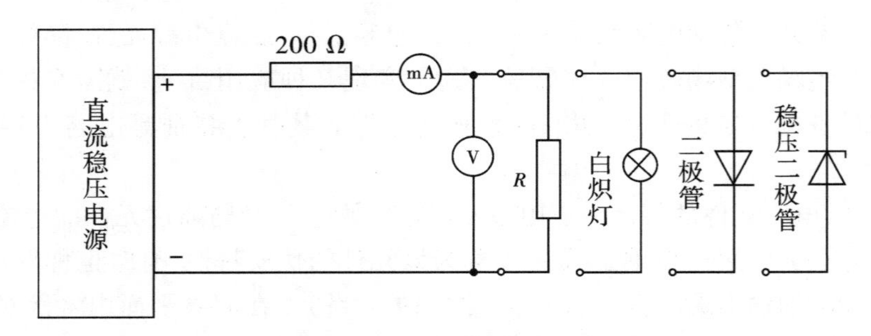

图 1–4　伏安特性实验电路

【实验设备及器件】

(1) 直流稳压电源 1 台。

(2) 直流电流表 1 只。

(3) 直流电压表 1 只。

(4) 被测电路元件。1 kΩ 电阻、白炽灯、二极管、稳压二极管各 1 个。

【实验内容】

1. 测量线性电阻的伏安特性

按图 1–4 接线，调节直流稳压电源的输出（从小到大），分别测出电阻 R 的电流和电压，将测量数据填入表 1–1 中。

2. 测量白炽灯的伏安特性

将电阻去掉，接入白炽灯，调节直流稳压电源的输出（注意白炽灯的最大电压值），分别测出白炽灯泡的电流和电压，将测量数据填入表 1–1 中。

3. 测量二极管的伏安特性

将白炽灯泡去掉，接入二极管（注意二极管的导通方向），调节直流稳压电源的输出，分别测出二极管的电流和电压，将测量数据填入表1–1中。

4. 测量稳压二极管的伏安特性

将二极管去掉，接入稳压二极管（注意稳压二极管的方向），调节直流稳压电源的输出（注意稳压二极管最大稳压电压），分别测出稳压二极管的电流和电压，将测量数据填入表1–1中。

表1–1　基本电路元件的伏安特性

实验次数		1	2	3	4	5	6	7	8	9
电阻	U/V									
	I/mA									
白炽灯	U/V									
	I/mA									
二极管	U/V									
	I/mA									
稳压二极管	U/V									
	I/mA									

【实验注意事项】

（1）实验时，不能将被测元件直接接到电源两端，否则，元件导通时容易短路，一定要接入200 Ω电阻。

（2）每次测量前，应调节直流稳压电源输出0 V，实验时，直流稳压电源输出应从小到大慢慢调节，并注意所测元件额定电压和额定电流，测量时不要超过其额定电压和额定电流，否则，将损坏被测元件。

（3）注意二极管和稳压二极管的接线方法。

【Multisim仿真】

（1）新建窗体。依次选择菜单命令“File”→“New”→“Design”，保存并命名。

（2）放置元件。依次选择菜单命令“Place”→“Component”。

1）直流电压源U_S选择。主数据库为Master Database；组为Sources；系列为POWER_SOURCES；元件为DC_POWER；修改“Value”，$U_S=10$ V。

2）放置参考点。组为Sources；系列为POWER_SOURCES；元件为GROUND；电路图中必须有一个参考点。

3）放置电阻R_1、R_2。主数据库为Master Database；组为Basic；系列为RESISTOR；元件的规格为200 Ω、1 kΩ。

4)放置分压电阻 R_W。主数据库为 Master Database;组为 Basic;系列为 POTENTIOMETER;元件的规格为 1 kΩ。

5)放置二极管 D_1。主数据库为 Master Database;组为 Diodes;系列为 DIODE;元件的型号为 1N4148。

6)放置稳压二极管 D_2。主数据库为 Master Database;组为 Diodes;系列为 ZENER;元件的型号为 ZPD5.1。

7)放置直流电流表分别测量电流 I。主数据库为 Master Database;组为 Indicstors;系列为 AMMETER;元件为 AMMETER_H。注意,电流表的接线与电流参考方向一致。

8)放置直流电压表分别测量电压 U。主数据库为 Master Database;组为 Indicstors;系列为 VOLTMETER;元件为 VOLTMETER_V。注意,电压表的接线与电压参考方向一致。

9)放置 S_1、S_2、S_3。主数据库为 Master Database;组为 Electro_Mechanical;系列为 SUPPLEMENTERY_CONTACTS;元件为 SPST_NO_SB;旋转调整方向。

(3)依次选择菜单命令“Place”→“Wire”,按照图 1-5 将各个元件连接起来。

(4)仿真。依次选择菜单命令“Simulate”→“Run”。

(5)测量线性电阻的伏安特性。闭合开关 S_1;调节分压电阻 R_W 百分比,分别读出电压表电压 U、电流表电流 I,将数据填入表 1-1 中。

(6)测量二极管的伏安特性。闭合开关 S_2;调节分压电阻 R_W 的百分比,分别读出电压表电压 U、电流表电流 I,将数据填入表 1-1 中。

(7)测量稳压二极管的伏安特性。闭合开关 S_3;调节分压电阻 R_W 的百分比,分别读出电压表电压 U、电流表电流 I,将数据填入表 1-1 中。

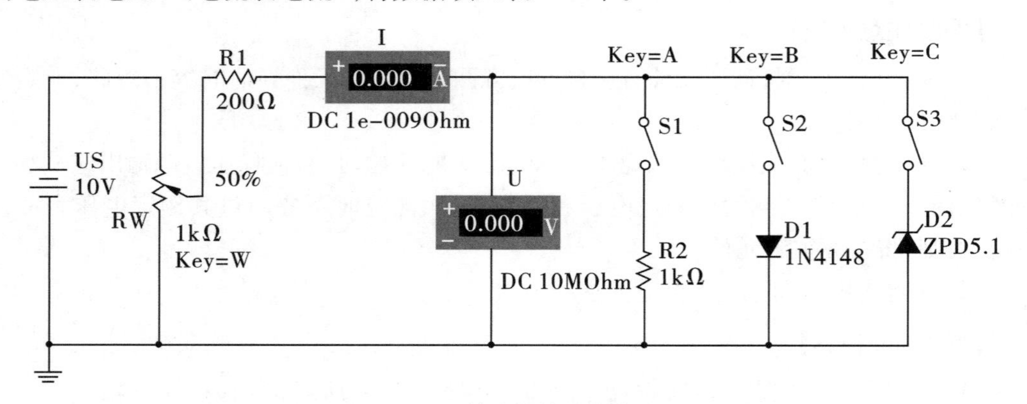

图 1-5 伏安特性仿真电路

【思考题】

用电压表和电流表测量元件的伏安特性时,电压表可接在电流表之前或之后,两者对测量误差有何影响?实际测量时应依据什么原则?

【实验报告】

(1)根据实验数据,在坐标纸上画出各元件的伏安特性曲线。

(2)分析误差原因。

实验2　电压源与电流源的等效变换

【实验目的】

(1)了解理想电流源与理想电压源的外特性。

(2)了解实际电流源与实际电压源的外特性。

(3)验证电压源与电流源进行等效变换的条件。

【实验原理及电路】

1. 实验原理

理想电压源在接上负载后,当负载电阻变化时,该电源输出电压保持不变,其外特性如图2-1所示;理想电流源在接上负载后,当负载电阻变化时,该电源供出的电流维持不变,其外特性如图2-2所示。

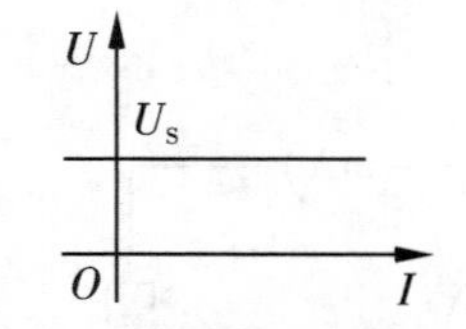

图2-1　理想电压源外特性

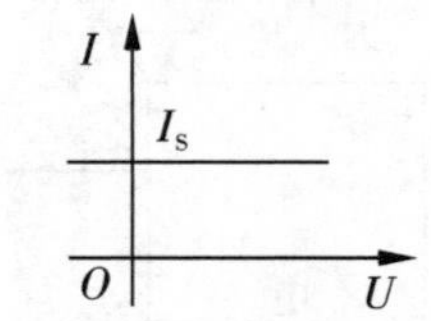

图2-2　理想电流源外特性

在工程实际中,绝对的理想电源是不存在的,但有一些电源的外特性与理想电源极为接近,因此,可以近似地将其视为理想电源。理想电压源与理想电流源是不能相互转换的。

一个实际电源,就其外部特性而言,既可以看成是电压源,又可以看成是电流源,如图2-3所示。电压源用一个理想电压源 U_S 与电阻 R_S 串联组合来表示,电流源用一个理想电流源 I_S 与电阻 R_S 并联的组合来表示。它们对同样大小的负载输出同样大小的电流,两电源的端电压也相等,即电压源与其等效电流源有相同的外特性,如图2-4、图2-5所示。

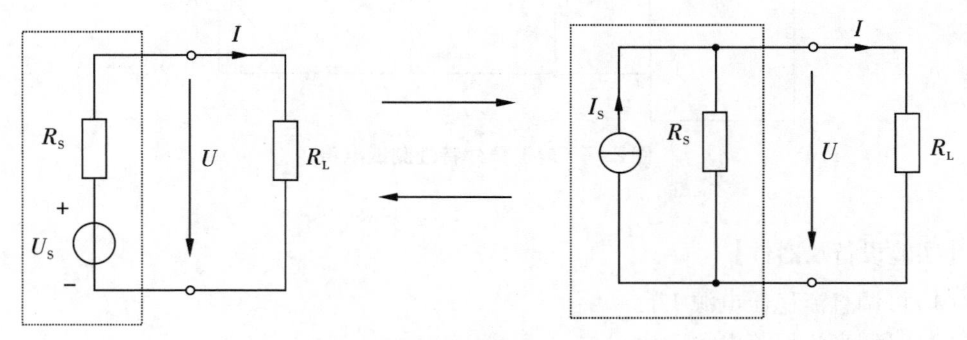

图2-3　实际电源

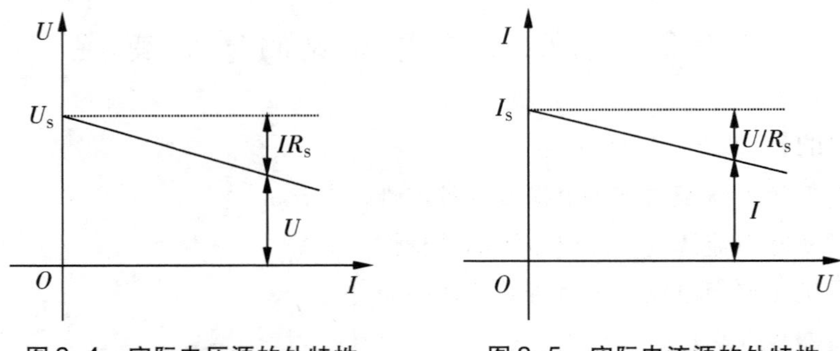

图 2-4 实际电压源的外特性　　　图 2-5 实际电流源的外特性

一个电压源与一个电流源间进行等效转换的条件为 $I_S=\dfrac{U_S}{R_S}$，内阻 R_S 相等。

2. 实验电路

电压源和电流源外特性测试电路分别如图 2-6、图 2-7 所示。

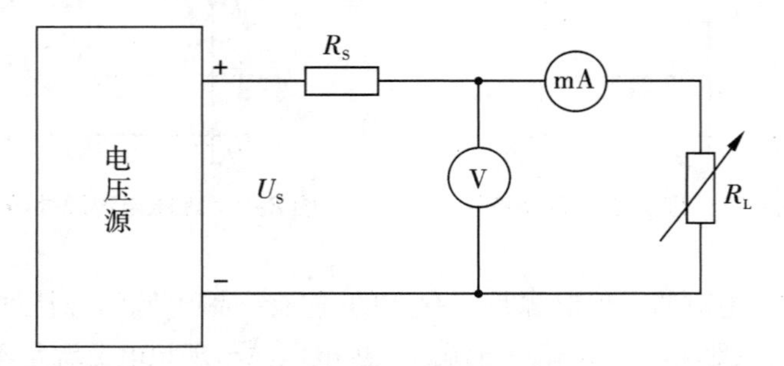

图 2-6 电压源外特性测试电路

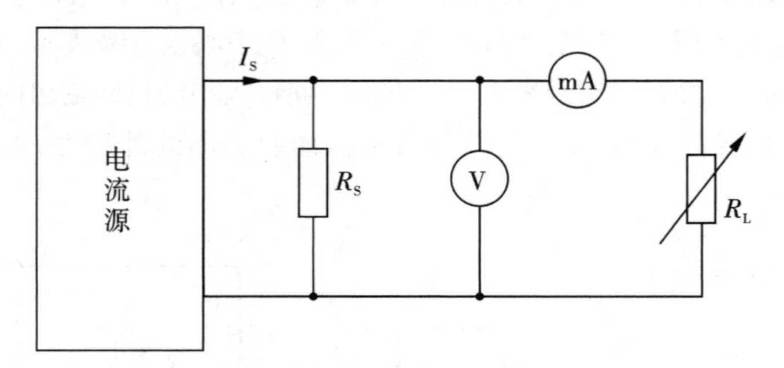

图 2-7 电流源外特性测试电路

【实验设备及器件】

(1) 可调直流稳压电源 1 台。

(2) 可调直流恒流电源 1 台。

(3) 直流电压表 1 只。

(4) 直流毫安表 1 只。

(5)可调电阻箱1台。

【实验内容】

1. 测定理想电压源与实际电压源的外特性

(1)本实验采用的电压源,是当负载电阻在一定的范围内变化时,电源输出的电压基本不变,可将其视为理想电压源。

(2)按图2-6接线。U_S 为5 V直流稳压电源。当 $R_S=0$ 时,调节 R_L,令其阻值由大至小变化,记录两表的读数,并将测得数据填入表2-1中。

表2-1　$R_S=0$ 时的电压、电流值($U_S=5$ V)

实验次数	1	2	3	4	5	6	7	8
R_L/Ω	∞	1 000	900	800	700	600	500	400
U/V								
I/mA								

(3)当 R_S 为100 Ω,调节 R_L,令其阻值由大至小变化,记录两表的读数,并将数据填入表2-2中。

表2-2　$R_S=100\ \Omega$ 时的电压、电流值($U_S=5$ V)

实验次数	1	2	3	4	5	6	7	8
R_L/Ω	∞	1 000	900	800	700	600	500	400
U/V								
I/mA								

2. 测定理想电流源与实际电流源的外特性

(1)本实验采用的电流源,是当负载电阻在一定的范围内变化时,电源输出的电流基本不变,可将其视为理想电流源。

(2)按图2-7接线,I_S 为直流恒流源,调节其输出电流为5 mA,令 $R_S=0$,调节 R_L,使其阻值由小至大变化,记录两表的读数,并将数据填入表2-3中。

表2-3　$R_S=0$ 时的电压、电流值($I_S=5$ mA)

实验次数	1	2	3	4	5	6	7	8
R_L/Ω	0	400	500	600	700	800	900	1 000
U/V								
I/mA								

(3)当 $R_S=100\ \Omega$,调节 R_L,使其阻值由小至大变化,记录两表的读数,并将数据填入表 2-4 中。

表 2-4　$R_S=100\ \Omega$ 时的电压、电流值($I_S=5$ mA)

实验次数	1	2	3	4	5	6	7	8
R_L/Ω	0	400	500	600	700	800	900	1 000
U/V								
I/mA								

3. 测定电源等效变换的条件

(1)按图 2-6 接线,$U_S=5$ V,$R_S=500\ \Omega$,调节 R_L,使其阻值由大至小变化,记录两表的读数,并将数据填入表 2-5 中。

(2)按图 2-7 接线。调节恒流源的输出电流 $I_S=U_S/R_S=10$ mA,$R_S=500\ \Omega$,调节 R_L,使其阻值由大至小变化,阻值变化与步骤(1)相同,记录两表的读数,并将数据填入表 2-5 中。

表 2-5　电源等效变换测量数据

实验次数	1	2	3	4	5	6	7
R_L/Ω	1 000	900	800	700	600	500	400
电压源	$U_S=5$ V,$R_S=500\ \Omega$						
U/V							
I/mA							
电流源	$I_S=U_S/R_S=10$ mA,$R_S=500\ \Omega$						
U/V							
I/mA							

【实验注意事项】

(1)在测量电压源的外特性时,不要忘记测量空载时的电压值;测量电流源的外特性时,不要忘记测量短路时的电流值。注意,恒流源负载电压不要超过 20 V,负载不要开路。

(2)换接线路时,必须关闭电源开关。

(3)直流仪表的接入应注意极性与量程。

【Multisim 仿真】

(1)新建窗体。依次选择菜单命令“File”→“New”→“Design”,保存并命名。

(2)放置元件。依次选择菜单命令“Place”→“Component”。

1）选择直流电压源 U_S。主数据库为 Master Database；组为 Sources；系列为 POWER_SOURCES；元件为 DC_POWER；修改"Value"，$U_S = 5$ V。

2）选择直流电流源 I_S。主数据库为 Master Database；组为 Sources；系列为 SIGNAL_CURRENT_SOURCES；元件为 DC_CURRENT；修改"Value"，$I_S = 10$ mA。

3）放置参考点。组为 Sources；系列为 POWER_SOURCES；元件为 GROUND。电路图中必须有一个参考点。

4）放置电阻 R_{S1}、R_{S2}。主数据库为 Master Database；组为 Basic；系列为 RESISTOR；元件的规格为 100 Ω、100 Ω。

5）放置负载电阻 R_{L1}、R_{L2}。主数据库为 Master Database；组为 Basic；系列为 POTENTIOMETER；元件的规格为 1 kΩ。

6）放置直流电流表，分别测量电流 I_1、I_2。主数据库为 Master Database；组为 Indicstors；系列为 AMMETER；元件为 AMMETER_H。注意，电流表的接线与电流参考方向一致。

7）放置直流电压表，分别测量电压 U_1、U_2。主数据库为 Master Database；组为 Indicstors；系列为 VOLTMETER；元件为 VOLTMETER_V。注意，电压表的接线与电压参考方向一致。

8）放置 S_1、S_2。主数据库为 Master Database；组为 Electro_Mechanical；系列为 SUPPLEMENTERY_CONTACTS；元件为 SPST_NO_SB。注意旋转调整方向。

（3）依次选择菜单命令"Place"→"Wire"，按照图 2-8 和图 2-9 将各个元件连接起来。

（4）测电压源、电流源的外特性

1）设置 $U_S = 5$ V，$I_S = 5$ mA，$R_{S1} = 0$，$R_{S2} = \infty$（断路）。

2）仿真。依次选择菜单命令"Simulate"→"Run"。

3）调节 R_{L1} 和 R_{L2}（∞ 表示断开 S_1 或 S_2），分别读出电压表和电流表数据，并将其填入表 2-1 和表 2-3 中。

4）设置 $R_{S1} = 100$ Ω，$R_{S2} = 100$ Ω，调节 R_{L1} 和 R_{L2}，分别读出电压表和电流表数据，并将其填入表 2-2 和表 2-4 中。

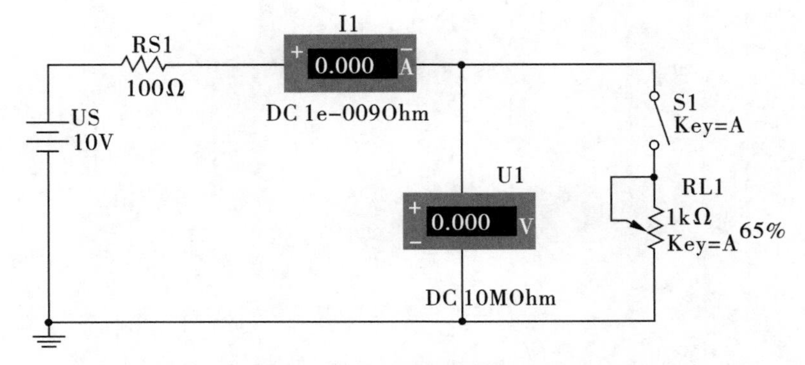

图 2-8　电压源特性仿真电路

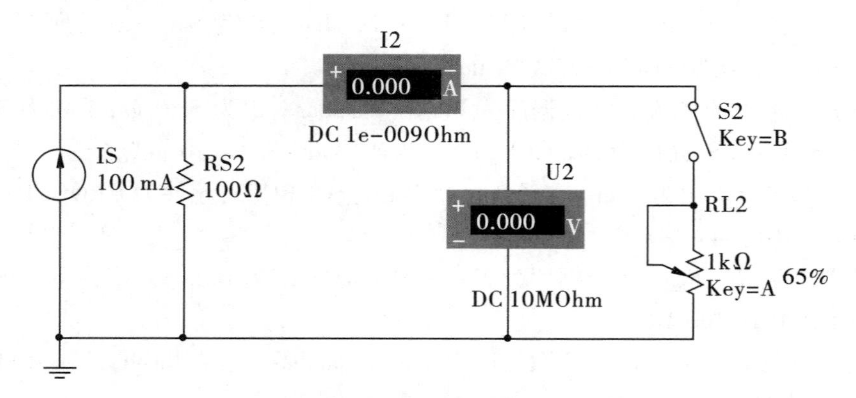

图 2-9　电流源特性仿真电路

(5)测定电源等效变换的条件

1)设置 $U_S=5$ V,$I_S=10$ mA,$R_{S1}=500$ Ω,$R_{S2}=500$ Ω;闭合 S_1、S_2。

2)仿真。依次选择菜单命令"Simulate"→"Run"。

3)调节 R_{L1} 和 R_{L2},使其具有相同百分比,分别读出电压表和电流表数据,并将其填入表 2-5 中。

【思考题】

(1)通常直流稳压源的输出端不允许短路,直流恒流源的输出端不允许开路,为什么?

(2)电压源与电流源的外特性为什么呈下降变化趋势,稳压源和恒流源的输出在任何负载下是否都能保持恒值?

【实验报告】

(1)根据实验数据绘出电压源、电流源的外特性曲线,并总结、归纳各类电源的特性。

(2)从实验结果验证电压源、电流源的等效变换条件。

实验3　电阻网络等效变换

【实验目的】

(1)熟悉 Y-△形网络等效变换的意义和方法。

(2)证明变换网络的等效性。

(3)学习等效网络的测试方法。

【实验原理及电路】

1. 实验原理

在许多场合下广泛应用具有 3 个独立参数的网络,这种网络中最常见的是 T 形网络和 Π 形网络(有时称为 Y 形和△形)。例如,任意一个具有输入端口和输出端口的复杂无源网络,都可以用一个 T 形网络和 Π 形网络代替。而 T 形网络和 Π 形网络之间也可以互换,这种等效变换往往可以简化电路,转化后的网络不影响网络的未经变换部分的电压和电流。图 3-1 所示为 T 形网络和 Π 形网络。

T 形网络和 Π 形网络的等效变换条件是变换前后网络的外特性不变。也就是说,如果在这两种网络对应的端子上分别施加相同的电流 I_1 和 I_2,则各对应端子间的电压 U_{13} 和 U_{23} 应相等,如图 3-2 所示。

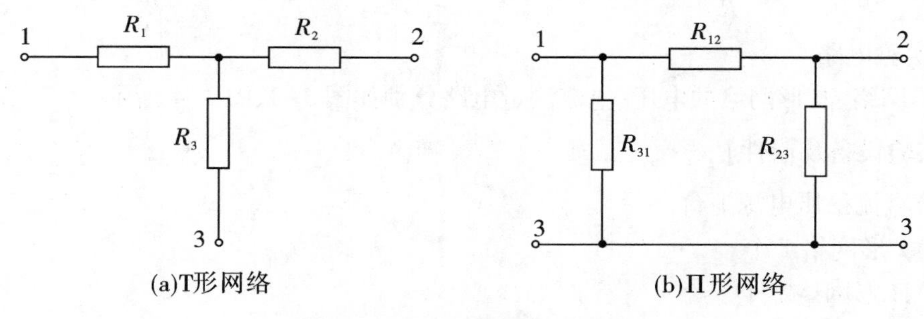

图 3-1　T 形网络和 Π 形网络

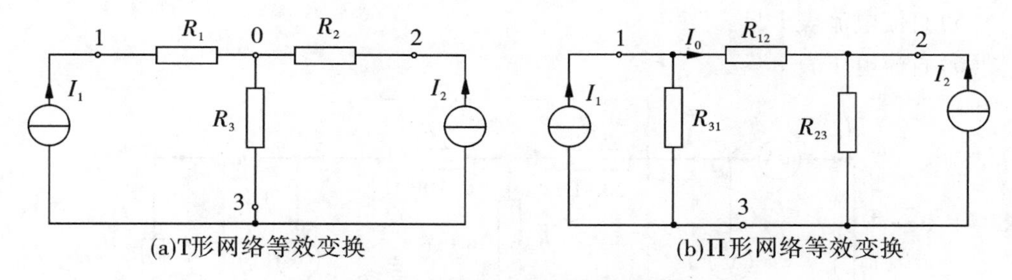

图 3-2　T 形网络和 Π 形网络的等效变换

对 T 形网络来说:

$$U_{13}=R_1I_1+R_3(I_1+I_2)=(R_1+R_3)I_1+R_3I_2 \tag{3-1}$$

$$U_{23}=R_2I_2+R_3(I_1+I_2)=R_3I_1+(R_2+R_3)I_2 \tag{3-2}$$

对于Π形网络来说，把图中电流源与电阻并联的实际电流源可等效并转换成电压源与电阻串联的实际电压源。这样便可求得

$$I_0=\frac{(R_{31}I_1-R_{23}I_2)}{R_{12}+R_{23}+R_{31}},U_{13}=R_{31}I_1-R_{31}I_0,U_{23}=R_{23}I_0+R_{23}I_2$$

由此可得

$$U_{13}=\frac{R_{31}(R_{12}+R_{23})}{R_{12}+R_{23}+R_{31}}I_1+\frac{R_{23}R_{31}}{R_{12}+R_{23}+R_{31}}I_2 \tag{3-3}$$

$$U_{23}=\frac{R_{23}R_{31}}{R_{12}+R_{23}+R_{31}}I_1+\frac{R_{23}(R_{12}+R_{31})}{R_{12}+R_{23}+R_{31}}I_2 \tag{3-4}$$

式(3-3)、式(3-4)和T形网络得出的式(3-1)、式(3-2)中I_1与I_2前面对应的系数应分别相等，故可得下列等式：

$$R_1+R_3=\frac{R_{31}(R_{12}+R_{23})}{R_{12}+R_{23}+R_{31}},R_3=\frac{R_{23}R_{31}}{R_{12}+R_{23}+R_{31}},R_2+R_3=\frac{R_{23}(R_{12}+R_{31})}{R_{12}+R_{23}+R_{31}} \tag{3-5}$$

解式(3-5)可得

$$R_1=\frac{R_{12}R_{31}}{R_{12}+R_{23}+R_{31}},R_2=\frac{R_{12}R_{23}}{R_{12}+R_{23}+R_{31}},R_3=\frac{R_{23}R_{31}}{R_{12}+R_{23}+R_{31}}$$

上述就是Π形网络转换为T形网络参数的公式。

同样，也可解得

$$R_{12}=\frac{R_1R_2+R_2R_3+R_3R_1}{R_3},R_{23}=\frac{R_1R_2+R_2R_3+R_3R_1}{R_1},R_{31}=\frac{R_1R_2+R_2R_3+R_3R_1}{R_2}$$

2. 实验电路

T形网络、Π形网络的电压、电流测量电路分别如图3-3、图3-4所示。

【实验设备及器件】

(1)直流稳压电源1台。

(2)T形网络1个。

(3)Π形网络1个。

(4)电阻箱1台。

(5)直流电流表1只。

(6)直流电压表1只。

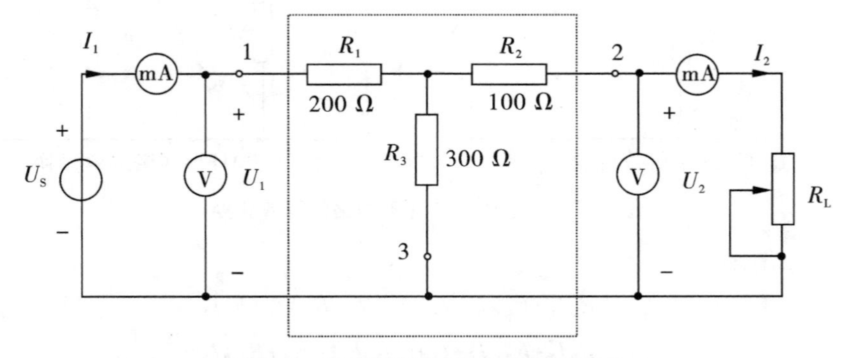

图3-3　T形网络电压、电流测量电路

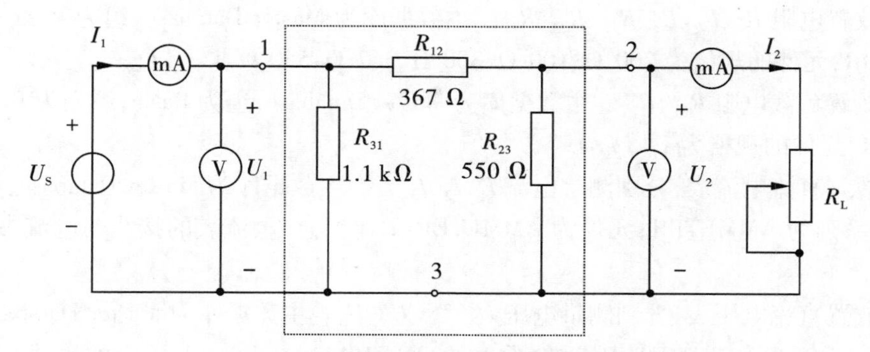

图 3-4　Π 形网络电压、电流测量电路

【实验内容】

(1)按图 3-3 接线,接入 T 形网络。调节直流稳压电源 $U_S=10$ V,调节电阻箱,使负载电阻 R_L由小到大。分别测量 I_1、I_2、U_1、U_2,将测量结果填入表 3-1 中。

(2)按图 3-4 接线,接入 Π 形网络。调节电阻箱,使负载电阻 R_L由小到大。分别测量 I_1、I_2、U_1、U_2,将测量结果填入表 3-1 中。

表 3-1　T 形网络和 Π 形网络的等效变换测量数据

网络	测量内容	R_L/Ω								
		0	50	100	200	300	500	800	1 000	∞
T 形网络	I_1/mA									
	I_2/mA									
	U_1/V									
	U_2/V									
Π 形网络	I_1/mA									
	I_2/mA									
	U_1/V									
	U_2/V									

【Multisim 仿真】

(1)新建窗体。依次选择菜单命令“File”→“New”→“Design”,保存并命名。

(2)放置元件。依次选择菜单命令“Place”→“Component”。

1)选择直流电压源 U_{S1}、U_{S2}。主数据库为 Master Database;组为 Sources;系列为 POWER_SOURCES;元件为 DC_POWER;修改“Value”,$U_{S1}=12$ V,$U_{S2}=12$ V。

2)放置参考点。组为 Sources;系列为 POWER_SOURCES;元件为 GROUND。电路图中必须有一个参考点。

3）放置电阻 R_1、R_2、R_3、R_{12}、R_{23}、R_{31}。主数据库为 Master Database；组为 Basic；系列为 RESISTOR；元件的规格为 200 Ω、100 Ω、300 Ω、367 Ω、550 Ω、1.1 kΩ。

4）放置负载电阻 R_{L1}、R_{L2}。主数据库为 Master Database；组为 Basic；系列为 POTENTIOMETER；元件的规格为 1 kΩ。

5）放置直流电流表，分别测量电流 I_1、I_2、I_3、I_4。主数据库为 Master Database；组为 Indicstors；系列为 AMMETER；元件为 AMMETER_H。注意，电流表的接线与电流参考方向一致。

6）放置直流电压表，分别测量电压 U_1、U_2、U_3、U_4。主数据库为 Master Database；组为 Indicstors；系列为 VOLTMETER；元件为 VOLTMETER_V。注意，电压表的接线与电压参考方向一致。

（3）依次选择菜单命令"Place"→"Wire"，按照图 3-5 和图 3-6 将各个元件连接起来。

（4）仿真。依次选择菜单命令"Simulate"→"Run"。

（5）调节 R_{L1}、R_{L2}，使其百分比数值相等，分别读出电流表、电压表数据，并将其填入表 3-1 中。

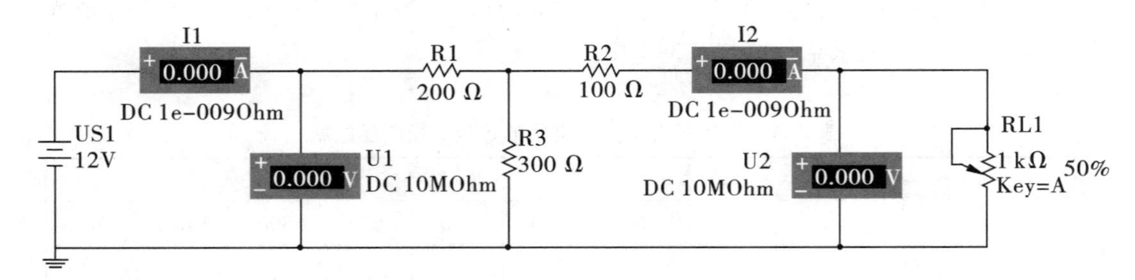

图 3-5　T 形网络电压、电流仿真电路

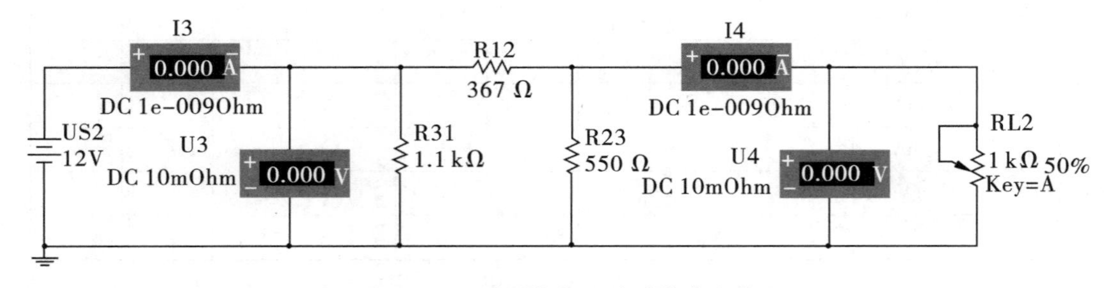

图 3-6　Π 形网络电压、电流仿真电路

【思考题】

在上述实验过程中，固定 R_L 的值，改变 U_S 的值，或将网络对调后再测试，是否也能验证互换等效性。

【实验报告】

（1）从实验中比较分析 Y-△形网络转换的等效性。

（2）分析误差原因。

实验4　基尔霍夫定律的验证

【实验目的】

(1)验证基尔霍夫定律的正确性,加深对基尔霍夫定律的理解。

(2)熟练使用各种仪器仪表。

【实验原理及电路】

1. 实验原理

基尔霍夫定律是电路理论的基本定律之一。测量某电路的各支路电流及每个元件两端的电压,应能满足基尔霍夫电流定律(KCL)和基尔霍夫电压定律(KVL)。即对电路中的任一节点而言,应有 $\Sigma I=0$;对任何一个闭合回路而言,应有 $\Sigma U=0$。基尔霍夫电流定律可以推广应用于电路中任一假设的封闭面,因为对任一封闭面而言,电流仍然必须是连续的。基尔霍夫电压定律可以推广应用于假想封闭回路。基尔霍夫电流定律和基尔霍夫电压定律与电路上元件的性质无关,因此,不论是线性还是非线性电路,都是普遍适用的。

运用上述定律时,必须注意各支路或闭合回路中电流的正方向,此方向可预先任意设定。

2. 实验电路

KCL 和 KVL 实验电路如图 4-1 所示。

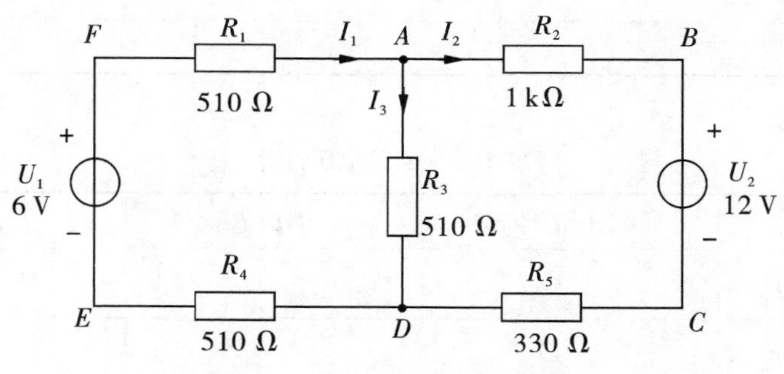

图 4-1　KCL 和 KVL 实验电路

【实验设备及器件】

(1)直流可调稳压电源(0~30 V)2 台。

(2)直流电流表 1 只。

(3)直流电压表 1 只。

(4)基尔霍夫实验电路 1 套。

【实验内容】

1. 验证基尔霍夫电流定律

按照实验电路(图 4-1)连接线路,调节稳压电源,保持电压输出 $U_1=6$ V,$U_2=12$ V

不变,按图中的 I_1、I_2、I_3 的方向测量各支路电流,将数据填入表 4-1 中。

注意,配有电流插孔的实验电路可以使用电流插头分别插入支路的电流插孔中测量电流值。

表 4-1　支路电流数据　　(单位:mA)

支路电流	I_1	I_2	I_3	ΣI
计算值				
测量值				
ΔI(误差)				

2. 验证基尔霍夫电压定律

用电压表分别测量电路电源及电阻元件上的电压值,测量时注意参考方向与实际测量方向,将测量数据记录于表 4-2 中,并计算各回路电压,将计算结果填入表 4-3 中。

表 4-2　电路电压数据　　(单位:V)

项目	U_{FA}	U_{AB}	U_{CD}	U_{AD}	U_{DE}	U_1	U_2
计算值							
测量值							
ΔU(误差)							

表 4-3　回路电压计算　　(单位:V)

回路	*ADEFA*	*BADCB*	*FBCEF*
$\sum U$(计算值)			
$\sum U$(测量值)			
ΔU(误差)			

【实验注意事项】

(1)所有需要测量的电压值,均以电压表测量的读数为准。U_1、U_2 也需测量,但不应取电源本身的显示值。

(2)防止稳压电源两个输出端碰线而造成短路。

(3)用指针式电压表或电流表测量电压或电流时,如果仪表指针反偏,则必须调换仪表极性,重新测量。指针正偏时,可读得电压或电流值。若用数字显示电压表或电流表测量,则可直接读出电压或电流值。但应注意,所读得的电压或电流值的正、负极性应根据设定的电流参考方向来判断。

【Multisim **仿真**】

(1)新建窗体。依次选择菜单命令"File"→"New"→"Design",保存并命名。

(2)放置元件。依次选择菜单命令"Place"→"Component"。

1)选择直流电压源 U_1、U_2。主数据库为 Master Database;组为 Sources;系列为 POWER_SOURCES;元件为 DC_POWER;修改"Value",$U_1=6$ V,$U_2=12$ V。

2)放置参考点。组为 Sources;系列为 POWER_SOURCES;元件为 GROUND。注意,电路图中必须有一个参考点。

3)放置电阻 R_1、R_2、R_3、R_4、R_5。主数据库为 Master Database;组为 Basic;系列为 RESISTOR;元件的规格为 510 Ω、330 Ω、1 kΩ。

4)放置直流电流表,分别测量电流 I_1、I_2、I_3。主数据库为 Master Database;组为 Indicstors;系列为 AMMETER;元件为 AMMETER_H、AMMETER_HR、AMMETER_V。注意,电流表的接线与电流参考方向一致。

5)放置直流电压表,分别测量电压 U_{FA}、U_{AB}、U_{CD}、U_{DE}、U_{AD}。主数据库为 Master Database;组为 Indicstors;系列为 VOLTMETER;元件为 VOLTMETER_H、VOLTMETER_HR、VOLTMETER_V。注意,电压表的接线与电压参考方向一致。

(3)依次选择菜单命令"Place"→"Wire",按照图 4-2 将各个元件连接起来。

(4)仿真。依次选择菜单命令"Simulate"→"Run"。

(5)读出电流表、电压表数据,并将其填入表 4-1 和表 4-2 中。

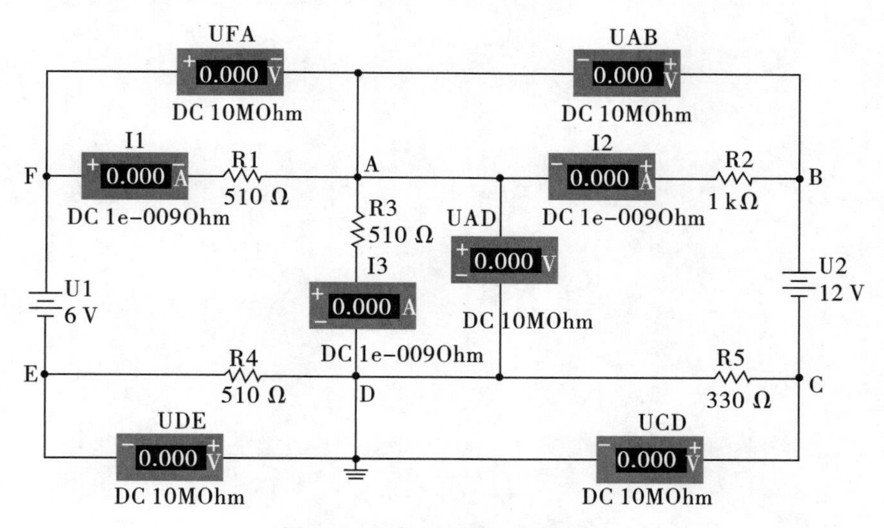

图 4-2　KCL 和 KVL 仿真电路

【**思考题**】

(1)根据图 4-1 所示的电路参数,计算出待测的电流 I_1、I_2、I_3 和各个电阻上的电压值，记入相应表格中，以便在实验测量时，可以正确地选择毫安表和电压表的量程。

（2）实验中，若用指针式万用表直流毫安挡测各支路电流，在什么情况下可能出现指针反偏，应如何处理？在记录时应注意什么？若用直流数字毫安表进行测量，则会有什么显示呢？

【实验报告】

（1）根据实验数据，选定各节点，验证 KCL 的正确性。

（2）根据实验数据，选定实验电路中的任一个闭合回路，验证 KVL 的正确性。

（3）将支路和闭合回路的电流方向重新设定，重复上述（1）、（2）两项的验证。

（4）对误差原因进行分析。

实验 5　叠加定理的验证

【实验目的】

(1)验证线性电路的叠加定理正确性,加深对线性电路的叠加性和齐次性的认识和理解。

(2)熟练掌握仪器仪表的使用。

【实验原理及电路】

1. 实验原理

在线性电路中,有多个独立源共同作用用时,通过每一个元件的电流或其两端的电压,可以看成是每一个独立源单独作用时在该元件上所产生的电流或电压的代数和。

线性电路的齐次性是指当电路中所有激励信号(某独立源的值)同时增加或减小 K 倍时,电路的响应(在电路中各电阻元件上所产生的电流值和电压值)也将增加或减小 K 倍。

2. 实验电路

叠加定理实验电路如图 5-1 所示。

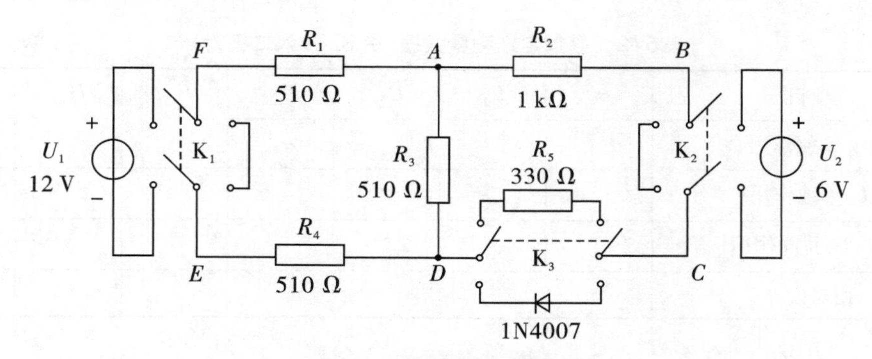

图 5-1　叠加定理实验电路

【实验设备及器件】

(1)直流稳压电源 2 台。

(2)直流电压表 1 只。

(3)直流电流表 1 只。

(4)叠加定理电路实验单元 1 个。

【实验内容】

1. 验证线性电路的叠加性

(1)按图 5-1 接线,将两路稳压电源的输出分别调节为 12 V 和 6 V,接入 U_1 和 U_2 处,K_3 接入电阻 R_5。

(2)令 U_1 电源单独作用(将开关 K_1 拨向 U_1 侧,开关 K_2 拨向短路侧),用直流电压表测量各元件两端的电压,并将数据记入表 5-1 中。

(3)令 U_2 电源单独作用(将开关 K_1 拨向短路侧,开关 K_2 拨向 U_2 侧),用直流电压表测量各元件两端的电压,并将数据记入表 5-1 中。

(4)令 U_1、U_2 共同作用(开关 K_1 和 K_2 分别拨向 U_1 和 U_2 侧),用直流电压表测量各元件两端的电压,并将数据记入表 5-1 中。

(5)K_3 接入二极管 1N4007,重复步骤(1)~(4)的测量过程,并将数据记录到表 5-2 中。

表 5-1　叠加定理测量数据(由 K_3 接入电阻)　(单位:V)

项目	U_1	U_2	U_{FA}	U_{AB}	U_{CD}	U_{AD}	U_{DE}
U_1 单独作用							
U_2 单独作用							
U_1、U_2 共同作用							
相对误差							

表 5-2　叠加定理测量数据(由 K_3 接入二极管)　(单位:V)

项目	U_1	U_2	U_{FA}	U_{AB}	U_{CD}	U_{AD}	U_{DE}
U_1 单独作用							
U_2 单独作用							
U_1、U_2 共同作用							
相对误差							

2. 验证线性电路的齐次性

(1)调节 U_1、U_2,同时增大或减少相同倍数。

(2)重复【实验内容】1.(1)~1.(4)的测量过程,将测量数据填入表 5-3 中。

表 5-3　验证齐性定理测量数据(由 K3 接入电阻)　(单位:V)

项目	U_1	U_2	U_{FA}	U_{AB}	U_{CD}	U_{AD}	U_{DE}
U_1 单独作用							
U_2 单独作用							
U_1、U_2 共同作用							
相对误差							

【实验注意事项】

(1)用电压表测量电压时,应注意仪表的极性,正确判断测得值的正、负后,将数据记入表格中。

(2)注意仪表量程的选择。

【Multisim 仿真】

(1)新建窗体。依次选择菜单命令“File”→“New”→“Design”,保存并命名。

(2)放置元件。依次选择菜单命令“Place”→“Component”。

1)选择直流电压源 U_1、U_2。主数据库为 Master Database;组为 Sources;系列为 POWER_SOURCES;元件为 DC_POWER;修改“Value”,$U_1=12$ V,$U_2=6$ V。

2)放置参考点。组为 Sources;系列为 POWER_SOURCES;元件为 GROUND。注意,电路图中必须有一个参考点。

3)放置电阻 R_1、R_2、R_3、R_4、R_5。主数据库为 Master Database;组为 Basic;系列为 RESISTOR;元件的规格为 510 Ω、330 Ω、1 kΩ。

4)放置二极管。组为 Diodes;系列为 DIODE;元件为 1N4007。注意旋转调整方向。

5)放置转换开关 K_1、K_2、K_3。主数据库为 Master Database;组为 Electro_Mechanical;系列为 SUPPLEMENTERY_CONTACTS;元件为 SPDT_SB。注意旋转调整方向。

6)放置直流电压表,分别测量电压 U_{FA}、U_{AB}、U_{CD}、U_{DE}、U_{AD}。主数据库为 Master Database;组为 Indicstors;系列为 VOLTMETER;元件为 VOLTMETER_H、VOLTMETER_HR、VOLTMETER_V。注意,电压表的接线与电压参考方向一致。

(3)依次选择菜单命令“Place”→“Wire”,按照图 5-2 将各个元件连接起来。

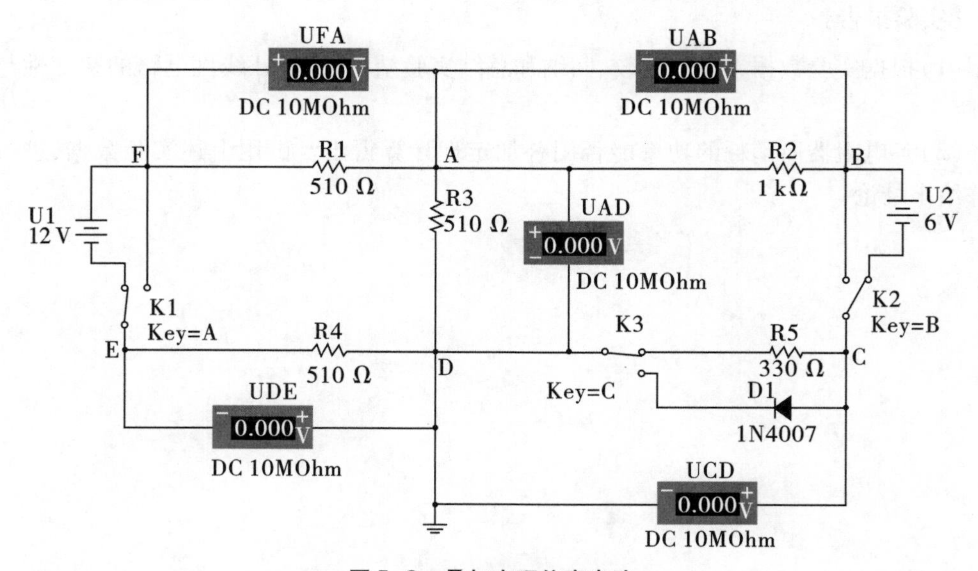

图 5-2 叠加定理仿真电路

(4)仿真。依次选择菜单命令“Simulate”→“Run”。

(5)验证线性电路的叠加性

1)将开关 K_3 投向电阻侧。

2)令 U_1 电源单独作用(将开关 K_1 投向 U_1 侧,开关 K_2 投向短路侧),读出各电压表测量数据,并将其记入表 5-1 中。

3)令 U_2 电源单独作用(将开关 K_1 投向短路侧,开关 K_2 投向 U_2 侧),读出各电压表测量数据,并将其记入表 5-1 中。

4)令 U_1、U_2 共同作用(将开关 K_1 和 K_2 分别投向 U_1 和 U_2 侧),读出各电压表测量数据,并将其记入表 5-1 中。

5)由 K_3 接入二极管 1N4007,重复步骤 2)~4)的测量过程,并将测量数据记录到表 5-2中。

(6)验证线性电路的齐次性

1)调节 U_1、U_2 同时增大或减少相同倍数。

2)重复“(5)验证线性电路的叠加性”实验步骤 2)~4)的测量过程,并将测量数据填入表 5-3 中。

【思考题】

(1)在叠加定理实验中,在 U_1、U_2 分别单独作用,应如何操作?可否直接将不作用的电源(U_1 或 U_2)短接置零?

(2)在实验电路中,若将一个电阻器改为二极管,试问叠加定理的叠加性与齐次性还成立吗?为什么?

【实验报告】

(1)根据实验数据,分析、比较、归纳和总结实验结论,即验证线性电路的叠加性与齐次性。

(2)各电阻器所消耗的功率能否用叠加定理计算得出?试用上述实验数据,进行计算并给出结论。

实验6　戴维宁定理和诺顿定理的验证

【实验目的】

(1)验证戴维宁定理和诺顿定理的正确性,加深对定理的理解。

(2)掌握测量有源二端网络等效参数的一般方法。

【实验原理及电路】

1. 戴维宁定理和诺顿定理

任何一个线性含源网络,如果仅研究其中一条支路的电压和电流,则可将电路的其余部分看作是一个有源二端网络(或称为含源一端口网络)。

戴维宁定理指出:任何一个线性含源网络,总可以用一个电压源与一个电阻的串联来等效代替,此电压源的电动势 U_S 等于这个有源二端网络的开路电压 U_{OC},其等效内阻 R_0 等于该网络中所有独立源均置零(理想电压源视为短路,理想电流源视为开路)时的等效电阻。

诺顿定理指出:任何一个线性含源网络,总可以用一个电流源与一个电阻的并联组合来等效代替,此电流源的电流 I_S 等于这个有源二端网络的短路电流 I_{SC},其等效内阻 R_0 等于该网络中所有独立源均置零(理想电压源视为短路,理想电流源视为开路)时的等效电阻。

$U_{OC}(U_S)$ 和 R_0,或者 $I_{SC}(I_S)$ 和 R_0 称为有源二端网络的等效参数。

2. 有源二端网络等效参数的测量方法

(1)开路电压、短路电流法测 R_0。在有源二端网络输出端开路时,用电压表直接测其输出端的开路电压 U_{OC},然后将其输出端短路,用直流表测其短路电流 I_{SC},则等效内阻为

$$R_0=\frac{U_{OC}}{I_{SC}}$$

如果二端网络的内阻很小,将其输出端口短路,则易损坏其内部元件,因此不宜用此法。

(2)伏安法测 R_0。用电压表、电流表测出有源二端网络的外特性曲线,如图6-1所示。根据外特性曲线求出斜率 $\tan\phi$,则内阻

$$R_0=\tan\phi=\frac{\Delta U}{\Delta I}=\frac{U_{OC}}{I_{SC}}$$

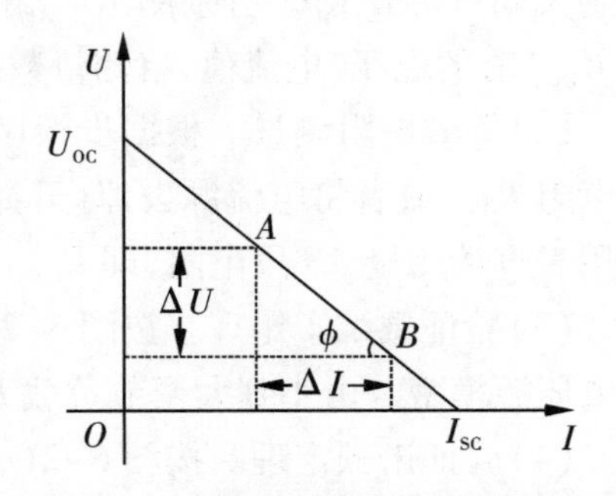

图6-1　有源二端网络的外特性曲线

3. 实验电路

验证戴维宁定理和诺顿定理的实验电路如图6-2所示。

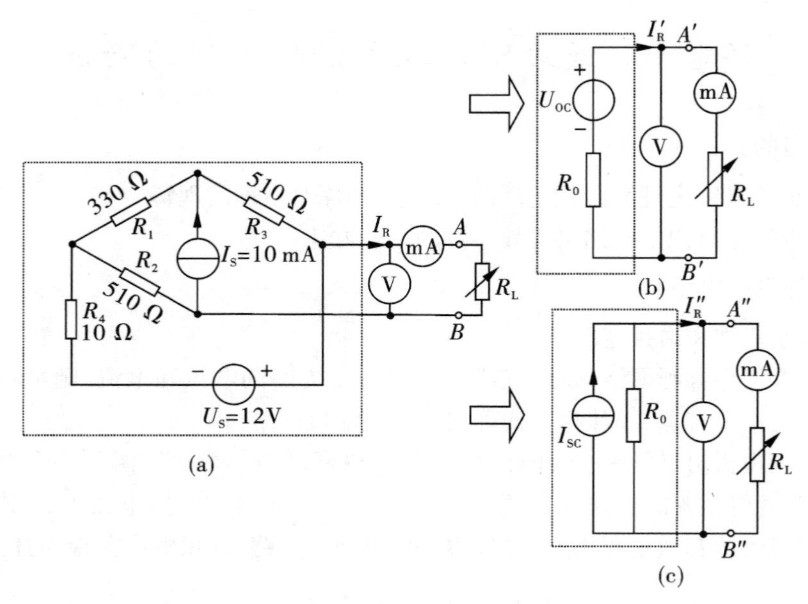

图 6-2　戴维宁定理和诺顿定理实验电路

【实验设备及器件】

(1)可调直流稳压电源 1 台。

(2)可调直流恒流电源 1 台。

(3)直流数字电压表 1 只。

(4)直流数字毫安表 1 只。

(5)可调电阻箱 1 台。

【实验内容】

(1)参数测量。按图 6-2(a)接线,调节稳压电源 $U_S=12$ V 和恒流源 $I_S=10$ mA,由小到大调节负载 R_L。分别测出 U_{AB}和 I_R,特别注意要测出 $R_L=0$(测出 I_{SC})和 $R_L=\infty$(测出 U_{OC})时的电压、电流值,将测量数据填入表 6-1 中。

(2)等效电阻测量。根据步骤(1)所测数据,通过公式 $R_0=U_{OC}/I_{SC}$可直接计算其等效电阻 R_0。或者将电流源去掉(开路),将电压源去掉,用一根导线将其连接(短接),用万用表直接测量 AB 段电阻,即 R_0。

(3)验证戴维宁定理。按图 6-2(b)接线,调节电压源 $U_S=U_{OC}$,与 R_0串联,构成一实际电压源模型。由小到大调节负载 R_L。分别测出 $U_{A'B'}$和 $I_{R'}$,将测量数据填入表 6-1 中。

(4)验证诺顿定理。按图 6-2(c)接线,调节电流源 $I_S=I_{SC}$,与 R_0并联,构成一实际电流源模型。由小到大调节负载 R_L。分别测出 $U_{A''B''}$和 $I_{R''}$,将测量数据填入表 6-1 中。

表 6-1　测量数据

项目	1	2	3	4	5	6	7	8	9
R_L/Ω	0								∞
U_{AB}/V									
I_R/mA									
$U_{A'B'}/V$									
$I_{R'}/mA$									
$U_{A''B''}/V$									
$I_{R''}/mA$									
$U_{OC}=$			$I_{SC}=$			$R_0=$			

【实验注意事项】

(1)测量时应注意电流表量程的更换。

(2)使用万用表直接测 R_0时,网络内的独立源必须先置零,以免损坏万用表。

【Multisim 仿真】

(1)新建窗体。依次选择菜单命令“File”→“New”→“Design”,保存并命名。

(2)放置元件。依次选择菜单命令“Place”→“Component”。

1)选择直流电压源 U_S、U_{OC}。主数据库为 Master Database;组为 Sources;系列为 POWER_SOURCES;元件为 DC_POWER;修改“Value”,$U_1=12$ V,$U_{OC}=16.996$ V[在图 6-3(a)中 S_1 断开后测 AB 两端电压 U_1]。

2)选择直流电流源 I_S、I_{SC}。主数据库为 Master Database;组为 Sources;系列为 SIGNAL_CURRENT_SOURCES;元件为 DC_CURRENT;修改“Value”,$I_S=10$ mA,$I_{SC}=0.033$ A[由图 6-3(a)可知 $R_{L1}=0\ \Omega$(短路)后测电流 I_1]。

3)放置参考点。组为 Sources;系列为 POWER_SOURCES;元件为 GROUND。电路图中必须有一个参考点。

4)放置电阻 R_1、R_2、R_3、R_4、R_5、R_6。主数据库为 Master Database;组为 Basic;系列为 RESISTOR;元件的规格为 330 Ω、510 Ω、510 Ω、10 Ω、515 Ω、515 Ω(R_5、R_6 阻值由 U_{OC}/I_{SC}确定)。

5)放置负载电阻 R_{L1}、R_{L2}、R_{L3}。主数据库为 Master Database;组为 Basic;系列为 POTENTIOMETER;元件的规格为 1 kΩ。

6)放置直流电流表,分别测量电流 I_1、I_2、I_3。主数据库为 Master Database;组为 Indicstors;系列为 AMMETER;元件为 AMMETER_H。注意,电流表的接线与电流参考方向一致。

7)放置直流电压表,分别测量电压 U_1、U_2、U_3。主数据库为 Master Database;组为

Indicstors;系列为 VOLTMETER;元件为 VOLTMETER_V。注意,电压表的接线与电压参考方向一致。

(3)依次选择菜单命令“Place”→“Wire”,按照图 6-3 将各个元件连接起来。

(4)仿真。依次选择菜单命令“Simulate”→“Run”。

(5)断开 S_1,读图 6-3(a),电压 U_1 即开路电压 U_{OC},与图 6-3(b)中的 U_{OC} 比较,如不相等,修改图 6-3(b)中的 U_{OC},使其等于电压 U_1。

(6)闭合 S_1,调节 $R_{L1}=0$(短路),读图 6-3(a)中的 I_1,即短路电流 I_{SC},与图 6-3(c)中的 I_{SC} 比较,如不相等,修改图 6-3(c)中的 I_{SC},使其等于电流 I_1。

(7)调节 R_{L1}、R_{L2}、R_{L3},使其具有相同百分比,分别读出 I_1、I_2、I_3、U_1、U_2、U_3,并将其填入表 6-1 中。

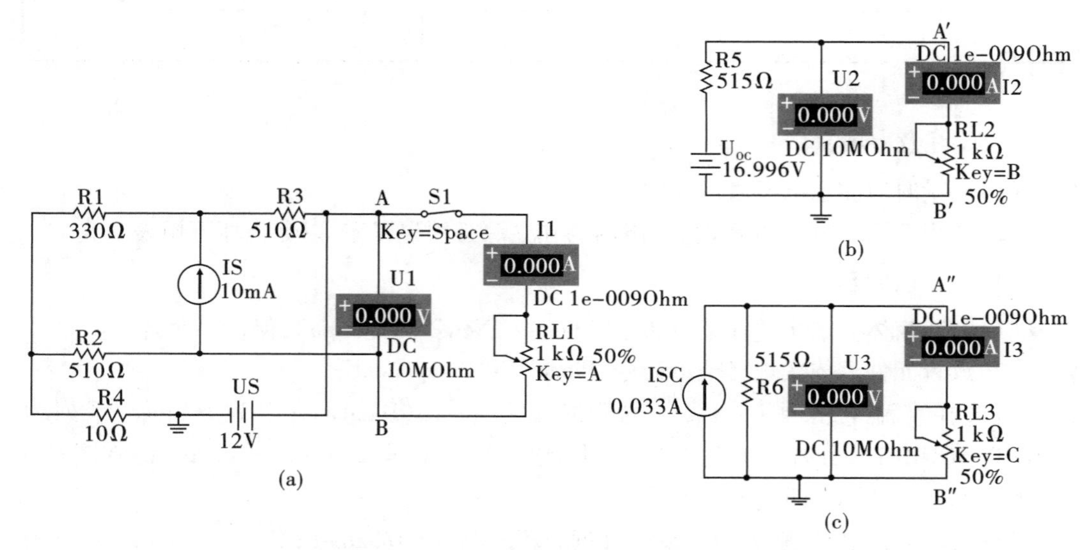

图 6-3　戴维宁定理和诺顿定理仿真电路

【思考题】

(1)在求戴维宁或诺顿等效电路时,做短路实验,测 I_{SC} 的条件是什么?在本实验中可否直接做负载短路实验?

(2)说明测量有源二端网络开路电压及等效电阻还有哪几种方法。

【实验报告】

(1)根据实验数据,画出其特性曲线,验证戴维宁定理和诺顿定理的正确性,并分析产生误差的原因。

(2)根据实验步骤(1)、(2)测得的 U_{OC}、I_{SC}、R_0 值和电路计算的结果做比较,能得出什么结论。

(3)归纳、总结实验结果。

实验7　一阶电路的响应

【实验目的】

(1)学习用示波器观察和分析电路的响应。

(2)研究 RC 电路在零输入、零状态响应。

(3)掌握从响应曲线中求时间常数 τ 的方法。

【实验原理及电路】

含有 L、C 储能元件(动态元件)的电路,其响应可以由微分方程求解。凡是可用一阶微分方程描述的电路,称为一阶电路。一阶电路通常由一个储能元件和若干个电阻元件组成。

所有储能元件初始值为零的电路对激励的响应称为零状态响应。对于图7-1所示的一阶电路,当 $t=0$ 时开关K由位置2转到位置1,直流电源经 R 向 C 充电。有方程

$$u_C+RC\frac{\mathrm{d}u_C}{\mathrm{d}t}=U_S \quad t\geqslant 0$$

由初始值

$$u_C(0_-)=0$$

可以得出电容的电压和电流随时间变化的规律,即零状态响应方程为

$$u_C(t)=U_S(1-e^{-\frac{t}{\tau}}) \quad t\geqslant 0$$

$$i_C(t)=\frac{U_S}{R}e^{-\frac{t}{\tau}} \quad t\geqslant 0$$

式中:$\tau=RC$。

上述式子表明,零状态响应是输入的线性函数。其中,$\tau=RC$ 具有时间的量纲,称为时间常数,是反映电路过渡过程快慢的物理量。τ 越大,暂态响应所持续的时间越长,即过渡过程的时间越长。反之,τ 越小,过渡过程的时间越短。

电路在无激励情况下,由储能元件的初始状态引起的响应称为零输入响应。在图7-1中,当开关K置于位置1,$u_C(0_-)=U_0$ 时,再将开关K转到位置2,电容的初始电压 $u_C(0_-)$ 经 R 放电。由方程

$$u_C+RC\frac{\mathrm{d}u_C}{\mathrm{d}t}=0 \quad t\geqslant 0$$

和初始值

$$u_C(0_-)=U_0$$

可以得出电容上的电压和电流随时间变化的规律,即零输入响应方程为

$$u_C(t)=U_0e^{-\frac{t}{\tau}} \quad t\geqslant 0$$

$$i_C(t)=-\frac{U_0}{R}e^{-\frac{t}{\tau}} \quad t\geqslant 0$$

式中:$\tau=RC$。

零输入响应方程式表明,零输入响应是初始状态的线性函数。

电路在输入激励和初始状态共同作用下引起的响应称为全响应。对图 7-2 所示的电路,当 $t=0$ 时合上开关 K,则描述方程为

$$u_C+RC\frac{\mathrm{d}u_C}{\mathrm{d}t}=U_S$$

由初始值 $$u_C(0_-)=U_0$$

可以得出全响应方程式

$$u_C(t)=U_S(1-\mathrm{e}^{-\frac{t}{\tau}})+U_0\mathrm{e}^{-\frac{t}{\tau}}=[U_0-U_S]\mathrm{e}^{-\frac{t}{\tau}}+U_S \quad t\geqslant 0$$

$$i_C(t)=\frac{U_S}{R}\mathrm{e}^{-\frac{t}{\tau}}-\frac{U_0}{R}\mathrm{e}^{-\frac{t}{\tau}}=\frac{U_S-U_0}{R}\mathrm{e}^{-\frac{t}{\tau}} \quad t\geqslant 0$$

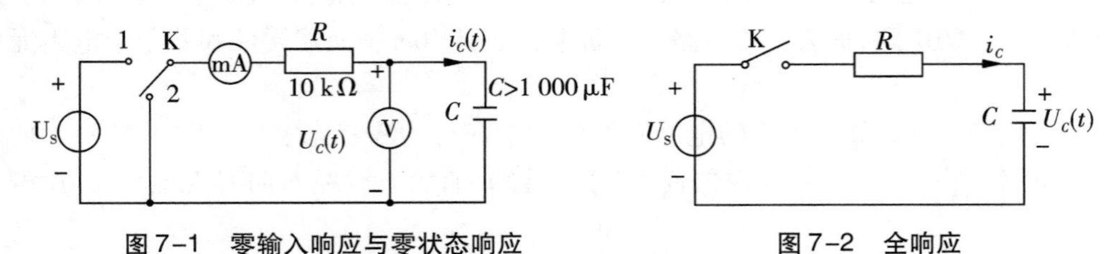

图 7-1 零输入响应与零状态响应　　图 7-2 全响应

全响应方程式表明:

(1)全响应是零状态分量和零输入分量叠加,它体现了线性电路的叠加性。

(2)全响应也可以看成是自由分量和强制分量叠加。自由分量的起始值和初始状态与输入有关,而随时间变化的规律仅仅决定于电路的 R、C 参数。强制分量则仅与激励有关。当 $t\to\infty$ 时,自由分量趋于零,过渡过程结束,电路进入稳态。

对于上述零状态响应、零输入响应和全响应的一次过程,$u_C(t)$ 和 $i_C(t)$ 的波形可以用长余辉示波器直接显示出来。示波器工作在慢扫描状态,输入信号接在示波器的直流输出端。

如果电路时间常数 τ 足够大(如 20 s 以上),则可用一般电工仪表逐点测出电路在换路后各给定时刻的电流或电压值,然后画出 $u_C(t)$ 和 $i_C(t)$ 的响应曲线。

RC 电路充放电时间常数 τ 可以从响应波形中估计出来。设时间坐标单位 t 确定,对于充电曲线来说,幅值上升到终值的 63.2% 所对应的时间即为一个 τ,如图 7-3(b)所示;对于放电曲线,幅值下降到初值的 36.8% 所对应的时间即为一个 τ,如图 7-3(c)所示。

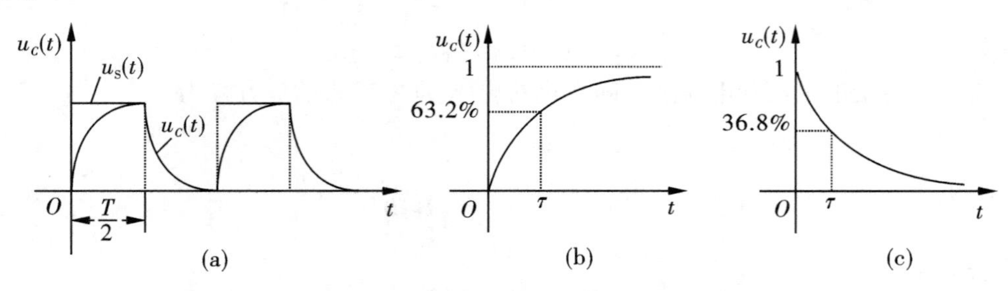

图 7-3 RC 电路充放电波形图

【实验设备及器件】

(1)可调直接稳压电源 1 台。

(2)双踪示波器 1 台。

(3)电阻箱 1 台。

(4)电容箱 1 台。

【实验内容】

1. 测定 RC 电路的零输入响应

实验电路如图 7-1 所示。U_S 为直流电源,电容 C 为大于 1 000 μF 的大容量电解电容。电路达到稳态以后,开关再由位置 1 转到位置 2,即可观察到零输入响应的波形。分别改变电阻 R、电容 C、电压 U_S 的数值,当 τ 足够大时,可以采用电子秒表计时,读出对应时间的电压、电流值,描绘出零输入响应时的 $u_C(t)$ 和 $i_C(t)$ 的波形,并将有关数据填入表 7-1 中。

表 7-1　RC 电路的零输入响应测量数据

U_S				R				C			
t/s	0										
u_C/V											
u_R/V											
i_C/mA											
τ(计算值)				τ(测量值)				τ(平均值)			

2. 测定 RC 电路的零状态响应

开关 K 首先置于位置 2,当电容电压为零后,开关由位置 2 转到位置 1,即可用示波器观察到零状态响应的波形;分别改变电阻 R、电容 C、电压 U_S 的数值,当 τ 足够大时,可以采用电子秒表计时,读出对应时间的电压、电流值,描绘出零状态响应时 $u_C(t)$ 和 $i_C(t)$ 的波形。并将有关数据填入表 7-2 中。

表 7-2　RC 电路的零状态响应测量数据

U_S				R				C			
t/s	0										
u_C/V											
u_R/V											
i_C/mA											
τ(计算值)				τ(测量值)				τ(平均值)			

【实验注意事项】

(1)用示波器观察相应的一次过程时(图 7-3),扫描时间要选取适当,当扫描亮点开始在荧光屏左端出现时,立即合上开关 K。

(2)在观察 $u_C(t)$ 和 $i_C(t)$ 波形时,由于其幅值相差较大,因此要注意调节 Y 轴的灵敏度。

(3)如果直接用电工仪表逐点测出电路在换路后各给定时刻的电流或电压值,时间常数 τ 要足够大。

【Multisim 仿真】

(1)新建窗体。依次选择菜单命令"File"→"New"→"Design",保存并命名。

(2)放置元件。依次选择菜单命令"Place"→"Component"。

1)选择直流电压源 U_S。主数据库为 Master Database;组为 Sources;系列为 POWER_SOURCES;元件为 DC_POWER;修改"Value",$U_S=10$ V。

2)放置参考点。组为 Sources;系列为 POWER_SOURCES;元件为 GROUND。注意,电路图中必须有一个参考点。

3)放置电阻 R_1。主数据库为 Master Database;组为 Basic;系列为 RESISTOR;元件的规格为 100 Ω。

4)放置电容 C_1。主数据库为 Master Database;组为 Basic;系列为 CAPACITOR;元件的规格为 1 500 μF。

5)放置转换开关 J_1。主数据库为 Master Database;组为 Basic;系列为 SWITCH;元件为 SPDT。

6)放置示波器 XSC_1、XSC_2。依次选择菜单命令"Simulate"→"Instruments"→"Oscilloscope"。

7)放置电流探针 XCP_1。依次选择菜单命令"Simulate"→"Instruments"→"Current Probe"。

8)放置直流电流表,分别测量电流 I。主数据库为 Master Database;组为 Indicstors;系列为 AMMETER;元件为 AMMETER_H。

9)放置直流电压表,分别测量电压 U。主数据库为 Master Database;组为 Indicstors;系列为 VOLTMETER;元件为 VOLTMETER_V。

(3)依次选择菜单命令"Place"→"Wire",按照图 7-4 将各个元件连接起来。

(4)双击示波器 XSC_1,用于测量电流 i_C 曲线,打开示波器显示界面,调整时间间隔 Timebase 为 Scale 50ms/Div;通道间隔 Channel A 为 Scale 50 V/Div。

(5)双击示波器 XSC_2,用于测量电压波形。打开示波器显示界面,调整时间间隔 Timebase 为 Scale 50 ms/Div;通道间隔 Channel A 为 Scale 5 V/Div,Channel B 为 Scale 5 V/Div;Channel A 测量 u_R,Channel B 测量 u_C。

(6)仿真。依次选择菜单命令"Simulate"→"Run"。

(7)J_1 开关由 1 转到 2;示波器显示图像后,停止仿真;得到零状态响应电压 u_R、u_C 曲线(图 7-5)和电流 i_C 曲线(图 7-6)。

(8)移动 T_1 时间轴到响应起始位置,单击 T_2 时间轴在响应曲线上移动,T_1、T_2、T_2-T_1 信息窗口可直接读出对应时间与 u_R、u_C 电压,同样方法得到 i_C 电流值。

(9)时间常数 τ 的测量方法。T_2 时间轴在响应曲线上移动到电压等于 U_S 的 63.2%时,其 T_2-T_1 对应的时间即是 τ 的值。

(10)仿真开始,J_1 开关由 2 转到 1;示波器显示图像后,停止仿真;得到图 7-7 所示零输入响应电压 u_R、u_C 曲线和图 7-8 所示电流 i_C 曲线。

(11)移动 T_1 时间轴到响应起始位置,单击 T_2 时间轴在响应曲线上移动,T_1、T_2、T_2-T_1 信息窗口可直接读出对应时间与 u_R、u_C 电压,同样方法得到 i_R 电流值。

(12)时间常数 τ 的测量方法。T_2 时间轴在响应曲线上移动到电压等于 U_S 的 36.8%时,其 T_2-T_1 对应的时间即是 τ 的值。

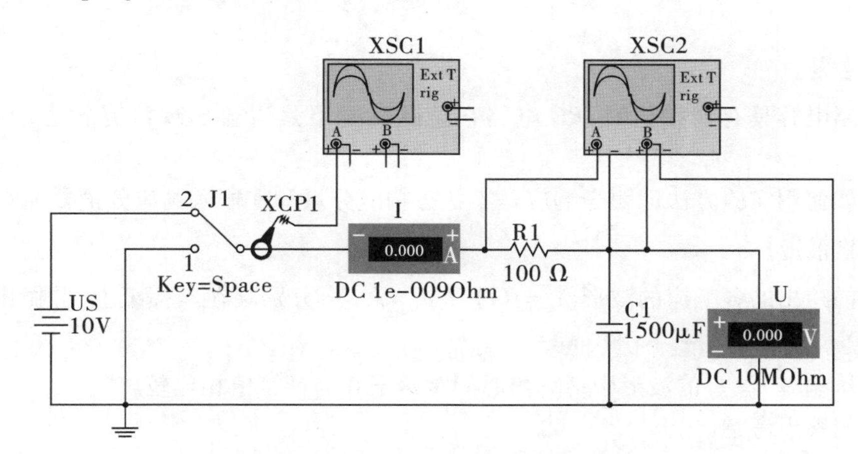

图 7-4 *RC* 一阶电路仿真电路

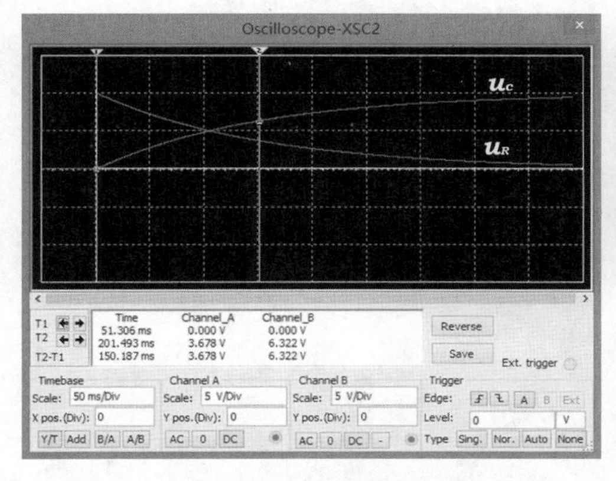

图 7-5 *RC* 一阶电路零状态响应电压曲线

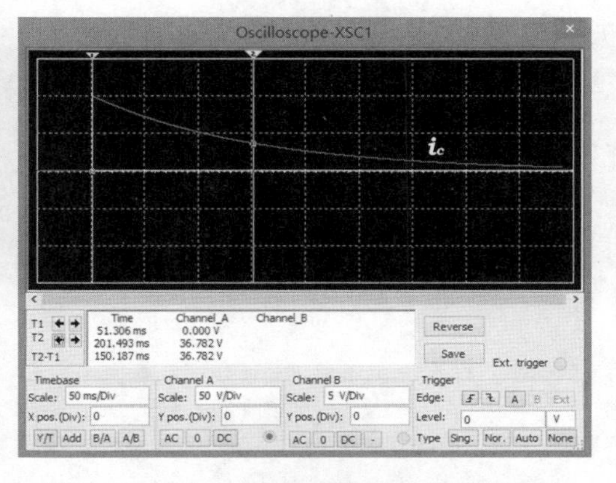

图 7-6 *RC* 一阶电路零状态响应电流曲线

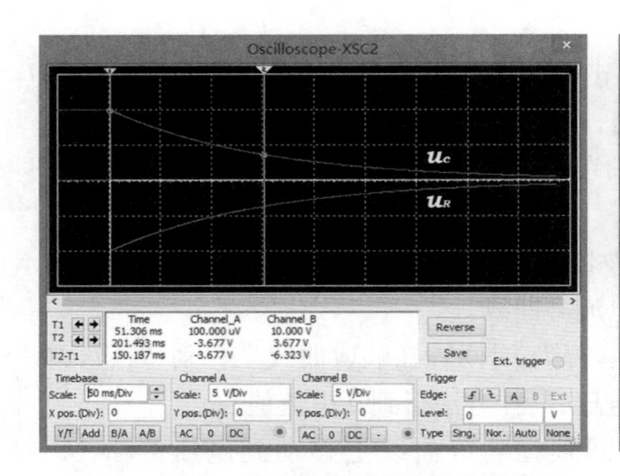

图 7-7　*RC* 一阶电路零输入响应电压曲线

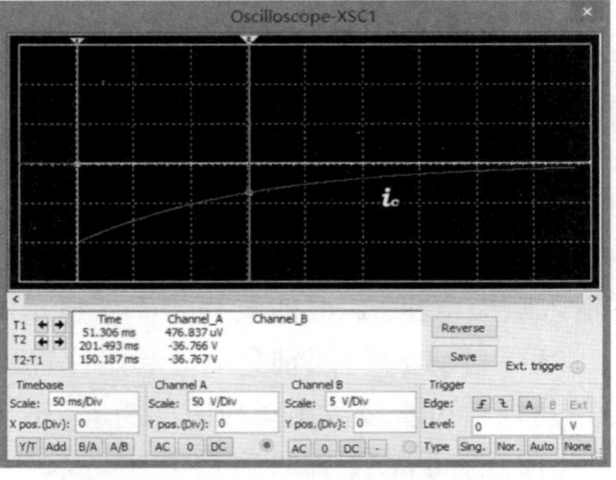

图 7-8　*RC* 一阶电路零输入响应电流曲线

【思考题】

(1)当电容具有初始值时,*RC* 电路在阶跃激励下是否会出现没有暂态的现象,为什么?

(2)如何用实验方法证明全响应是零状态响应分量和零输入响应分量叠加?

【实验报告】

(1)描绘出的各响应的波形[$i_C=f(t)$ 和 $u_C=f(t)$]分别画在坐标纸上,并做出必要的说明。

(2)从响应 $u_C(t)$ 的波形中估算出时间常数 τ 并与计算值相比较。

(3)回答思考题(1)。

实验8　R、L、C元件阻抗特性的测定

【实验目的】

(1)验证电阻、感抗、容抗与频率的关系,测定 R-f、X_L-f 及 X_C-f 的特性曲线。

(2)加深理解 R、L、C 元件端电压与电流间的相位关系。

【实验原理及电路】

1. 实验原理

正弦交流电可用三角函数表示,即最大值(U_m 或 I_m)、频率 f 或角频率 $\omega=2\pi f$ 和初相位 φ 三要素来决定。在正弦稳态电路的分析中,由于电路中各处电压、电流都是同频率的交流电,所以电流、电压可用相量表示。

在频率较低的情况下,电阻元件通常略去其电感及分布电容而看成是纯电阻,此时,其端电压与电流可用复数欧姆定律来描述,即

$$\dot{U}=R\dot{I}$$

式中:R 为线性电阻元件,$\dot{U}$ 和 $\dot{I}$ 无相位差。电阻中吸收的功率 $P=UI=RI^2$。

因为略去电感和电容,所以电阻元件的阻值 R 与频率 f 无关,即 R-f 关系如图 8-1 所示。

电容元件在低频时可略去其附加电感及电容极板间介质的功率损耗,因而可认为只具有电容 C。在正弦交流电作用下,其端电压与流过电容的电流之间可用复数欧姆定律来描述,即

$$\dot{U}=\mathrm{j}X_C\dot{I}$$

式中:X_C是电容的容抗,其值为 $X_C=-\frac{1}{\omega C}$,则

$$\dot{U}=\frac{1}{\mathrm{j}\omega C}\dot{I}=\frac{1}{\omega C}\dot{I}\angle-90°$$

说明电压 $\dot{U}$ 滞后电流 $\dot{I}$ 的相位角为 90°,电容中所吸收的平均功率为零。

电容的容抗 X_C与频率 f 的关系 X_C-f 曲线如图 8-1 所示。

电感元件因其由导线绕成,导线有电阻,在低频时如略去其分布电容,则它仅由电阻 R_L与电感 L 组成。

在正弦电流的作用下,其复阻抗为

$$Z=R_L+\mathrm{j}\omega L=\sqrt{R_L^2+(\omega L)^2}\angle\varphi=|Z|\angle\varphi$$

式中:R_L为线圈导线电阻。阻抗角 φ 可由 R_L及 L 参数来决定,即

$$\varphi=\arctan\frac{\omega L}{R_L}$$

电感线圈上电压与流过的电流间关系为

$$\dot{U}=(R_L+\mathrm{j}\omega L)\dot{I}$$

如果不考虑 R_L，则 $\dot{U}=\mathrm{j}\omega L\dot{I}$，电感两端电压超前电流 90°，电感线圈所吸收的平均功率为零。

因此电感感抗 X_L 与频率 f 的关系如图 8-1 所示。

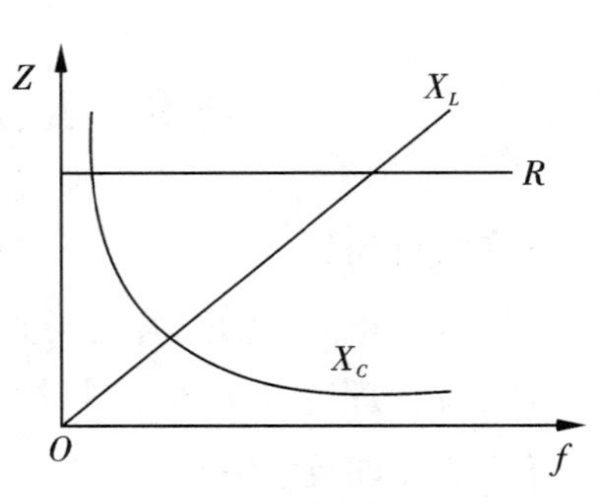

图 8-1　R、L、C 元件的 R-f 关系图

2. 实验电路

测量 R、L、C 元件阻抗特性电路如图 8-2 所示。

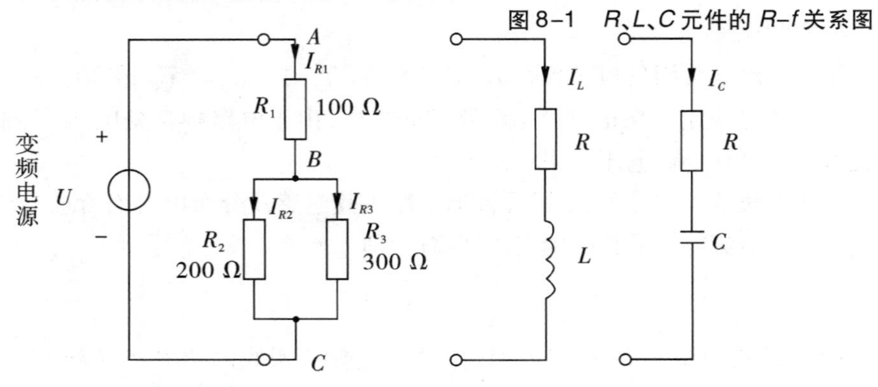

图 8-2　测量 R、L、C 元件阻抗特性电路

【实验设备及器件】

(1) 变频电源 1 台。

(2) 交流电压表 1 只。

(3) 交流电流表 1 只。

(4) 实验元件各 1 个。

【实验内容】

(1) 测量 R-f 特性。按图 8-2 接线，将电阻接入回路中，调节变频电源电压 $U=5$ V，改变电源频率，将测量数据填入表 8-1 中。

表 8-1　R-f 特性测量数据

f/Hz	U_{AC}/V	U_{AB}/V	U_{BC}/V	$U_{AB}+U_{BC}=U_{AC}$?	I_{R1}/mA	I_{R2}/mA	I_{R3}/mA	$I_{R2}+I_{R3}=I_{R1}$?
200								
400								
600								
800								
1 000								

（2）测量 X_L–f 特性。按图 8–2 接线，将电感接入回路中，调节变频电源电压 $U=5\ \text{V}$，$R=200\ \Omega$，$L=100\ \text{mH}$，其值为 $Z=R_L+\text{j}X_L$，$X_L=\omega L=2\pi fL$。改变电源频率，将测量数据填入表 8–2 中。

表 8–2　X_L–f 特性测量数据

f/Hz	U/V	U_L/V	U_R/V	I_L/mA	$U_L+U_R=U$?	R_L/Ω	X_L/Ω（测量值）	X_L/Ω（计算值）	误差/%
100									
200									
300									
400									
500									
600									
700									
800									

（3）测量 X_C–f 特性。按图 8–2 接线，将电容元件接入回路中，调节变频电源电压 $U=5\ \text{V}$，$R=200\ \Omega$，$C=1\ \mu\text{F}$，$X_C=-\dfrac{1}{\omega C}=-\dfrac{1}{2\pi fC}$。改变电源频率，将测量数据填入表 8–3 中。

表 8–3　X_C–f 特性测量数据

f/Hz	U/V	U_C/V	U_R/V	I_C/mA	$U_C+U_R=U$?	X_C/Ω（测量值）	X_C/Ω（计算值）	误差/%
100								
200								
300								
400								
500								
600								
700								
800								

【实验注意事项】

（1）使用频率电源时应防止输出短路，特别严禁将 220 V 交流电源接到变频电源的输出端。

（2）电感回路、电容回路电流不要超过 0.25 A。

【Multisim 仿真】

（1）新建窗体。依次选择菜单命令“File”→“New”→“Design”，保存并命名。

(2)放置元件。依次选择菜单命令“Place”→“Component”。

1)选择放置变频电源 XFG_1。依次选择菜单命令“Simulate”→“Instruments”→“Agilent Function Generator”。

2)放置参考点。组为 Sources;系列为 POWER_SOURCES;元件为 GROUND。注意,电路图中必须有一个参考点。

3)放置电阻 R_1、R_2、R_3、R_4。主数据库为 Master Database;组为 Basic;系列为 RESISTOR;元件的规格为 100 Ω、200 Ω、300 Ω、100 Ω。

4)放置电容 C_1。主数据库为 Master Database;组为 Basic;系列为 CAPACITOR;元件的规格为 10 μF。

5)放置电感 L_1。主数据库为 Master Database;组为 Basic;系列为 INDUCTOR;元件的规格为 100 mH。

6)放置交流电流表,分别测量电流 I。主数据库为 Master Database;组为 Indicstors;系列为 AMMETER;元件为 AMMETER_H,修改属性为交流表(AC)。

7)放置交流电压表,分别测量电压 U。主数据库为 Master Database;组为 Indicstors;系列为 VOLTMETER;元件为 VOLTMETER_V,修改属性为交流表(AC)。

(3)依次选择菜单命令“Place”→“Wire”,按照图 8-3、图 8-4 和图 8-5 将各个元件连接起来。

(4)双击“XFG1”,打开调频电源显示界面,如图 8-6 所示。

(5)调节输出电压。如图 8-6 所示,打开电源(点击“Power”),选择电压调节(点击“Ampi”),旋转调节旋钮或点击调节按键,调节电压 5.000V_{pp}。

(6)仿真。依次选择菜单命令“Simulate”→“Run”。

(7)改变频率。如图 8-7 所示,选择频率调节(点击“Freq”),旋转调节旋钮或点击调节按键,调节频率,分别读出图 8-3、图 8-4 和图 8-5 中电压表、电流表的示值,并将其填入对应表格中。

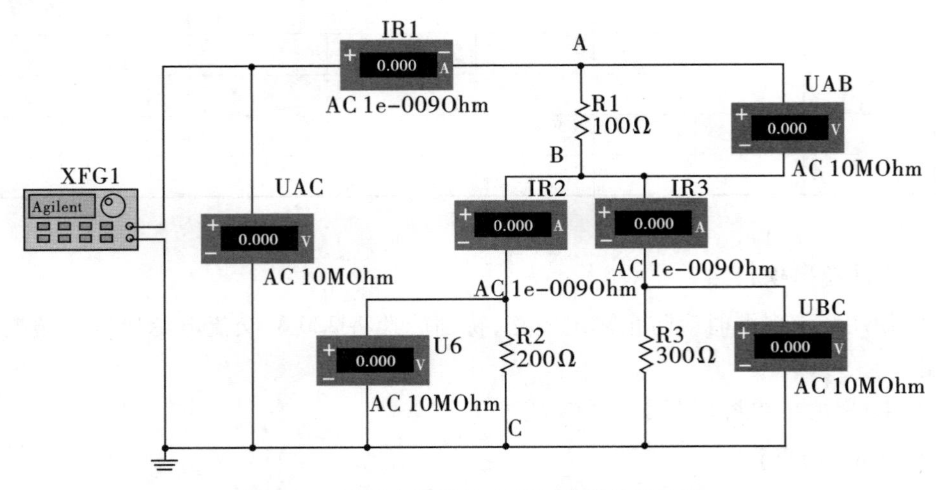

图 8-3　测量电阻元件 R 阻抗特性仿真电路

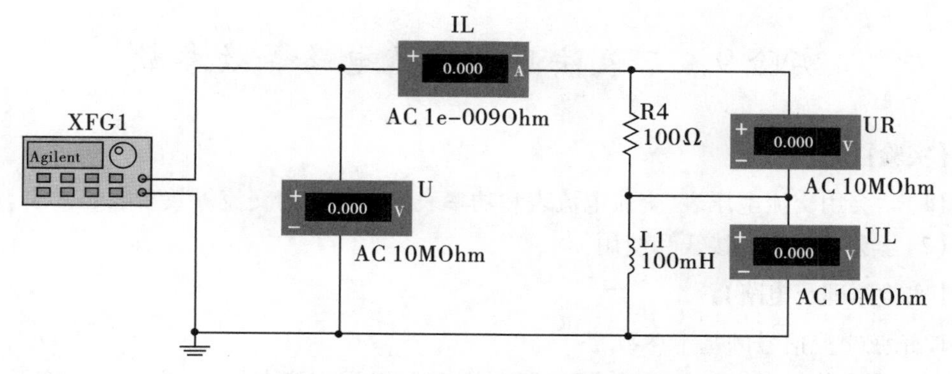

图 8-4　测量电感元件 *L* 阻抗特性仿真电路

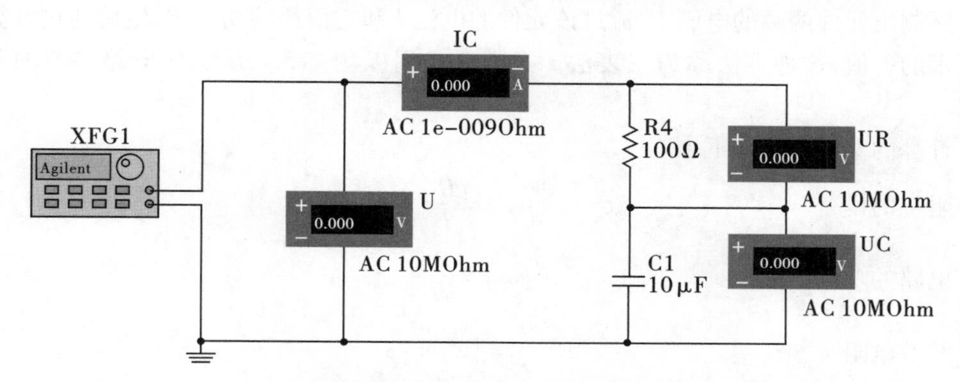

图 8-5　测量电容元件 *C* 阻抗特性仿真电路

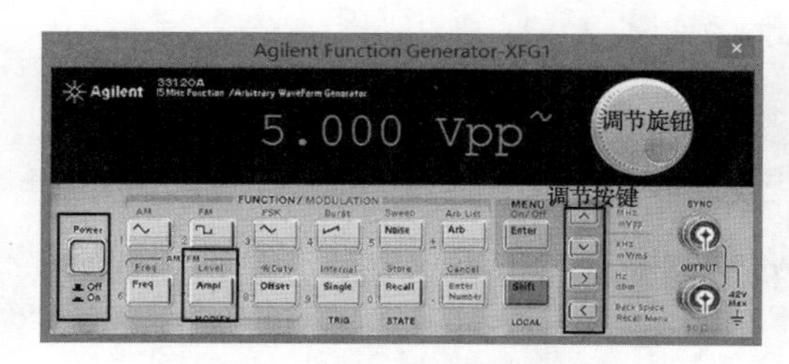

图 8-6　变频电源电压调节

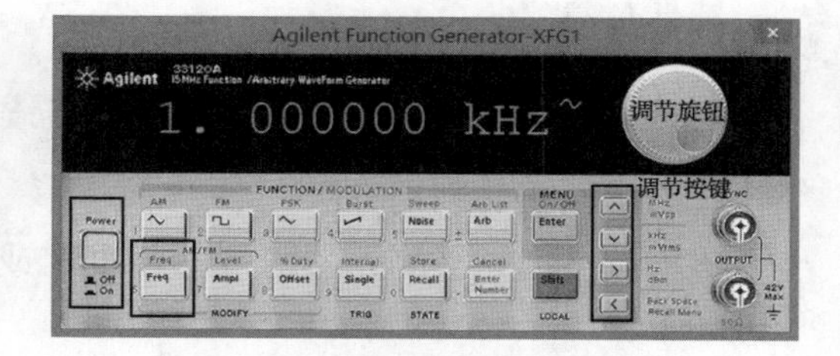

图 8-7　变频电源频率调节

【思考题】

测量 *R*、*L*、*C* 各个元件的阻抗时，为什么要串联一个电阻？可否用一个小电感或大电感代替？为什么？

【实验报告】

(1)根据实验数据，在方格纸上绘制理想 *R*、*L*、*C* 元件的阻抗-频率特性曲线，从中可得出什么结论？

(2)根据实验数据，在方格纸上绘制实际 *R*、*L*、*C* 元件的阻抗-频率特性曲线，并总结和归纳出结论。

实验9　三表法测量交流电路等效参数

【实验目的】

(1)学会用交流电压表、交流电流表和功率表测量元件的交流等效参数的方法。

(2)学会功率表的接线和使用。

【实验原理及电路】

1. 正弦交流信号的基本参数

正弦交流信号激励下的元件参数或阻抗值,可以用交流电压表、交流电流表及功率表分别测出元件两端的电压 U、流过该元件的电流 I 和它消耗的功率 P,然后通过计算得到所求的各值,这种方法称为三表法。三表法是用以测量 50 Hz 交流电路参数的基本方法。

计算的基本公式如下:

阻抗的模 $$|Z|=\frac{U}{I}$$

电路的功率因数 $$\cos\varphi=\frac{P}{UI}$$

等效电阻 $$R=\frac{P}{I^2}=|Z|\cos\varphi$$

等效电抗 $$X=|Z|\sin\varphi$$

感性负载 $$X=X_L=2\pi fL$$

容性负载 $$X=X_C=-\frac{1}{2\pi fC}$$

2. 阻抗性质的判别方法

该方法可用在被测元件两端并联电容或将被测元件与电容串联的方法来判别。其原理如下:

(1)在被测元件两端并联一只适当的试验电容,若串联在电路中电流表的读数增大,则被测阻抗为容性,电流减小则为感性。

图9-1(a)中,Z 为待测定的元件,C'为试验电容。图9-1(b)所示电路是图9-1(a)所示电路的等效电路,其中 G、B 为待测阻抗 Z 的电导和电纳,B'为并联电容 C'的电纳。在端电压有效值不变的条件下,按下面两种情况进行分析:

1)设 $B+B'=B''$,若 B'增大,B''也增大,则电路中电流 I 将单调地上升,故可判断 B 为容性元件。

2)设 $B+B'=B''$,若 B'增大,而 B''先减小而后增大,电流 I 也是先减小后上升,如图9-2所示,则可判断 B 为感性元件。

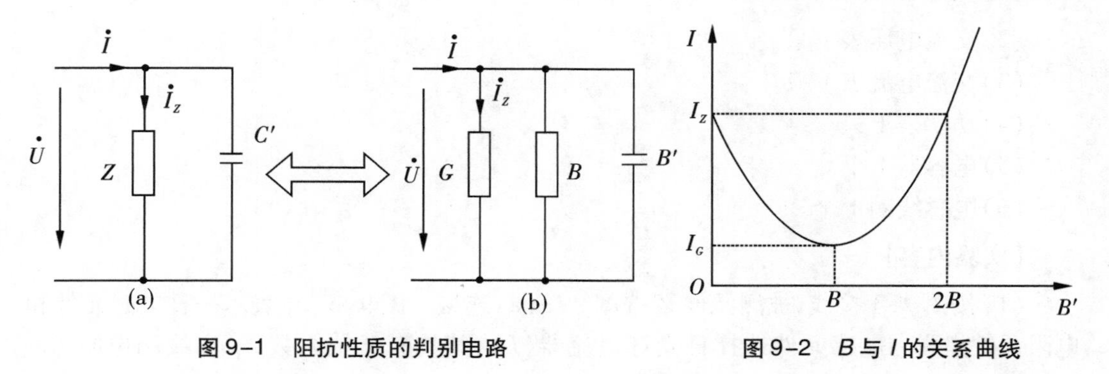

图 9-1　阻抗性质的判别电路　　　　图 9-2　B 与 I 的关系曲线

由以上分析可见,当 B 为容性元件时,对并联电容 C' 无特别要求;而当 B 为感性元件时,$|B'|<|2B|$ 才有判定为感性的意义。$|B'|>|2B|$ 时,电流单调上升,与 B 为容性时相同,并不能说明电路是感性的。因此,$|B'|<|2B|$ 是判断电路性质的可靠条件,由此得判定条件为

$$C'=\left|\frac{2B}{\omega}\right|$$

(2)与被测元件串联一个适当的试验电容,若被测阻抗的端电压下降,则判为容性,端电压上升则为感性。其判定条件为

$$\frac{1}{\omega C'}=|2X|$$

式中:C' 为串联试验电容值,X 为被测阻抗的电抗值,此关系式可自行证明。

3. 判断待测元件性质的其他方法

除上述借助于试验电容 C' 测定法外,还可以利用该元件的电流 I 和电压 U 之间的相位关系来判定。若电流 I 超前电压 U,为容性;若电压 U 超前电流 I,为感性。

4. 实验电路

三表法测量交流电路等效阻抗电路如图 9-3 所示。

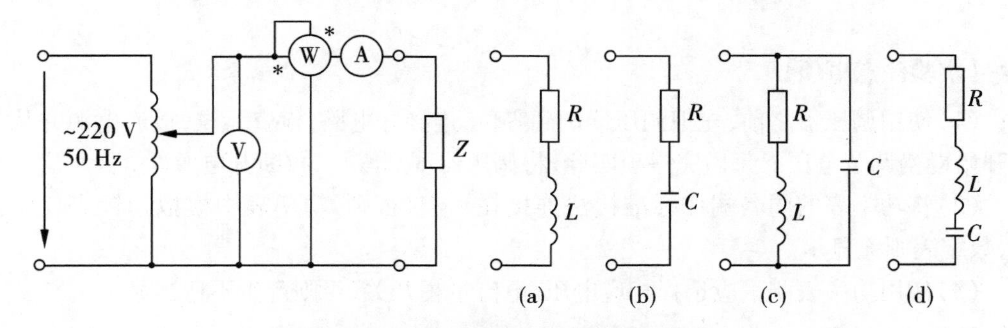

图 9-3　三表法测量交流电路等效阻抗电路

【实验设备及器件】

(1)交流可调电源 1 台。

(2)交流电压表1只。

(3)交流电流表1只。

(4)功率表1只。

(5)电容器1个。

(6)电感线圈1个。

【实验内容】

(1)按图9-3接线,被测元件Z按图9-3(a)连接。图9-3(a)表示一种电感元件和电阻元件串联。电感元件选择日光灯镇流器(L),其具有感抗系数X_L和线圈电阻R_L。电阻选择白炽灯(R)。

(2)调节可调电源,注意电压不要超过20 V,以免损坏元件。将测量数据记入表9-1中。

(3)被测元件Z按图9-3(b)连接,电容从电容箱中选取,$C=4.7$ μF,按上述方法测量,将测量数据记入表9-1中。

(4)被测元件Z按图9-3(c)连接,电感、电容选取同上。按上述方法测量,将测量数据记入表9-1中。

(5)被测元件Z按图9-3(d)连接,电感、电容选取同上。按上述方法测量,将测量数据记入表9-1中。

表9-1 三表法测量交流电路等效阻抗数据

被测元件	直接测量值			中间计算值			网络等效参数		
Z	U/V	I/mA	P/W	$\|Z\|$/Ω	$\cos\varphi$	φ	R/Ω	L/mH	C/μF
RL串联									/
RC串联								/	
RLC串并联								/	/
RLC串联								/	/

【实验注意事项】

(1)使用调压器之前,先把调压器调到零位,连接好电路,检查无误,接通电源并从零位开始慢慢调节电压。每做完一项实验,将调压器调到零位,再断开电源。

(2)将功率表的同名端按标准接法连接在一起,否则,功率表中模拟指针表反向偏转,数字表则无显示。

(3)使用功率表测量应选择相应电压、电流量程开关,否则产生不适当显示。

【Multisim仿真】

(1)新建窗体。依次选择菜单命令“File”→“New”→“Design”,保存并命名。

(2)放置元件。依次选择菜单命令“Place”→“Component”。

1)选择交流电压源U_S。主数据库为Master Database;组为Sources;系列为POWER_

SOURCES；元件为 AC_POWER；修改“Voltage”，$U_S=50$ V，修改“Frequency”，$f=100$ Hz。

2）放置参考点。组为 Sources；系列为 POWER_SOURCES；元件为 GROUND。注意，电路图中必须有一个参考点。

3）放置电阻 R_1、R_2、R_3、R_4。主数据库为 Master Database；组为 Basic；系列为 RESISTOR；元件的规格为 100 Ω。

4）放置电容 C_1、C_2、C_3。主数据库为 Master Database；组为 Basic；系列为 CAPACITOR；元件的规格为 4.7 μF。

5）放置电感 L_1、L_2、L_3。主数据库为 Master Database；组为 Basic；系列为 INDUCTOR；元件的规格为 100 mH。

6）放置转换开关 S_1、S_2、S_3、S_4。主数据库为 Master Database；组为 Electro_Mechanical；系列为 SUPPLEMENTERY_CONTACTS；元件为 SPST_NO_SB。注意旋转调整方向。

7）放置功率表 XWM_1。依次选择菜单命令“Simulate”→“Instruments”→“Wattmeter”。

8）放置交流电流表，分别测量电流 I。主数据库为 Master Database；组为 Indicstors；系列为 AMMETER；元件为 AMMETER_H，修改属性为交流表（AC）。

9）放置交流电压表，分别测量电压 U。主数据库为 Master Database；组为 Indicstors；系列为 VOLTMETER；元件为 VOLTMETER_V，修改属性为交流表（AC）。

（3）依次选择菜单命令“Place”→“Wire”，按照图 9-4 将各个元件连接起来。

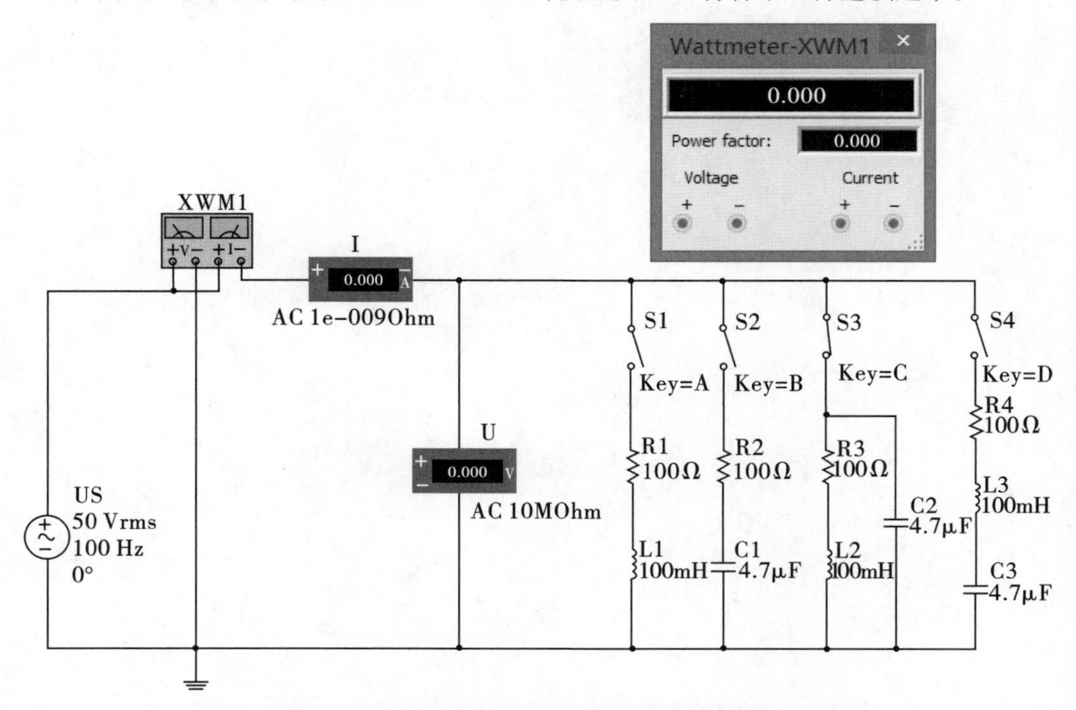

图 9-4　三表法测量交流电路等效阻抗仿真电路

(4)双击“XWM1”,打开功率表显示界面。

(5)仿真。依次选择菜单命令“Simulate”→“Run”。

(6)分别闭合 S_1、S_2、S_3、S_4,读出功率表、电压表、电流表的示值,并将其填入表 9-1 中。

【思考题】

(1)用三表法测元件参数时,在被测元件两端并接电容可以判断元件性质,为什么?试用相量图加以说明。

(2)在 50 Hz 的交流电路中,测得一只铁芯线圈的 P、U、I 值,如何算得它的阻值及电感量?

【实验报告】

(1)根据实验数据,完成各项计算。

(2)由实测元件串、并联以后的参数,作出元件串联时的阻抗三角形和并联时的导纳三角形。

实验10　正弦稳态交流电路相量的研究

【实验目的】

(1)研究正弦稳态交流电路中电压、电流相量之间的关系。

(2)掌握日光灯线路的接线。

(3)理解改善电路功率因数的意义并掌握其方法。

【实验原理及电路】

(1)在单相正弦交流电路中,用交流电流表测得各支路的电流值,用交流电压表测得回路各元件两端的电压值,它们之间的关系满足相量形式的基尔霍夫定律,即 $\sum \dot{I}=0$ 和 $\sum \dot{U}=0$。

(2)图10-1所示的 RC 串联电路,在正弦稳态信号 U 的激励下,U_R 与 U_C 保持有90°的相位差,即当 R 阻值改变时,U_R 的相量轨迹是一个半圆。U、U_C 与 U_R 三者形成一个直角形的电压三角形,如图10-2所示。R 值改变时,可改变 φ 角的大小,从而达到移相的目的。

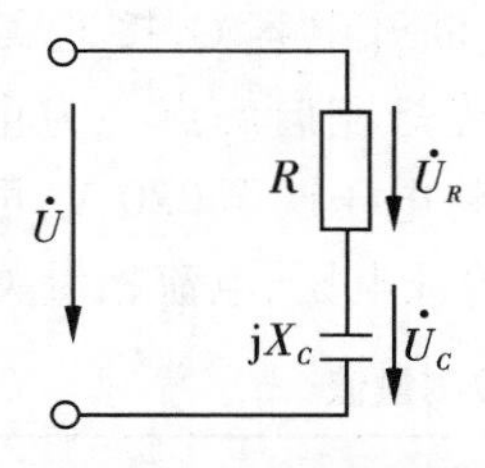

图10-1　RC 串联电路

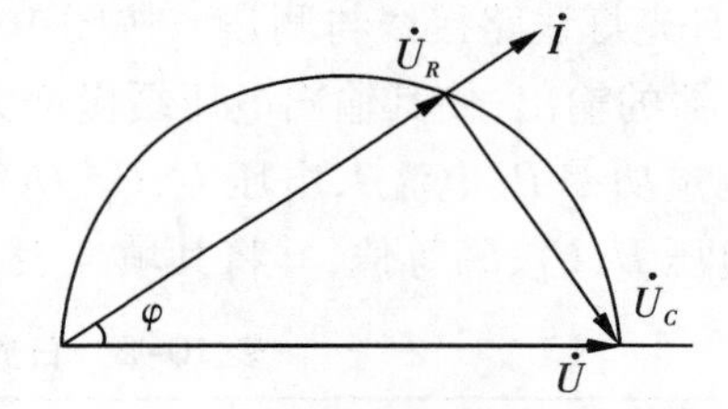

图10-2　RC 串联电路电压关系

(3)日光灯电路如图10-3所示。图10-3中,A 是日光灯管;L 是镇流器;S是启辉器;C 是补偿电容器,用以改善电路的功率因数($\cos\varphi$ 值)。

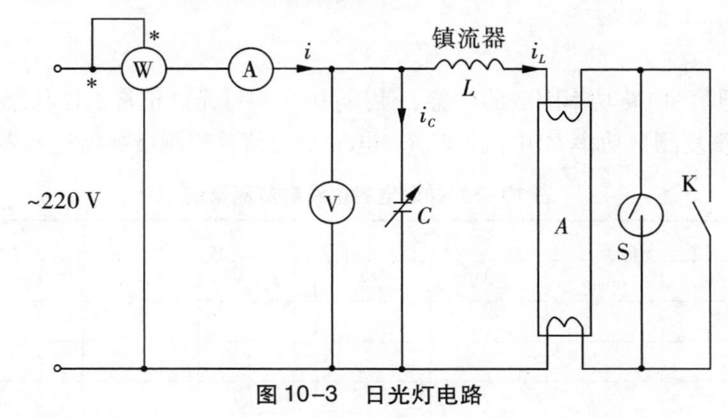

图10-3　日光灯电路

【实验设备及器件】

(1)交流电压表1只。

(2)交流电流表 1 只。

(3)功率表 1 只。

(4)日光灯套件 1 套。

(5)白炽灯 1 只。

(6)电容箱 1 台。

【实验内容】

(1)按图 10-1 接线。R 选择白炽灯泡,电容 C 的规格为 4.7 μF/450 V。接通实验台电源,将自耦调压器输出调至 220 V。记录 U、U_R、U_C值并将其填入表 10-1 中,验证电压三角形关系。

表 10-1 交流电压测量

测量值			计算值		
U/V	U_R/V	U_C/V	$U'=\sqrt{U_R^2+U_C^2}$	$\Delta U(=U'-U)$/V	$\frac{\Delta U}{U}\times100\%$

(2)日光灯线路接线与测量。按图 10-3 接线。断开电容 C,接通实验台电源,调节自耦调压器的输出,使其输出电压缓慢增大,直到日光灯刚启辉点亮为止(大概在 180 V 左右),测量功率 P,电流 I,电压 U、U_L、U_A等值;然后将电压调至 220 V,再次测量功率 P,电流 I,电压 U、U_L、U_A等值,并将其填入表 10-2 中,验证电压、电流相量关系。

表 10-2 日光灯电路参数测量值

	测量数值						计算值	
工作状态	P/W	$\cos\varphi$	I/A	U/V	U_L/V	U_A/V	r/Ω	$\cos\varphi$
启辉值								
正常工作值								

注:r 为镇流器(L)的电阻值。

(3)并联电容-电路功率因数的改善。使图 10-3 中日光灯正常工作状态,按照表 10-3 改变电容的值重复测量功率 P,电流 I、I_L、I_C,电压 U 等值。将测量数据记入表 10-3 中。

表 10-3 并联电容电路参数测量值

电容值	测量值						计算值	
C/μF	P/W	$\cos\varphi$	U/V	I/A	I_L/A	I_C/A	I'/A	$\cos\varphi$
0								
1								
2.2								
4.7								

【实验注意事项】

(1)本实验用交流市电 220 V,务必注意用电和人身安全。

(2)功率表要正确接入电路。

(3)线路接线正确,日光灯不能启辉时,应检查启辉器及其接触是否良好。

【Multisim 仿真】

(1)新建窗体。依次选择菜单命令“File”→“New”→“Design”,保存并命名。

(2)放置元件。依次选择菜单命令“Place”→“Component”。

1)选择交流电压源 U_{S1}、U_{S2}。主数据库为 Master Database;组为 Sources;系列为 POWER_SOURCES;元件为 AC_POWER;修改“Voltage”,$U_S=220$ V,修改“Frequency”,$f=60$ Hz。

2)放置参考点。组为 Sources;系列为 POWER_SOURCES;元件为 GROUND。注意,电路图中必须有一个参考点。

3)放置电阻 R_1、R_2。主数据库为 Master Database;组为 Basic;系列为 RESISTOR;元件的规格为 160 Ω、165 Ω。

4)放置电容 C_1。主数据库为 Master Database;组为 Basic;系列为 CAPACITOR;元件的规格为 4.7 μF。

5)放置可调电容 C_2。主数据库为 Master Database;组为 Basic;系列为 VARIABLE_CAPACITOR;元件的规格为 10 μF。

6)放置电感 L_1。主数据库为 Master Database;组为 Basic;系列为 INDUCTOR;元件为 1.1 H。

7)放置功率表 XWM_1。依次选择菜单命令“Simulate”→“Instruments”→“Wattmeter”。

8)放置交流电流表,分别测量电流 I。主数据库为 Master Database;组为 Indicstors;系列为 AMMETER;元件为 AMMETER_H,修改属性为交流表(AC)。

9)放置交流电压表,分别测量电压 U。主数据库为 Master Database;组为 Indicstors;系列为 VOLTMETER;元件为 VOLTMETER_V,修改属性为交流表(AC)。

(3)依次选择菜单命令“Place”→“Wire”,按照图 10-4 和图 10-5 将各个元件连接起来。

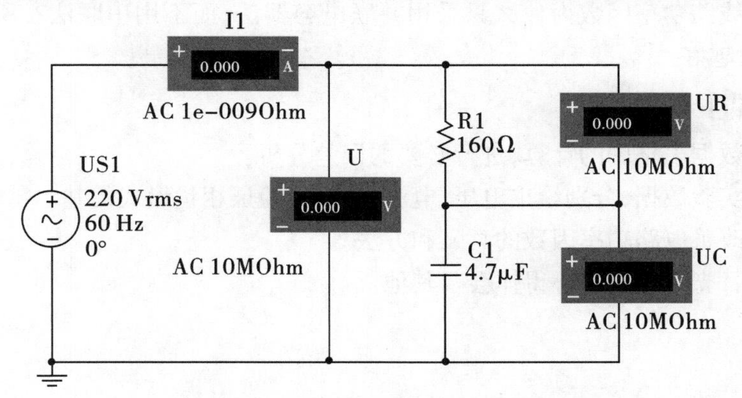

图 10-4　*RC* 串联电路仿真电路

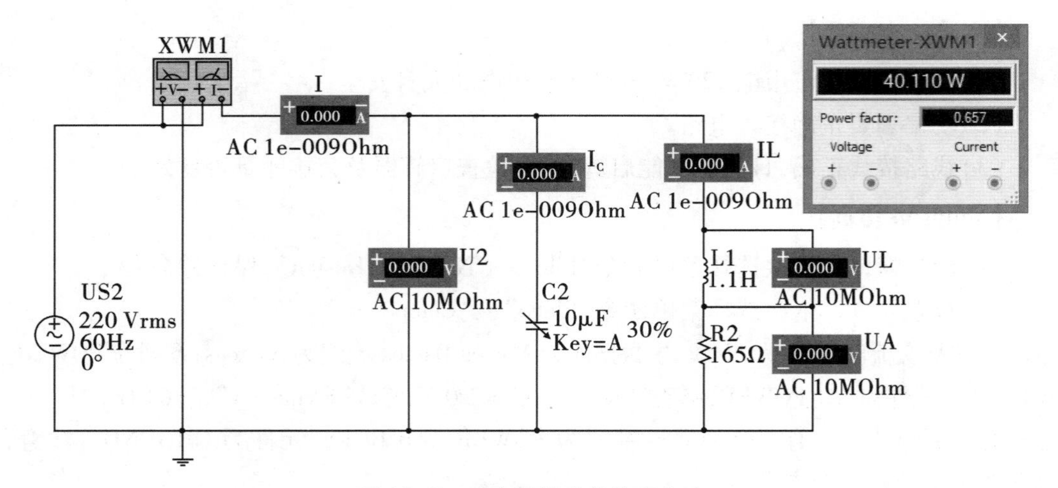

图 10-5　功率因数改善仿真电路

(4)双击“XWM1”,打开功率表显示界面,如图 10-5 所示。

(5)仿真。依次选择菜单命令“Simulate”→“Run”。

(6)测量交流电压。读出图 10-4 中电压表、电流表的示值,并将其填入表 10-1 中。

(7)改善电路功率因数。调节电容 C_2 的百分比,读出功率表、电压表、电流表的示值,并将其填入表 10-3 中。

【思考题】

(1)参阅课外资料,了解日光灯的工作原理。

(2)在日常生活中,当日光灯上缺少了启辉器时,人们常用一根导线将启辉器的两端短接一下,然后迅速断开,使日光灯点亮或用一只启辉器去点亮多只同类型的日光灯,这是为什么?

(3)为了改善电路的功率因数,常在感性负载上并联电容器,此时增加了一条电流支路,试问电路的总电流是增大还是减小,此时感性元件上的电流和功率是否改变?

(4)提高线路功率因数为什么只采用并联电容器法,而不用串联法?所并电容的电容量是否越大越好?

【实验报告】

(1)完成数据表格中的计算,进行必要的误差分析。

(2)根据实验数据,分别绘出电压、电流相量图,验证相量形式的基尔霍夫定律。

(3)讨论改善电路功率因数的意义和方法。

(4)装接日光灯线路的心得体会及其他。

实验11　功率因数提高的研究

【实验目的】

(1)熟悉日光灯的接线,做到能正确迅速连接电路。

(2)通过实验了解功率因数提高的意义和方法。

(3)熟练功率表的使用。

【实验原理及电路】

1. 提高功率因数的意义

在正弦交流电路中,电源发出的功率为 $P=UI\cos\varphi$。其中 $\cos\varphi$ 称为功率因数,φ 为总电压与总电流之间的相位差,即负载的阻抗角。发电设备将电能输送给用户,用户负载大多数为感性负载(如电动机、日光灯等)。感性负载的功率因数较低,会引起以下两个问题:

(1)发电设备的容量不能充分利用。发电设备的容量 $S=UI$。在额定工作状态时,发电设备发出的有功功率 $P=UI\cos\varphi$,只有在电阻性负载(如白炽灯、电炉等)电路中 $\cos\varphi=1$;而对于感性负载,$\cos\varphi<1$,电路中会出现负载与电源之间无功能量的交换,电源就要发出一个无功功率 $P=UI\sin\varphi$。电源在输出同样的额定电压和额定电流的情况下,功率因数越小,发出的有功功率 P 就越小,造成发电设备的容量不能充分利用。

(2)增加线路和发电设备的损耗。当发电机的电压和输出功率一定时,$\cos\varphi$ 越低,电流越大,将引起线路和发电设备损耗的增加。

综上所述,提高电网的功率因数,对于降低电能损耗、提高发电设备的利用率和供电质量具有重要的经济意义。

2. 提高功率因数的方法

针对实际用电负载多为感性且功率因数较低的情况,简单而又易于实现的提高功率因数的方法就是在负载两端并联电容器。

负载电流中含有感性无功电流分量,并联电容器的目的就是取其容性无功电流分量补偿负载感性无功电流分量。如图11-1、图11-2所示,并联电容器以后,电感性负载本身的电流 $\dot{I}_L$ 和负载的功率因数 $\cos\varphi_1$ 均未改变,但电源电压 $\dot{U}$ 与线路电流 $\dot{I}$ 之间的相位差 φ 减小了,即 $\cos\varphi$ 增大了。这里所说的功率因数的提高,指的是提高电源或电网的功率因数,而负载本身的功率因数不变。改变电容的电容量可以不同程度地补偿感性无功电流分量,合理地选取电容的电容量,便可以达到所要求的功率因数。

实验中以日光灯(连同镇流器)作为研究对象,日光灯电路属于感性负载,但镇流器有铁芯,它与线性电感线圈有一定差别。严格地说,日光灯电路为非线性负载。

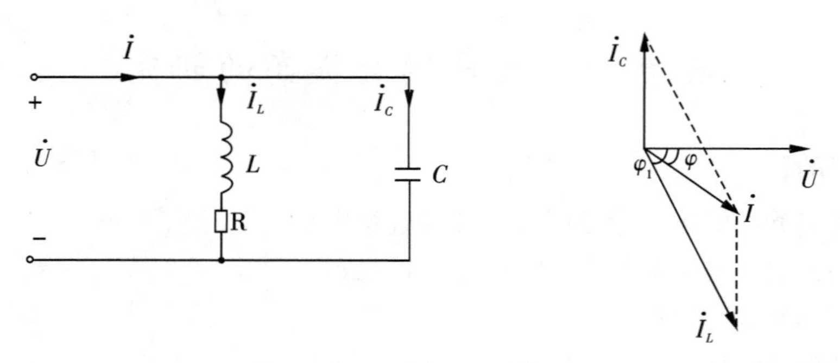

图 11-1　L、C 与 cosφ 的关系

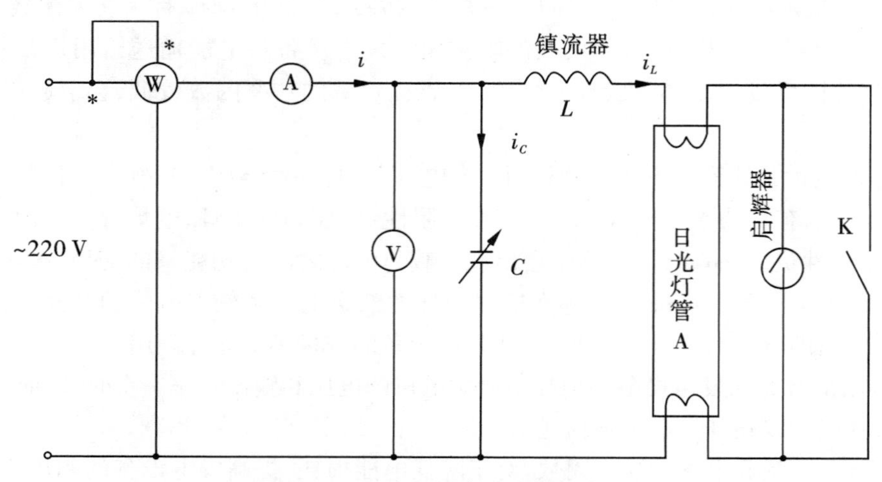

图 11-2　日光灯提高功率因数电路

3. 日光灯的电路结构和工作原理

（1）灯管。日光灯灯管两端装有发射电子用的灯丝，管内充有惰性气体及少量的水银蒸气，管内壁上涂有一层荧光粉。当灯管两端灯丝加热并在两端加上较高电压时，管内水银蒸气在电子的撞击下游离放电，产生弧光。弧光中的射线射在管壁的荧光粉上就会激励发光。灯管在放电后只需较低的电压就能维持其继续放电。因而要使日光灯管正常工作，则必须在启动时产生一个瞬间较高电压，而在灯管工作后又能限制其工作电流，维持灯管两端有较低电压。

（2）启辉器。一个小型辉光放电管，管内充有氖气。它有两个电极：一个由膨胀系数不同的 U 形双金属片组成，称可动电极；另一个是固定电极。为了避免在断开时产生火花烧毁电极，通常并联一个小电容。启辉器实际上起一个自动开关的作用。

（3）镇流器。一个带铁芯的电感线圈，其作用是在日光灯启动时产生一个较高的自感电动势去点燃灯管，灯管点燃后它又限制通过灯管的电流，使灯管两端维持较低的电压。

在接通电源瞬间，由于启辉器是断开的，日光灯电路中并没有电流。电压全部加在启辉器两极间，使两极间气体游离，产生辉光放电。此时两极发热，U 型双金属片受热膨胀，与固定电极接触，这时电路构成闭合回路，于是电流通过灯丝使灯丝加热，为灯丝发射电子准备了条件。

启辉器两极接触时，两极间电压就下降为零，辉光放电立即停止。金属片冷却收缩，与固定电极断开。在断开的瞬间电路中电流突然下降为零，于是在镇流器两端产生一个较高的自感电动势。它与电源一起加在灯管两端，使灯管内水银蒸气游离放电。放电发生的射线使管内壁的荧光粉发出可见光，此时启辉器已不再起作用，电流直接通过灯管与镇流器构成闭合回路。镇流器起限流作用，使灯管两端电压能维持自身放电即可。

【实验设备及器件】

(1)交流电压表 1 只。

(2)交流电流表 1 只。

(3)功率表 1 只。

(4)日光灯套件 1 套。

(5)电容箱 1 台。

【实验内容】

(1)按图 11-2 所示电路连接。在各支路串联接入电流表插座，再将功率表接入线路，按图 11-2 接线并经检查后，接通电源，电压增加至 220 V。

(2)改变可变电容箱的电容值，先使 $C=0$，测量电源电压 U、镇流器两端的电压 U_L、日光灯灯管两端的电压 U_A，读取总电流 I、灯管电流 I_L、电容支路电流 I_C 及功率表读数 P。

(3)逐渐增大电容 C 的电容量，测量电源电压 U、镇流器两端的电压 U_L、日光灯灯管两端的电压 U_A，读取总电流 I、灯管电流 I_L、电容支路电流 I_C 及功率表示数 P。并将有关实验数据记录在表 11-1 中。

表 11-1　提高功率因数测量数据

C/μF	U/V	U_L/V	U_A/V	I/mA	I_L/mA	I_C/mA	P/W	$\cos\varphi$
0								
0.47								
1.0								
1.47								
2.0								
3.0								
3.47								

续表 11-1

$C/\mu F$	U/V	U_L/V	U_A/V	I/mA	I_L/mA	I_C/mA	P/W	$\cos\varphi$
4.0								
4.1								
4.22								
4.47								
5.0								
6.0								
7.0								

【实验注意事项】

(1)日光灯启动电压随环境温度会有所改变,一般在 180 V 左右可启动,日光灯启动时电流较大(约 0.6 A),及早注意仪表量程选择。

(2)将功率表的同名端按标准接法连接在一起,否则,功率表中模拟指针表反向偏转,则数字表无显示。

(3)使用功率表测量应选择相应电压、电流量程开关,否则产生不适当显示。

(4)如本实验数据不符合理论规律,首先检查供电电源波形是否过分畸变,因目前电网波形高次谐波分量相当高,如能在进线前装一个电源进线滤波器,将是抑制谐波分量的有效措施。

【Multisim 仿真】

(1)新建窗体。依次选择菜单命令"File"→"New"→"Design",保存文件并命名。

(2)放置元件。依次选择菜单命令"Place"→"Component"。

1)选择交流电压源 U_S。主数据库为 Master Database;组为 Sources;系列为 POWER_SOURCES;元件为 AC_POWER;修改"Voltage",$U_S=220$ V,修改"Frequency",$f=60$ Hz。

2)放置参考点。组为 Sources;系列为 POWER_SOURCES;元件为 GROUND。注意,电路图中必须有一个参考点。

3)放置电阻 R_1。主数据库为 Master Database;组为 Basic;系列为 RESISTOR;元件的规格为 165 Ω。

4)放置可调电容 C_1。主数据库为 Master Database;组为 Basic;系列为 VARIABLE_CAPACITOR;元件的规格为 10 μF。

5)放置电感 L_1。主数据库为 Master Database;组为 Basic;系列为 INDUCTOR;元件的规格为 1.1 H。

6)放置功率表 XWM_1。依次选择菜单命令"Simulate"→"Instruments"→"Wattmeter"。

7)放置交流电流表,分别测量电流 I。主数据库为 Master Database;组为 Indicstors;系列为 AMMETER；元件为 AMMETER_H，修改属性为交流表（AC）。

8）放置交流电压表，分别测量电压 U。主数据库为 Master Database；组为 Indicstors；系列为 VOLTMETER；元件为 VOLTMETER_V，修改属性为交流表（AC）。

（3）依次选择菜单命令“Place”→“Wire”，按照图 11-3 将各个元件连接起来。

（4）双击“XWM1”，打开功率表显示界面，如图 11-3 所示。

（5）仿真。依次选择菜单命令“Simulate”→“Run”。

（6）调节电容 C_1 的百分比，读出功率表、电压表、电流表的示值，并将其填入表 11-1 中。

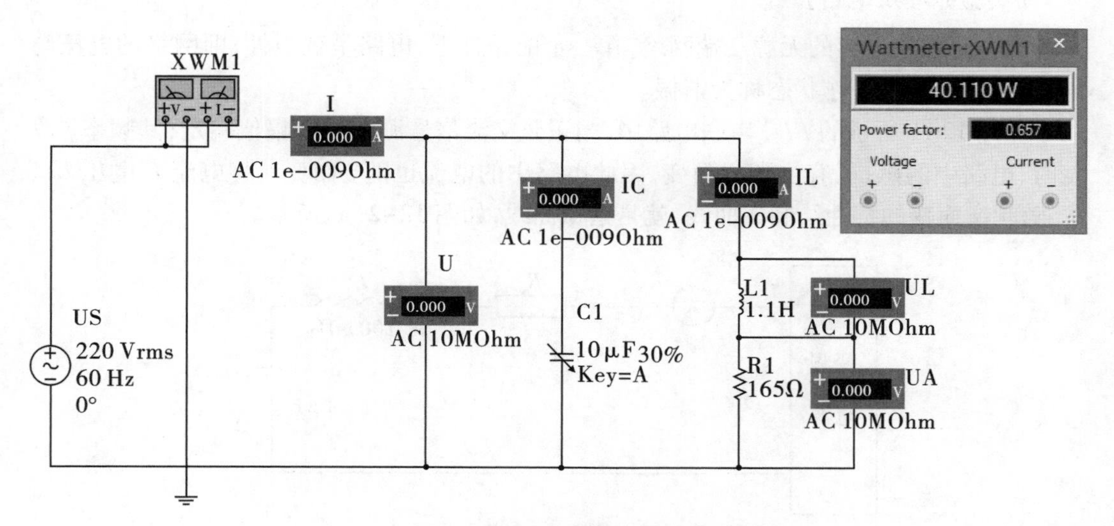

图 11-3　提高功率因数仿真电路

【思考题】

（1）为什么功率因数一般提高到 0.9 左右，不提高到最大值 1？

（2）在什么场合下需要提高功率因数？

【实验报告】

（1）完成上述数据测试，并列表记录。

（2）绘出总电流 $i=f(C)$ 曲线，并分析讨论。

（3）绘出 $\cos\varphi=f(C)$ 曲线，并分析讨论。

实验 12　*RLC* 串联谐振电路的研究

【实验目的】

(1)学习用实验方法绘制 *RLC* 串联电路的幅频特性曲线。

(2)加深理解电路发生谐振的条件、特点,掌握电路品质因数(电路 Q 值)的物理意义及其测定方法。

【实验原理及电路】

含有电感和电容的无源二端网络,在一定的条件下,电路呈现阻性,即网络的电压与电流同相位,这种工作状态称为谐振。

在图 12-1 所示的 *RLC* 串联电路中,当正弦交流信号源的电压幅值一定,其频率 f 改变时,电路中的感抗、容抗随之而变,因此电路中的电流也随 f 而变。将电流 I、电压 U_L、U_C 随频率而变的特性绘制成曲线,就是谐振曲线,如图 12-2(a)所示。

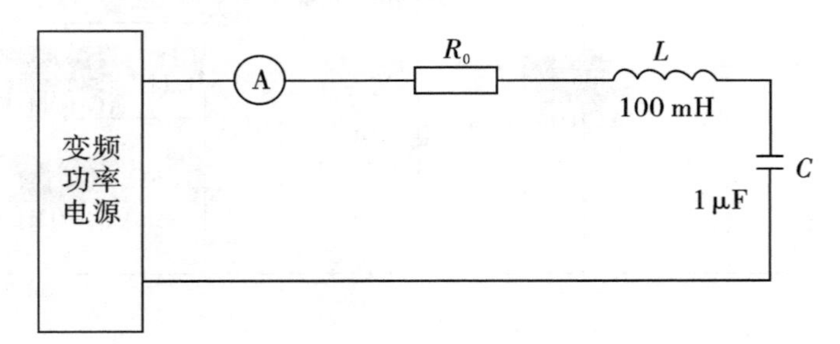

图 12-1　*RLC* 串联电路

由于

$$Z=R+\mathrm{j}\left(\omega L-\frac{1}{\omega C}\right)$$

在电路发生谐振时

$$\omega L=\frac{1}{\omega C}$$

因此,谐振角频率为

$$\omega_0=\frac{1}{\sqrt{LC}}$$

谐振频率为

$$f_0=\frac{1}{2\pi\sqrt{LC}}$$

显然,谐振频率只与 L、C 有关,与 R 无关。在电路发生谐振时,其复阻抗 Z 最小,其谐振电流最大,即 $I_0=\dfrac{U}{R_0}$(注意,实际电路中 R_0 大于电路中的 R,因为互感 L 中含有一定的阻值 R_L,即 $R_0=R+R_L$)。其品质因数为

$$Q=\frac{\omega_0 L}{R}=\frac{1}{\omega_0 CR}=\frac{1}{R}\sqrt{\frac{L}{C}}$$

保持参数 R、L、C 不变,改变电源频率,作出如图 12-2(b)所示的电流谐振曲线,其表

达式为

$$\frac{I}{I_0}=\frac{1}{\sqrt{1+Q^2\left(\frac{\omega}{\omega_0}-\frac{\omega_0}{\omega}\right)^2}}$$

再保持参数 L、C 不变，改变 R 的大小，可以作出不同品质因数 Q 值的谐振曲线。Q 值越大，曲线越尖锐，在这些不同 Q 值曲线上通过纵坐标 $I/I_0=0.707$ 处作一平行于横轴的直线，与各谐振曲线交于两点 ω_1、ω_2，Q 值越大，这两点之间的距离越小。

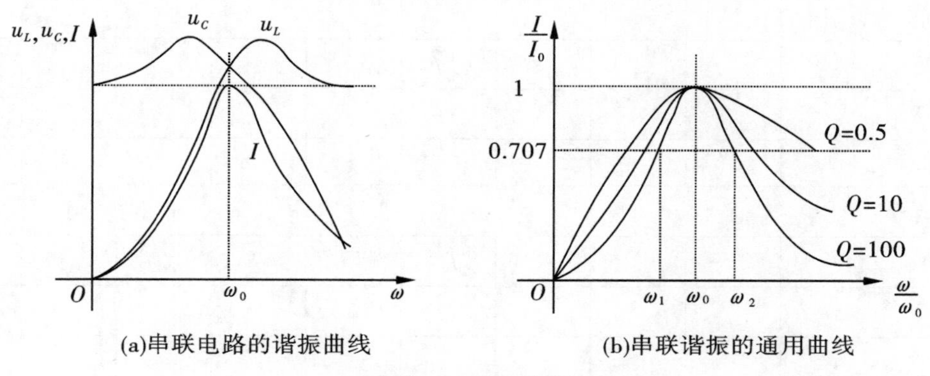

(a)串联电路的谐振曲线　　(b)串联谐振的通用曲线

图 12-2　谐振曲线

【实验设备及器件】

(1)变频功率电源 1 台。

(2)交流电流表 1 只。

(3)电阻箱 1 台。

(4)电容(1 μF)1 只。

(5)电感(100 mH)1 只。

【实验内容】

(1)选 $C=1$ μF，$R=100$ Ω，$L=100$ mH，保持 $u_i=10$ V。

(2)按图 12-1 所示电路接线，调节变频功率电源的频率，测出最大电流 I_0，此时，电路处于谐振状态，记下谐振频率 f_0，将所测数据填入表 12-1 中，计算其他电路参数。

(3)取 $R_0=R_1+R_L$ 时，调节变频功率电源的频率，电源频率 f 分别在谐振频率 f_0 左右取值，将所测数据填入表 12-1 中。

(4)取 $R_0=R_2+R_L$ 时，调节变频功率电源的频率，电源频率 f 分别在谐振频率 f_0 左右取值，将所测数据填入表 12-1 中。

表 12-1　*RLC* 串联谐振测量数据

谐振回路参数				
$u_i=10$ V	$R_1=100$ Ω	$R_2=400$ Ω	$C=1$ μF	$L=100$ mH
$f_0=$	$\omega_0=$	$I_0=$	$R_L=$	$Q=$

$R_0=R_1+R_L$										
f/Hz					f_0					
U_R/V										
U_C/V										
U_L/V										
I/mA										

$R_0=R_2+R_L$										
f/Hz					f_0					
U_R/V										
U_C/V										
U_L/V										
I/mA										

【实验注意事项】

(1)测试频率点的选择,应在谐振频率附近多取几点。

(2)注意变频功率电源的使用。

【Multisim 仿真】

(1)新建窗体。依次选择菜单命令“File”→“New”→“Design”,保存并命名。

(2)放置元件。依次选择菜单命令“Place”→“Component”。

1)放置频率电源 XFG_1。依次选择菜单命令“Simulate”→“Instruments”→“Agilent Function Generator”。

2)放置参考点。组为 Sources;系列为 POWER_SOURCES;元件为 GROUND。注意,电路图中必须有一个参考点。

3)放置电阻 R_1。主数据库为 Master Database;组为 Basic;系列为 RESISTOR;元件的规格为 100 Ω。

4)放置电容 C_1。主数据库为 Master Database;组为 Basic;系列为 CAPACITOR;元件的规格为 1 μF。

5)放置电感 L_1。主数据库为 Master Database;组为 Basic;系列为 INDUCTOR;元件的规格为 100 mH。

6)放置交流电流表分别测量电流 I。主数据库为 Master Database;组为 Indicstors;系列为 AMMETER;元件为 AMMETER_H,修改属性为交流表(AC)。

7)放置交流电压表,分别测量电压 U_R、U_C、U_L。主数据库为 Master Database;组为 Indicstors;系列为 VOLTMETER;元件为 VOLTMETER_V,修改属性为交流表(AC)。

8)放置波特分析仪 XBP_1。依次选择菜单命令"Simulate"→"Instruments"→"Bode plotter"。

(3)依次选择菜单命令"Place"→"Wire",按照图 12-6 将各个元件连接起来。

(4)双击"XFG1",打开调频电源显示界面,如图 12-3 所示。

(5)调节输出电压。如图 12-3 所示,打开电源(点击"Power"),选择电压调节(点击"Ampi"),旋转调节旋钮或点击调节按键,调节电压为 $5.000V_{pp}$。

(6)仿真。依次选择菜单命令"Simulate"→"Run"。

(7)双击波特分析仪"XBP1",如图 12-5 所示,自动显示 RLC 串联谐振波特图,用鼠标或移动按键移动测量线到波特曲线最顶端,找到谐振频率。

(8)改变频率。在图 12-4 中选择频率调节(点击"Freq"),旋转调节旋钮或点击调节按键,在谐振频率两边调节频率,分别读出图 12-6 中电压表、电流表的示值,并将其填入表 12-1 中。

(9)调节 $R_1=400\ \Omega$(仿真电感 L 的内阻 $R_L=0$),观察波特分析仪上显示的波特图,同步骤(8),调节频率,分别读出图 12-6 中电压表、电流表的示值,并将其填入表 12-1 中。

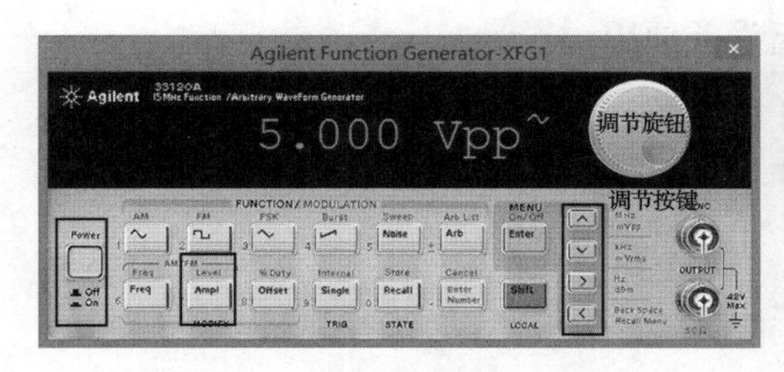

图 12-3　变频功率电源电压调节

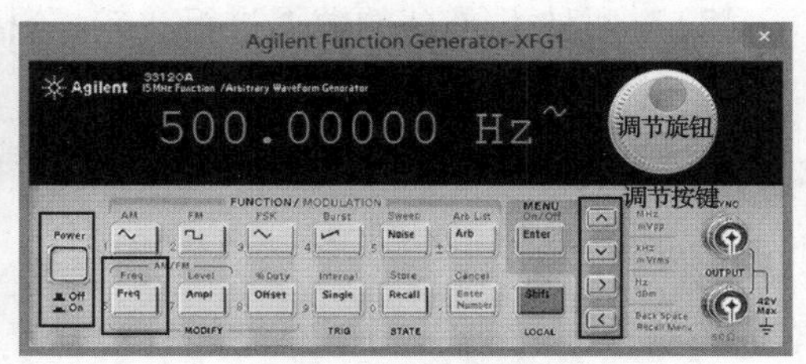

图 12-4　变频功率电源频率调节

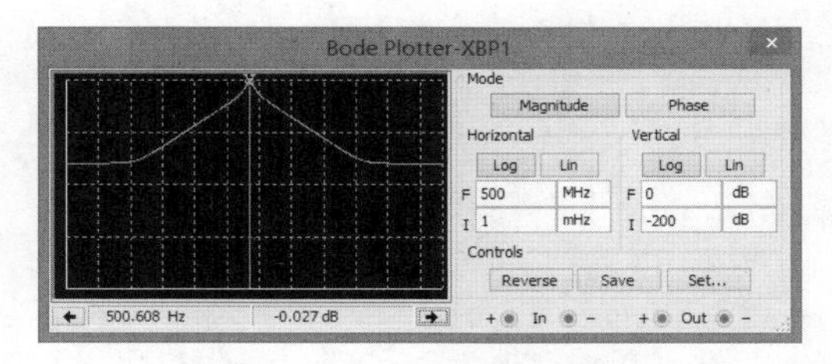

图 12-5　RLC 串联谐振波特图

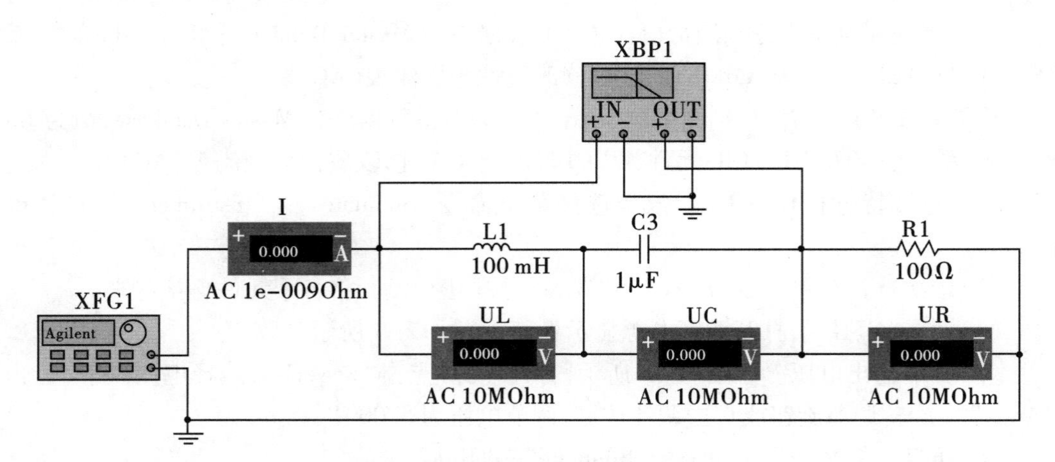

图 12-6　*RLC* 串联谐振仿真电路

【思考题】

(1)改变电路的哪些参数可以使电路发生谐振?

(2)电路发生谐振时,为什么输入电压不能太大?

(3)要提高 *RLC* 串联谐振电路的品质因数 Q,电路参数应如何选择?

(4)本实验在谐振时,对应的 U_L、U_C是否相等? 如有差异,原因何在?

【实验报告】

(1)根据测量数据,算出相应电路参数并画出其谐振曲线。

(2)对两种不同 Q 的数据进行比较,分析误差原因。

实验 13　互感电路测量

【实验目的】

(1)学会互感电路同名端、互感系数以及耦合系数的测定方法。

(2)理解两个线圈相对位置的改变,以及用不同材料作为线圈铁芯时对互感的影响。

【实验原理及电路】

1. 判断互感线圈同名端的方法

(1)直流法。如图 13-1 所示,当开关 K 闭合瞬间,若毫安表的指针正偏,则可断定“1”“3”为同名端;指针反偏,则“1”“4”为同名端。

(2)交流法。如图 13-2 所示,将两个绕组 L_1 和 L_2 的 2、4 端连在一起,在其中的一个绕组 L_1 两端加一个低电压,另一个绕组 L_2 开路。用交流电压表分别测出端电压 U_{13}、U_{12} 和 U_{34}。若 U_{13} 是两个绕组端压之差,则 1、3 是同名端;若 U_{13} 是两绕组端电压之和,则 1、4 是同名端。

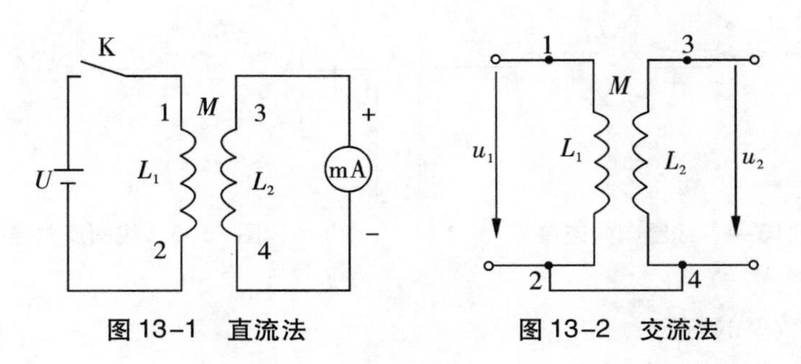

图 13-1　直流法　　　图 13-2　交流法

2. 两线圈互感系数 M 的测定

(1)将互感线圈中的一个线圈(例如线圈 L_2)开路,给另一个线圈(例如线圈 L_1)加一定的正弦交流电压,用电流表测出线圈 L_1 的电流 I_1,同时用电压表测出线圈 L_2 的电压 U_2,如图 13-3 所示,因电压表的内阻很大,可以近似地认为 $I_2=0$,这时,所测电压等于互感电压。

$$U_2=\omega M I_1$$

因此可得

$$M=\frac{U_2}{\omega I_1}$$

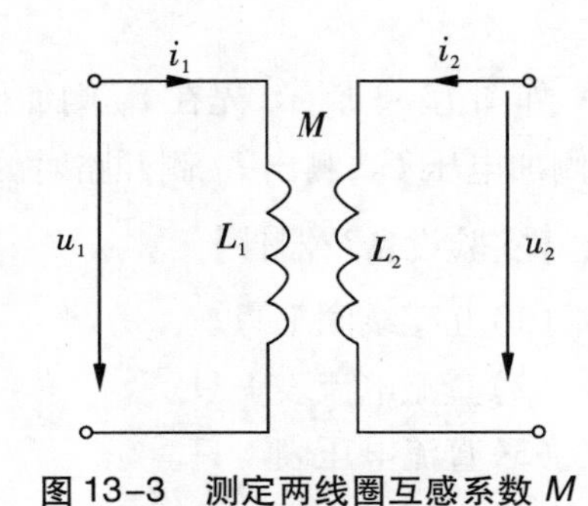

图 13-3　测定两线圈互感系数 M

(2)两线圈互感系数 M 的测定可以通过将两个互感线圈,加以顺向连接(图 13-4)和反向连接(图 13-5)测出。当两个线圈顺向连接时,则有

$$\begin{aligned}\dot{U} &= \dot{I}(R_1+\mathrm{j}\omega L_1)+\dot{I}\mathrm{j}\omega M+\dot{I}(R_2+\mathrm{j}\omega L_2)+\dot{I}\mathrm{j}\omega M \\ &= \dot{I}[(R_1+R_2)+\mathrm{j}\omega(L_1+L_2+2M)] \\ &= \dot{I}(R+\mathrm{j}\omega L_{顺})\end{aligned}$$

因此,其等效电感为 $L_{顺}=L_1+L_2+2M$。

当两个线圈反向连接时,则有

$$\begin{aligned}\dot{U}' &= \dot{I}'(R_1+\mathrm{j}\omega L_1)-\dot{I}'\mathrm{j}\omega M+\dot{I}'(R_2+\mathrm{j}\omega L_2)-\dot{I}'\mathrm{j}\omega M \\ &= \dot{I}'[(R_1+R_2)+\mathrm{j}\omega(L_1+L_2-2M)] \\ &= \dot{I}(R+\mathrm{j}\omega L_{反})\end{aligned}$$

因此,其等效电感为 $L_{反}=L_1+L_2-2M$。

根据 $L_{顺}$、$L_{反}$ 可以求出两线圈互感系数:

$$M=\frac{L_{顺}-L_{反}}{4}$$

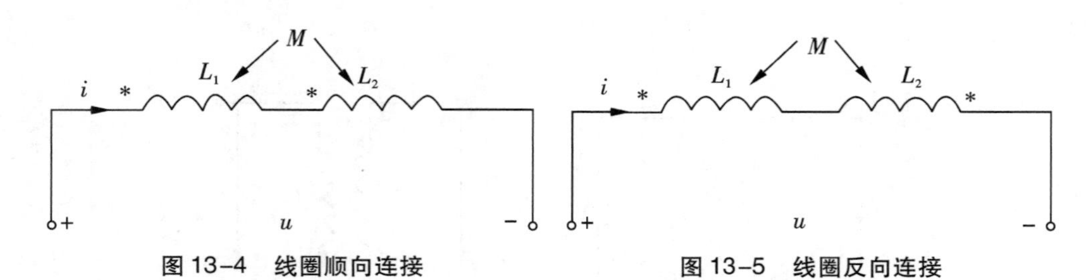

图 13-4　线圈顺向连接　　　图 13-5　线圈反向连接

3. 耦合系数 k 的测定

两个互感线圈耦合松紧的程度可以用耦合系数 k 来表示:

$$k=\frac{M}{\sqrt{L_1L_2}}$$

如图 13-3 所示,先在 L_1 侧加低压交流电压 U_1,测得 L_2 侧开路时的电流 I_1;然后在 L_2 侧加电压 U_2,测出 L_1 侧开路时的电流 I_2,求出各自的自感 L_1 和 L_2,即可算出 k 值。

【实验设备及器件】

(1)互感线圈 1 只。

(2)直流电流表 1 只。

(3)直流电压表 1 只。

(4)交流电压表 1 只

(5)交流电流表 1 只

(6)变频功率电源 1 台。

(7)直流稳压源 1 台。

【实验内容】

1. 分别用直流法和交流法测定互感线圈的同名端

(1)直流法。实验线路如图 13-1 所示。先将 L_1 和 L_2 两线圈的四个接线端子编以 1、2 和 3、4 序号。调节直流稳压电源输出电压，使流过 L_1 侧的电流不可超过 0.25 A。L_2 侧直接接入 2 mA 量程的毫安表。当开关 K 闭合时，观察毫安表读数正、负的变化，来判定 L_1 和 L_2 两个线圈的同名端。

(2)交流法。按照图 13-2 接线，调节频率电源 f=200 Hz，使流过电流表的电流小于 0.25 A，然后用 0～30 V 量程的交流电压表测量 U_{13}、U_{12} 和 U_{34}，然后判定同名端。

2. 测量两线圈互感系数 M

(1)按图 13-3 接线，将线圈 L_2 开路，在线圈 L_1 加频率电压(注意，电流不要超过 0.25 A)。分别测出 I_1、U_2，改变输入电压 U_i，连续测 3 次，将数据填入表 13-1 中。

表 13-1　互感系数 M 测量数据

R_1 = ______Ω				f=200 Hz				
测量次数	测量值				计算值			
	U_1/V	I_1/A	U_2/V	I_2/A	Z_1/Ω	X_{L1}/Ω	L_1/H	M/H
1								
2								
3								

(2)将线圈 L_1 开路，在线圈 L_2两端加频率电压(注意，电流不要超过 0.25 A)。分别测出 I_2、U_1，改变输入电压，连续测 3 次，将测量数据填入表 13-2 中。

表 13-2　互感系数 M 测量数据

R_2 = ______Ω				f=200 Hz				
测量次数	测量值				计算值			
	U_1/V	I_1/A	U_2/V	I_2/A	Z_2/Ω	X_{L2}/Ω	L_2/H	M/H
1								
2								
3								

(3)按图 13-4、图 13-5 接线，用顺向连接和反向连接测定互感系数 M，测量时注意电流不要超过 0.25 A。将测量数据填入表 13-3 中。

表 13-3　互感系数 M 测量数据

连接方法	测量次数	测量值		计算值			
		U/V	I/mA	R/Ω	Z/Ω	X_L/mH	M/mH
顺向连接	1						
	2						
	3						
反向连接	1						
	2						
	3						

【实验注意事项】

(1)整个实验过程中,注意流过线圈的电流不要超过 0.25 A。

(2)用直流法测定同名端时只有在开关 K 闭合的瞬间有变化。

(3)交流电源使用频率功率电源,频率 f=200 Hz,如直接用电网电压,则波形差、干扰大、电压不稳,测量数据误差较大。

【Multisim 仿真】

(1)新建窗体。依次选择菜单命令"File"→"New"→"Design",保存并命名。

(2)放置元件。依次选择菜单命令"Place"→"Component"。

1)选择直流电压源 U_{S1}。主数据库为 Master Database;组为 Sources;系列为 POWER_SOURCES;元件为 DC_POWER;修改"Value",U_S=5V。

2)选择交流电压源 U_{S2}、U_{S3}、U_{S4}、U_{S5}。主数据库为 Master Database;组为 Sources;系列为 POWER_SOURCES;元件为 AC_POWER;修改"Voltage",U_S=10 V,修改"Frequency",f=50 Hz。

3)放置参考点。组为 Sources;系列为 POWER_SOURCES;元件为 GROUND。注意,电路图中必须有一个参考点。

4)放置感应线圈 T_1、T_2、T_3、T_4、T_5。主数据库为 Master Database;组为 Basic;系列为 NON_LINEAR_TRANSFORMER;元件为 NLT_PQ_4_20。

5)放置直流电压表,分别测量电压 U_1。主数据库为 Master Database;组为 Indicstors;系列为 VOLTMETER;元件为 VOLTMETER_V。注意,电压表的接线与电压参考方向一致。

6)放置交流电流表,分别测量电流 I_1、I_2、I_3。主数据库为 Master Database;组为 Indicstors;系列为 AMMETER;元件为 AMMETER_H,修改属性为交流表(AC)。

7)放置交流电压表,分别测量电压 U_2、U_3、U_4、U_5、U_6、U_7。主数据库为 Master Database;组为 Indicstors;系列为 VOLTMETER;元件为 VOLTMETER_V,修改属性为交流表(AC)。

8)放置单极开关 J_1。主数据库为 Master Database;组为 Electro_Mechanical;系列为 SUPPLEMENTERY_CONTACTS;元件为 SPST_NO_SB。

(3)依次选择菜单命令“Place”→“Wire”,按照图 13-6 将各个元件连接起来。

(4)仿真。依次选择菜单命令“Simulate”→“Run”。

(5)直流法判断同名端。闭合开关 J_1,观察电压表 U_1 值的正负变化,判断同名端。

(6)交流法判断同名端。读出电压表 U_2、U_3、U_4 的值,比较 U_2、U_3、U_4,判断同名端。

(7)互感系数 M 的测定。修改 U_{S3} 的电压或频率连续测 3 次,读出电流 I_1 和电压 U_5 的示值并填入表 13-1 中。

(8)顺接反接法测互感系数 M。修改 U_{S3} 的电压或频率连续测 3 次,读出电流 I_2、I_3,电压 U_6、U_7,并将测量数据填入表 13-3 中。

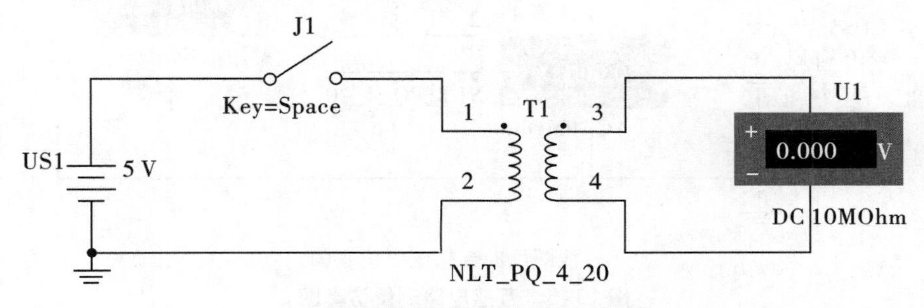

(a)直流法判断同名端电路仿真图

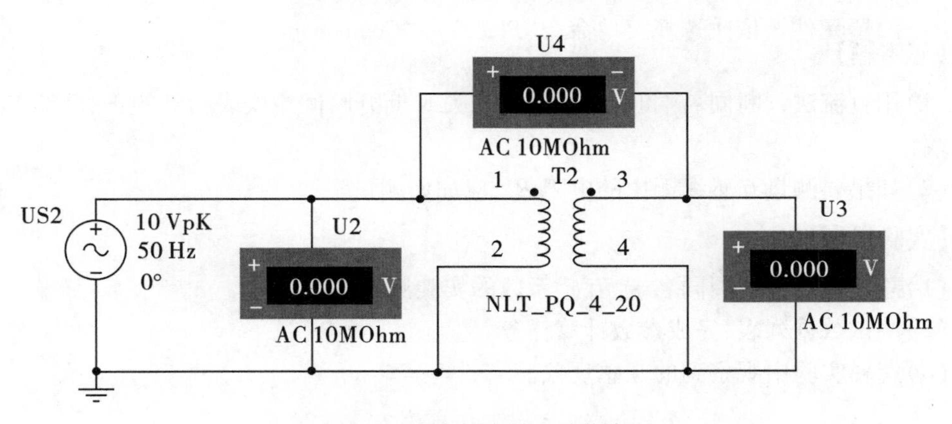

(b)交流法判断同名端电路仿真图

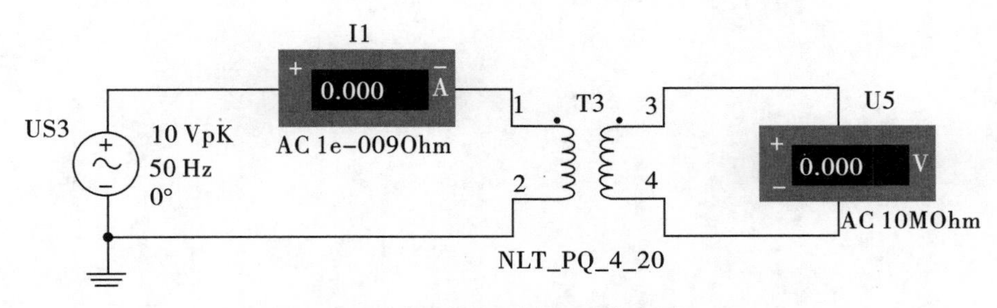

(c)互感系数 M 测定电路仿真图

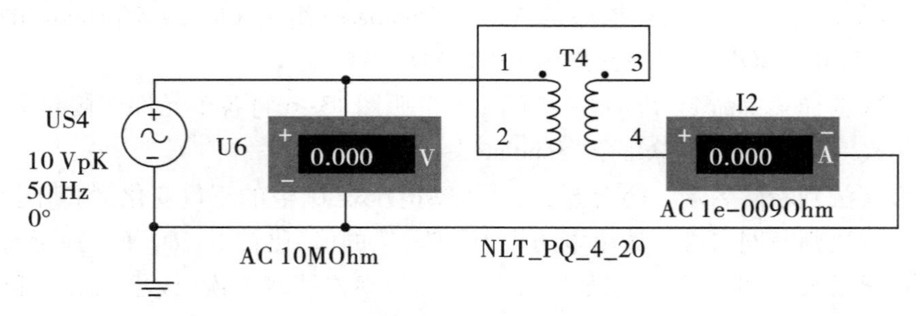

(d)线圈顺向连接电路仿真图

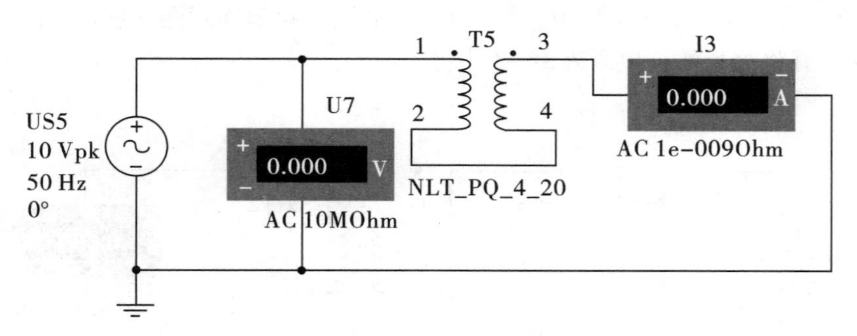

(e)线圈反向连接电路仿真图

图 13-6 互感电路测量仿真图

【思考题】

(1)用直流法判断同名端时,可否根据开关 K 断开瞬间毫安表指针的正、反偏来判定同名端?

(2)如果要测量互感线圈中的电阻 R_L,应如何测量?

【实验报告】

(1)总结对互感线圈同名端、互感系数的实验测试方法。

(2)测试数据列表,完成参数计算任务。

(3)解释实验中观察到的互感现象。

实验14　变压器及其参数测定

【实验目的】

(1)掌握变压器各参数测试的方法。

(2)求解电压、电流、阻抗以及功率的变换关系。

(3)了解理想变压器的基本条件。

【实验原理及电路】

在电工理论中变压器与电阻、电感、电容一样是基本电路元件,但是,从理论分析的观点来看,这是一种被理想化、抽象化的变压器。R、L、C元件各具有两个端子,而理想变压器具有两对端子。图14-1所示为理想变压器的电路模型,其初级(原边)和次级(副边)的电压、电流关系用式(14-1)表示:

$$\begin{cases} U_1 = nU_2 \\ I_2 = -nI_1 \end{cases} \tag{14-1}$$

式中:n为变压器的变比或匝数比;方程中的正负号适用于图示参考方向,如果参考方向改变了,其相应的正负号也将改变。

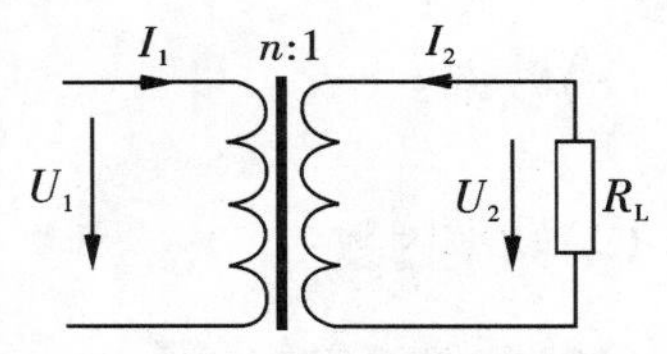

图14-1　理想变压器模型

理想变压器有这样的性质:一个电阻R_L接在一对端子上,而在另一端子上则表现为R_L乘变比n的平方。图14-1中$U_2=-R_LI_2$代入式(14-1)得

$$U_1 = nU_2 = -R_LI_2n = (n^2R_L)I_1 \tag{14-2}$$

因而在输入端子上的等值电阻是n^2R_L。

理想变压器的全部能量满足

$$U_1I_1 + U_2I_2 = 0 \tag{14-3}$$

式(14-3)说明了理想变压器是一种无源器件,它既不储存能量也不消耗能量,仅仅传送能量,从电源吸收的功率全部传送给负载。

理想变压器实际是不存在的。实际的变压器通常由绕组和铁芯组成,在传递能量的过程中要消耗能量。因为绕组有直流电阻,铁芯中有涡流磁滞损耗,并且为了传递能量,铁芯中还必须储存磁能,所以变压器还对电源吸收无功功率。绕组中的损耗称为铜耗,铁芯中的损耗称为铁耗。通常这些损耗对于变压器传递的功率是比较小的,因此在许多情况下实际变压器可以看作理想变压器,其电压比、电流比、阻抗比、功率关系可通过实验测量取得,图14-2所示为变压器参数测量电路。

分别测出变压器的初级电压U_1、电流I_1、功率P_1及次级电压U_2、电流I_2,即可计算出各项参数。

(1)电压比:

$$n_u = \frac{U_1}{U_2}$$

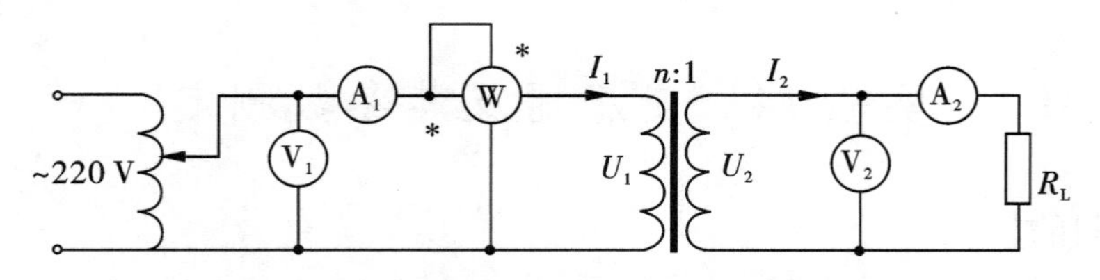

图 14-2　实际变压器参数测量电路

(2)电流比：$$n_i=\frac{I_2}{I_1}$$

(3)阻抗比：$$n_Z=\frac{Z_1}{Z_2}$$

(4)初级阻抗：$$Z_1=\frac{U_1}{I_1}$$

(5)次级阻抗：$$Z_2=R_L=\frac{U_2}{I_2}$$

(6)负载功率：$$P_2=U_2I_2$$

(7)损耗功率：$$P_0=P_1-P_2$$

(8)效率：$$\eta=\frac{P_2}{P_1}$$

(9)功率因数：$$\cos\varphi=\frac{P_1}{U_1I_1}$$

(10)初级绕组铜耗：$$P_{01}=I_1^2R_1$$

(11)次级绕组铜耗：$$P_{02}=I_2^2R_2$$

(12)铁芯损耗：$$P_{03}=P_0-(P_{01}+P_{02})$$

式中：R_1、R_2为变压器初级、次级绕组的直流电阻。

由于铁芯变压器是一个非线性元件，铁芯中的磁感应强度决定于外加电压的数值。同时，因为建立铁芯磁场必须提供磁化电流，外加电压越高，铁芯磁感应强度越大，需要的磁化电流也越大。因此，外加电压与磁化电流的关系反映了磁化曲线的性质。在变压器中次级开路时，输入电压与磁化电流的关系称为变压器的空载特性，曲线的拐弯处越高，会大大增加磁化电流，增加损耗；过低会造成材料不能充分利用。

变压器的各项参数也会随输入电压作非线性变化，一般情况下，电压低于 u_N则偏离线性程度就越小，电压大于 u_N时将产生严重畸变(u_N为额定电压值)。

【实验设备及器件】

(1)铁芯变压器 1 台。

(2)电压表 1 只。

(3)电流表 1 只。

(4)功率表 1 只。

(5)可调电源 1 台。

【实验内容】

1. 测定变压器的空载特性曲线

选用变压器的初级额定电压为 $U_{N1}=220$ V，次级开路。按图 14-2 接线，调节调压器的输出电压，从 0～200 V 选取不同电压值，分别测出其对应电流值，将测量数据填入表 14-1 中。

2. 测定变压器的负载特性曲线

选用变压器的初级额定电压为 $U_{N1}=220$ V，次级输出电压为 36 V。按图 14-2 接线，调节变压器的输出电压至 200 V，负载 $R_L=72$ Ω（用电阻箱调节），测量数据为初级电压 U_1、电流 I_1、功率 P_1 及次级电压 U_2、电流 I_2，并将测量数据填入表 14-1 中。

表 14-1　变压器特性测量数据

变压器空载特性测量数据													
U_1/V	∞	10	20	40	60	80	100	120	140	160	180	200	220
I_1/mA													

变压器负载特性测量数据				
U_1/V	I_1/mA	P_1/W	U_2/V	I_2/mA

计算数据					
$n_u=U_1/U_2$		$Z_2=U_2/I_2$		$\cos\varphi=P_1/U_1I_1$	
$n_i=I_2/I_1$		$P_2=U_2I_2$		$P_{01}=I_1^2R_1$	
$n_Z=Z_1/Z_2$		$P_0=P_1-P_2$		$P_{02}=I_2^2R_2$	
$Z_1=U_1/I_1$		$\eta=P_2/P_1$		$P_{03}=P_0-(P_{01}+P_{02})$	

【实验注意事项】

（1）负载实验时，应注意变换仪表量程。

（2）遇到异常情况，应立即断开电源，待处理好故障原因后，继续实验。

【Multisim 仿真】

（1）新建窗体。依次选择菜单命令“File”→“New”→“Design”，保存并命名。

（2）放置元件。依次选择菜单命令“Place”→“Component”。

1）选择交流电压源 U_S。主数据库为 Master Database；组为 Sources；系列为 POWER_SOURCES；元件为 AC_POWER；修改“Voltage”，$U_S=50$ V，修改“Frequency”，$f=50$ Hz。

2）放置参考点。组为 Sources；系列为 POWER_SOURCES；元件为 GROUND。注意：电路图中必须有一个参考点。

3)放置可调电阻 R_L。主数据库为 Master Database;组为 Basic;系列为 ROTENTIOMETER;元件的规格为 100 Ω。

4)放置变压器。主数据库为 Master Database;组为 Basic;系列为 TRANSFORMER;元件为 TS_IDEAL。

5)放置功率表 XWM_1。依次选择菜单命令"Simulate"→"Instruments"→"Wattmeter"。

6)放置交流电流表,分别测量电流 I_1 和 I_2。主数据库为 Master Database;组为 Indicstors;系列为 AMMETER;元件为 AMMETER_H,修改属性为交流表(AC)。

7)放置交流电压表,分别测量电压 U_1 和 U_2。主数据库为 Master Database;组为 Indicstors;系列为 VOLTMETER;元件为 VOLTMETER_V,修改属性为交流表(AC)。

8)放置单极开关 S_1。主数据库为 Master Database;组为 Electro_Mechanical;系列为 SUPPLEMENTERY_CONTACTS;元件为 SPST_NO_SB。

(3)依次选择菜单命令"Place"→"Wire",按照图 14-3 将各个元件连接起来。

(4)双击"XWM1",打开功率表显示界面,如图 14-3 所示。

(5)仿真。依次选择菜单命令"Simulate"→"Run"。

(6)调节负载电阻 R_L 的百分比,读出功率表、电压表、电流表的示值,并将其填入表 14-1 中,∞ 表示开关 S_1 断开。

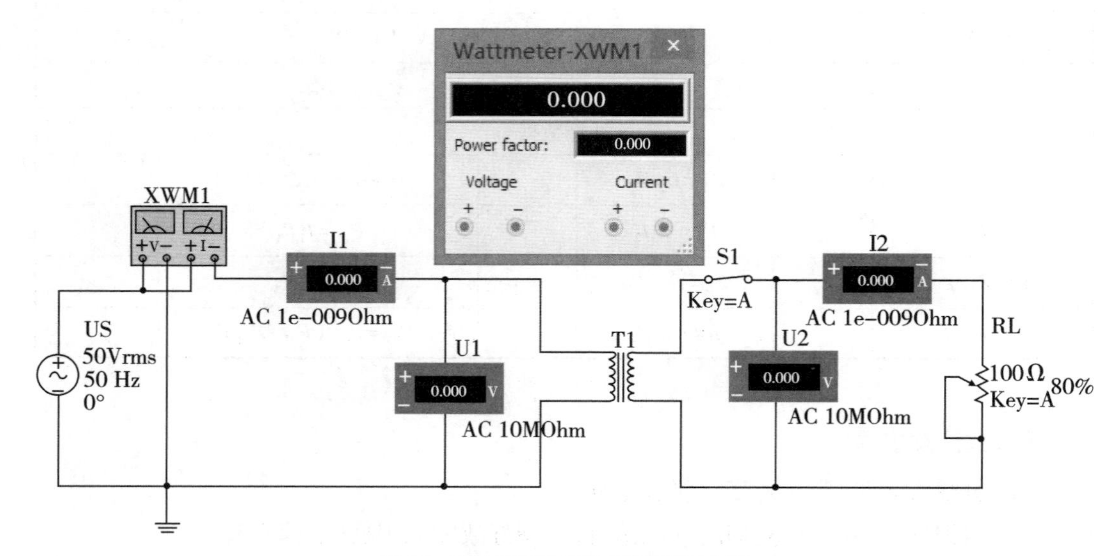

图 14-3 变压器参数测量仿真电路

【思考题】

为什么变压器的负载特性应在额定电压情况下求出?

【实验报告】

(1)根据实验数据,计算出各参数,填入表 14-1 中。

(2)根据实验数据,绘出变压器空载特性曲线。

实验15　三相交流电路电压、电流的测量

【实验目的】

(1)掌握三相负载作星形(Y)连接、三角形(△)连接的方法;验证这两种接法时的线电压、相电压及线电流、相电流之间的关系。

(2)充分理解三相四线供电系统中中线的作用。

【实验原理】

(1)三相负载可接成Y连接或△连接。当三相对称负载作Y连接时,线电压 U_L 是相电压 U_P 的$\sqrt{3}$倍,线电流 I_L 等于相电流 I_P,即

$$U_L=\sqrt{3}\,U_P,I_L=I_P$$

在这种情况下,流过中线的电流 $I_0=0$,因此可以省去中线。

当对称三相负载作△连接时,有

$$I_L=\sqrt{3}\,I_P,U_L=U_P$$

(2)不对称三相负载作Y连接时,必须采用三相四线制接法,即 Y_0 接法。而且中线必须牢固连接,以保证三相不对称负载的每相电压维持对称不变。

若中线断开,会导致三相负载电压的不对称,致使负载轻的那一相的相电压过高,使负载易遭受损坏;负载重的那一相相电压又过低,使负载不能正常工作。尤其是对于三相照明负载,无条件地一律采用 Y_0 接法。

(3)当不对称负载作△连接时,$I_L\neq\sqrt{3}I_P$,但只要电源的线电压 U_L 对称,加在三相负载上的电压仍是对称的,对各相负载工作没有影响。

【实验设备及器件】

(1)交流电压表1只。

(2)交流电流表1只。

(3)三相灯组负载1套。

(4)三相自耦调压器1台。

【实验内容】

1. 三相负载Y连接(三相四线制供电)

按图15-1连接实验电路。该三相灯组负载经三相自耦调压器接通三相对称电源。实验时将三相调压器的旋柄置于输出为0 V的位置(逆时针旋到底)。经指导老师检查合格后,方可开启实验台电源,然后调节调压器的输出,使输出的三相线电压为220 V,按下述内容完成各项实验:分别测量三相负载的线电

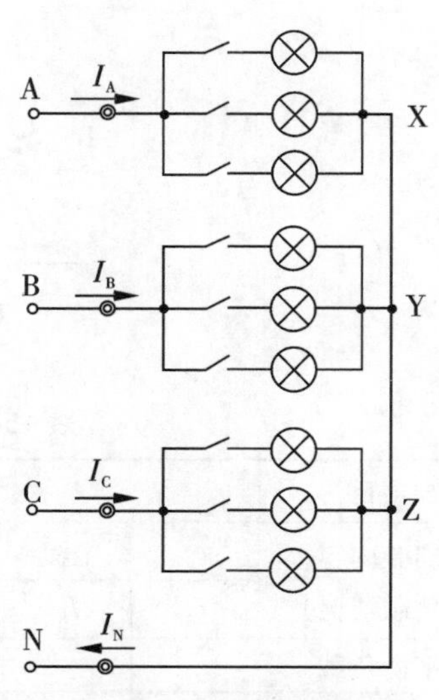

图15-1　三相负载星形连接

压、相电压、线电流、相电流、中线电流、电源与负载中点间的电压。将测得的数据填入表 15-1 中，并观察各组灯组亮暗的变化程度，要特别注意观察中线的作用。

表 15-1　三相负载星形连接测量数据

项目		测量数据										
负载情况		电流/A			线电压/V			相电压/V			中线电流	中线电压
		I_A	I_B	I_C	U_{AB}	U_{BC}	U_{CA}	U_{AN}	U_{BN}	U_{CN}	I_N/A	U_N/V
平衡负载	有中线											/
	无中线										/	
不平衡负载	有中线											/
	无中线										/	
B 相断开	有中线											/
	无中线										/	

2. 负载三角形接法

按图 15-2 改接线路，经指导教师检查合格后接通三相电源，并调节调压器，使其输出线电压为 220 V，并按表 15-2 所列的内容进行测试。

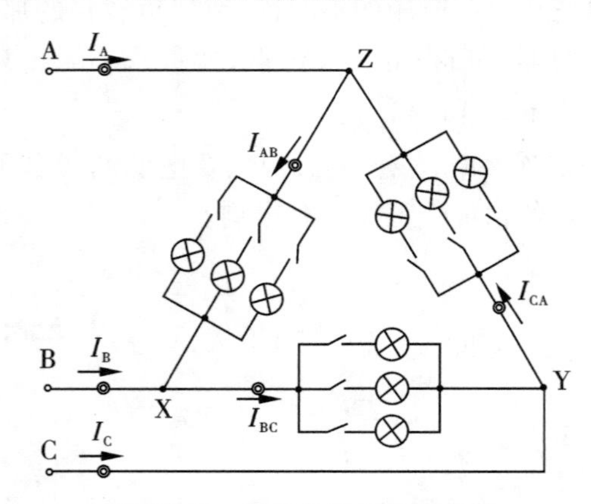

图 15-2　三相负载三角形连接

表 15-2　三相负载三角形连接测量数据

项目	测量数据								
实验内容（负载情况）	线电流/A			相电流/A			电压/V		
	I_A	I_B	I_C	I_{AB}	I_{BC}	I_{CA}	U_{AB}	U_{BC}	U_{CA}
平衡负载									
不平衡负载									
B 相断开									

【实验注意事项】

(1)在本实验采用三相交流电,线电压为380 V,实验时要注意人身安全,不可触及带电部件,防止意外事故发生。

(2)每次接线完毕,同组同学应自查一遍,然后经指导教师检查后,方可接通电源,必须严格遵守“先断电、再接线、后通电,先断电、后拆线”的实验操作原则。

(3)电流测量,必须使用电流专用测量插头。

【Multisim 仿真】

(1)新建窗体。依次选择菜单命令“File”→“New”→“Design”,保存并命名。

(2)放置元件。依次选择菜单命令“Place”→“Component”。

1)选择放置三相交流电源 U_{SY}、$U_{S\triangle}$。主数据库为 Master Database;组为 Sources;系列为 POWER_SOURCES;元件为 THREE_PHASE_WYE、THREE_PHASE_DELTA,修改属性“Voltage”为 220 V,“Frequency”为 50 Hz。

2)放置参考点。组为 Sources;系列为 POWER_SOURCES;元件为 GROUND。注意,电路图中必须有一个参考点。

3)放置电阻 R_1、R_2、R_3。主数据库为 Master Database;组为 Basic;系列为 RESISTOR;元件的规格为 10 kΩ。

4)放置交流电流表分别测量电流 I。主数据库为 Master Database;组为 Indicstors;系列为 AMMETER;元件为 AMMETER_H,修改属性为交流表(AC)。

5)放置交流电压表,分别测量电压 U。主数据库为 Master Database;组为 Indicstors;系列为 VOLTMETER;元件为 VOLTMETER_V,修改属性为交流表(AC)。

(3)依次选择菜单命令“Place”→“Wire”,按照图 15-3 和图 15-4 将各个元件连接起来。

(4)仿真。依次选择菜单命令“Simulate”→“Run”。

(5)三相负载为星形连接、平衡负载,调节参数 $R_1=R_2=R_3$,分别读出电压表、电流表示值并将其填入表 15-1 中。

(6)三相负载为星形连接、不平衡负载,调节参数 R_1、R_2、R_3 不相等,分别读出电压表、电流表示值并将其填入表 15-1 中。

(7)三相负载星形连接、B 相断开,调节参数 $R_1=R_2=R_3$,断开 B 相,分别读出电压表、电流表示值并将其填入表 15-1 中。

(8)三相负载星形连接有中线、无中线时分别测量。

(9)三相负载三角形连接、平衡负载,调节参数 $R_1=R_2=R_3$,分别读出电压表、电流表示值并将其填入表 15-2 中。

(10)三相负载三角连接、不平衡负载,调节参数 R_1、R_2、R_3 不相等,分别读出电压表、电流表示值并将其填入表 15-2 中。

(11)三相负载三角连接、B 相断开,调节参数 $R_1=R_2=R_3$,断开 B 相,分别读出电压表、电流表示值并将其填入表 15-2 中。

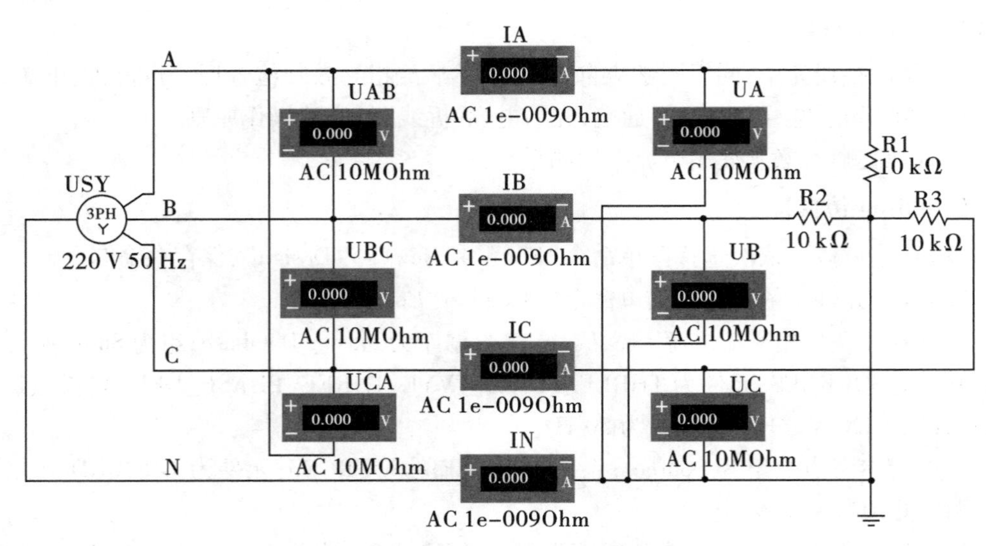

图 15-3 三相负载星形连接仿真电路

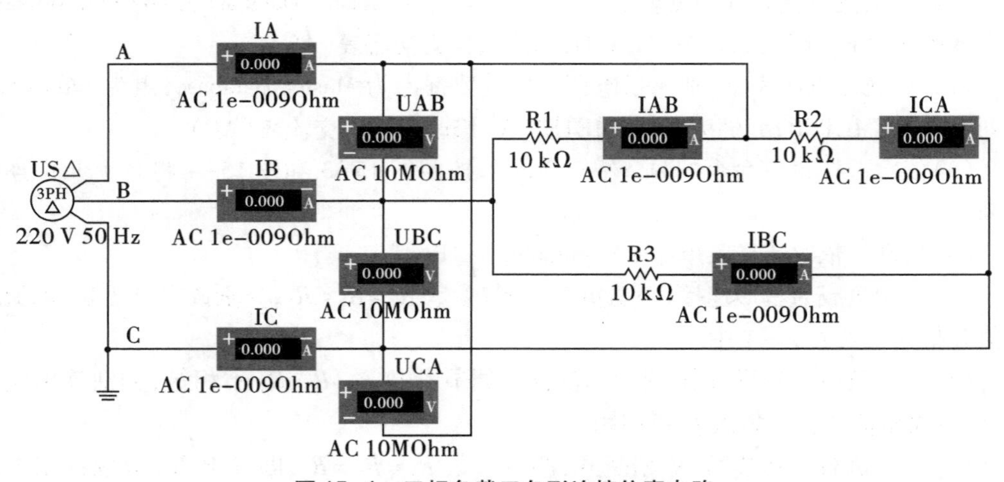

图 15-4 三相负载三角形连接仿真电路

【思考题】

(1)三相负载根据什么条件作星形或三角形连接?

(2)试分析三相星形连接不对称负载在无中线情况下,当某相负载开路或短路时会出现什么情况?如果接上中线,情况又如何?

(3)本次实验中为什么要通过三相调压器将 380 V 的市电线电压降为 220 V 的线电压使用?

【实验报告】

(1)用实验测得的数据验证对称三相交流电路中的$\sqrt{3}$关系。

(2)用实验数据和观察到的现象,总结三相四线制供电系统中中线的作用。

(3)不对称三角形连接的负载,能否正常工作?实验是否能证明这一点?

(4)根据不对称负载三角形连接时的相电流画相量图,并求出线电流值,然后与实验测得的线电流做比较,并分析其中的原因。

实验 16　三相交流电路功率的测量

【实验目的】

(1)掌握用一瓦特表法、二瓦特表法测量三相交流电路有功功率的方法。

(2)进一步熟练掌握功率表的接线和使用方法。

【实验原理及电路】

(1)对于三相四线制供电的三相星形连接(Y 接法)的负载,可用一只功率表测量各相的有功功率 P_A、P_B、P_C,则三相负载的总有功功率 $P=P_A+P_B+P_C$。这就是一瓦特表法,如图 16-1 所示。若三相负载是对称的,则只需测量一相的功率,再乘 3 即得三相总的有功功率。

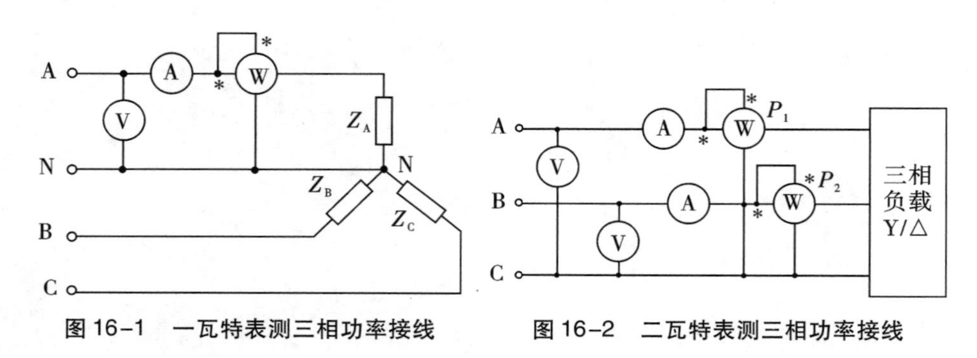

图 16-1　一瓦特表测三相功率接线　　图 16-2　二瓦特表测三相功率接线

(2)三相三线制供电系统中,不论三相负载是否对称,也不论负载是 Y 连接还是△连接,都可用二瓦特表法测量三相负载的总有功功率。测量线路如图 16-2 所示。若负载为感性或容性,且当相位差 $\phi>60°$时,线路中的一只功率表指针将反偏(数字式功率表将出现负读数),这时应将功率表电流线圈的两个端子调换(不能调换电压线圈端子),其读数应记为负值。而三相总功率 $P=P_1+P_2$(P_1、P_2本身不含任何意义)。除图 16-2 的 I_A、U_{AC}与 I_B、U_{BC}接法外,还有 I_B、U_{AB}与 I_C、U_{AC},以及 I_A、U_{AB}与 I_C、U_{BC}两种接法。

【实验设备及器件】

(1)交流电压表 1 只。

(2)交流电流表 1 只。

(3)单相功率表 2 只。

(4)三相灯组负载 1 套。

【实验内容】

(1)用一瓦特表法测定三相对称 Y 连接以及不对称 Y 连接负载的总功率 P。实验按图 16-1 接线。经指导教师检查后,接通三相电源,调节调压器输出线电压 220 V,按表 16-1 的要求进行测量及计算。首先将三只表按图 16-1 接入 A 相进行测量,然后分别将三只表换接到B相和C相,再进行测量。

表16-1　一瓦特表法测三相功率数据

负载情况	测量数据			计算值
	P_A/W	P_B/W	P_C/W	P/W
Y连接对称负载				
Y连接不对称负载				

(2)用二瓦特表法测定三相负载的总功率

1)按图16-2接线,将三相灯组负载接成Y接法。经指导教师检查后,接通三相电源,调节调压器的输出线电压为220 V,按表16-2进行测量。

2)将三相灯组负载改成△接法,重复步骤1)的测量,并将测量数据记入表16-2中。

表16-2　二瓦特表法测定三相功率数据

负载情况	测量数据		计算值
	P_1/W	P_2/W	P/W
Y连接平衡负载			
Y连接不平衡负载			
△连接不平衡负载			
△连接平衡负载			

3)将两只瓦特表依次按另外两种接法接入线路,重复步骤1)、2)的测量。

【实验注意事项】

每次实验完毕,均需将三相调压器旋柄调回零位。每次改变接线,均需断开三相电源,以确保人身安全。

【Multisim仿真】

(1)新建窗体。依次选择菜单命令"File"→"New"→"Design",保存并命名。

(2)放置元件。依次选择菜单命令"Place"→"Component"。

1)选择放置三相交流电源U_{SY}、$U_{S\triangle}$。主数据库为Master Database;组为Sources;系列为POWER_SOURCES;元件为THREE_PHASE_WYE、THREE_PHASE_DELTA,修改属性,"Voltage"为220 V,"Frequency"为50 Hz。

2)放置参考点。组为Sources;系列为POWER_SOURCES;元件为GROUND。注意,电路图中必须有一个参考点。

3)放置电阻R_1、R_2、R_3。主数据库为Master Database;组为Basic;系列为RESISTOR;元件的规格为10 kΩ、20 kΩ、30 kΩ。

4)放置功率表 XWM_1、XWM_2、XWM_3。依次选择菜单命令“Simulate”→“Instruments”→“Wattmeter”。

5)放置交流电流表,分别测量电流 I。主数据库为 Master Database;组为 Indicstors;系列为 AMMETER;元件为 AMMETER_H,修改属性为交流表(AC)。

6)放置交流电压表,分别测量电压 U。主数据库为 Master Database;组为 Indicstors;系列为 VOLTMETER;元件为 VOLTMETER_V,修改属性为交流表(AC)。

(3)一瓦特表测三相功率。依次选择菜单命令“Place”→“Wire”,分别按照图 16-3 将各个元件连接起来。

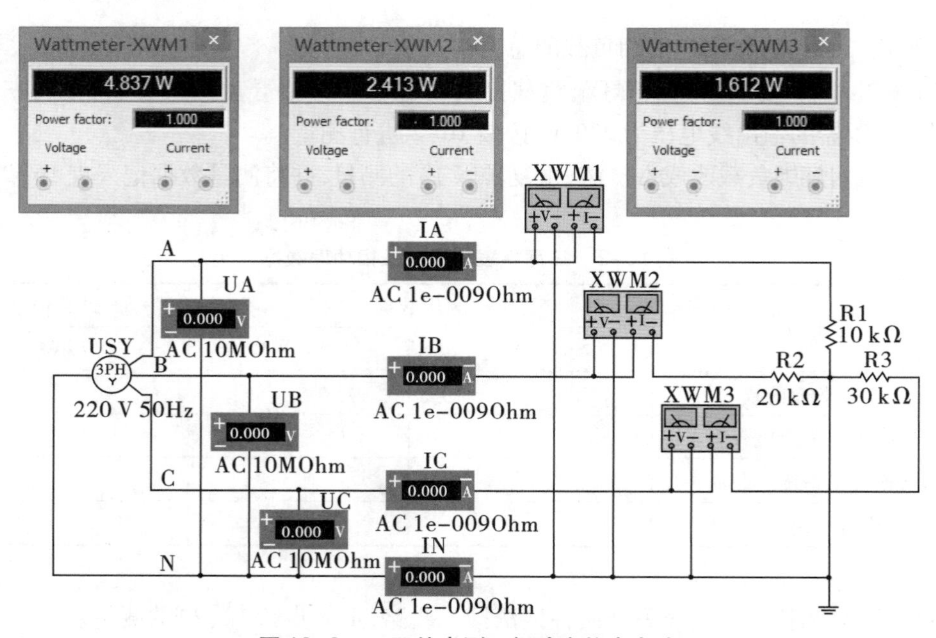

图 16-3　一瓦特表测三相功率仿真电路

(4)分别设定参数 R_1、R_2、R_3 相等(平衡负载)和不相等(不平衡负载)。

(5)仿真。依次选择菜单命令“Simulate”→“Run”,读出功率表示值并将其填入表 16-1 中。

(6)二瓦特表测 Y 连接三相功率。依次选择菜单命令“Place”→“Wire”,分别按照图 16-4 将各个元件连接起来。

(7)分别设定参数 R_1、R_2、R_3 相等(平衡负载)和不相等(不平衡负载)。

(8)仿真。依次选择菜单命令“Simulate”→“Run”,读出功率表示值并将其填入表 16-2 中。

(9)二瓦特表测△连接三相功率。依次选择菜单命令“Place”→“Wire”,分别按照图 16-5 将各个元件连接起来。

(10)分别设定参数 R_1、R_2、R_3 相等(平衡负载)和不相等(不平衡负载)。

(11)仿真。依次选择菜单命令“Simulate”→“Run”,读出功率表示值并将其填入表 16-2 中。

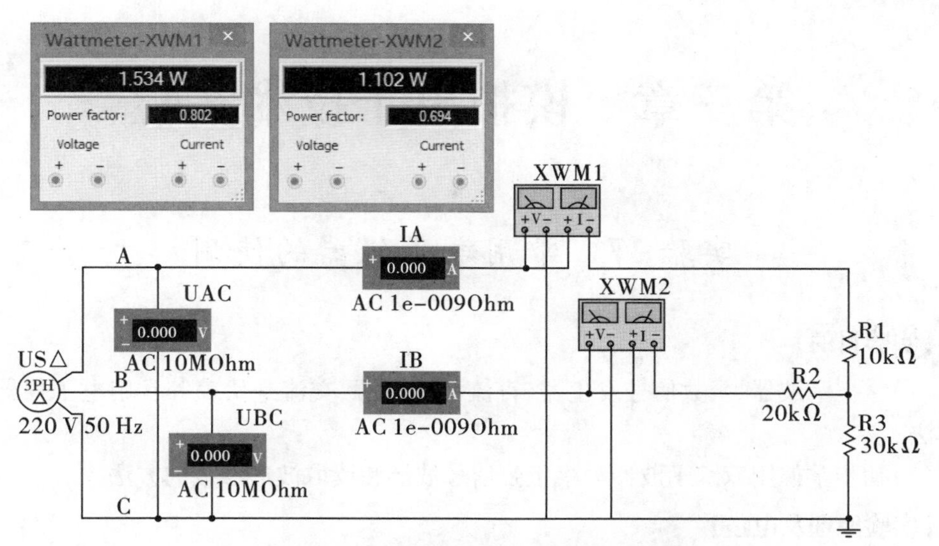

图 16-4　二瓦特表测 Y 连接三相功率仿真电路

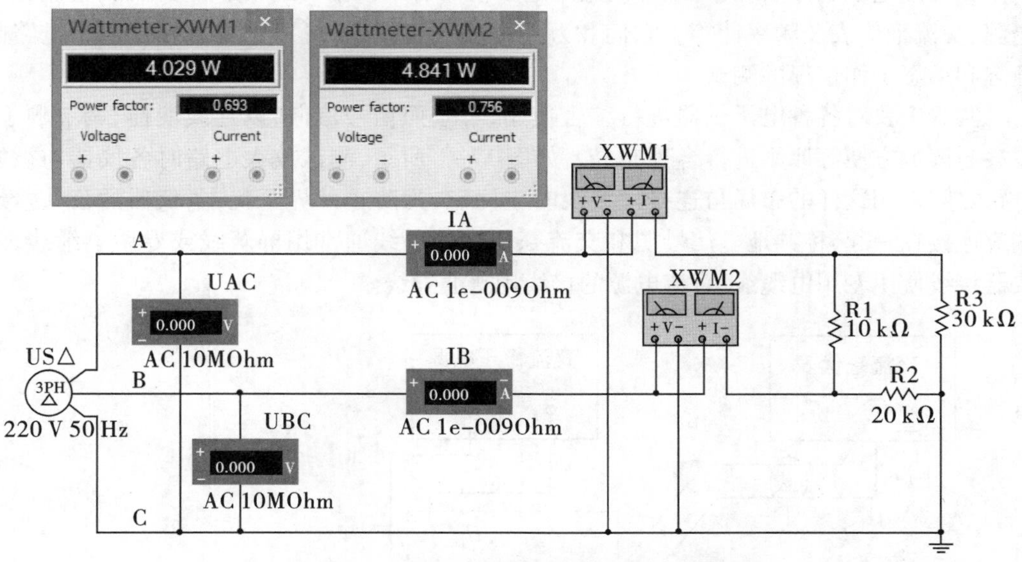

图 16-5　二瓦特表测△连接三相功率仿真电路

【思考题】

(1)二瓦特表法测量三相交流电路有功功率的原理是什么?

(2)一瓦特表法测量三相对称负载有功功率的原理是什么?

(3)测量功率时为什么在线路中通常都接有电流表和电压表?

【实验报告】

(1)完成数据表格中的各项测量和计算任务。比较一瓦特表法和二瓦特表法的测量结果。

(2)总结、分析三相交流电路功率测量的方法与结果。

(3)总结记录心得体会及其他。

第三章　模拟电子技术实验

实验 17　常用电子仪器的使用

【实验目的】

(1)掌握示波器、函数信号发生器、直流稳压电源、交流毫伏表等常用电子仪器的使用方法。

(2)初步掌握用双踪示波器观察正弦信号波形和读取波形参数的方法。

【实验原理及电路】

在模拟电子电路实验中,经常使用的电子仪器有示波器、函数信号发生器、直流稳压电源、交流毫伏表及频率计等。它们和万用电表一起使用,可以完成对模拟电子电路的静态和动态工作情况的测试。

实验中要对各种电子仪器进行综合使用,可按照信号流向,以连线便捷、调节顺手、观察与读数方便等原则进行合理布局。如图 17-1 所示,测试放大电路时各仪器与被测电路之间常用这样的布局与连接。接线时应注意,为防止外界干扰,各仪器的公共接地端应连接在一起,称共地。信号源和交流毫伏表的引线通常用屏蔽线或专用电缆线,示波器接线使用专用电缆线,直流电源的接线用普通导线。

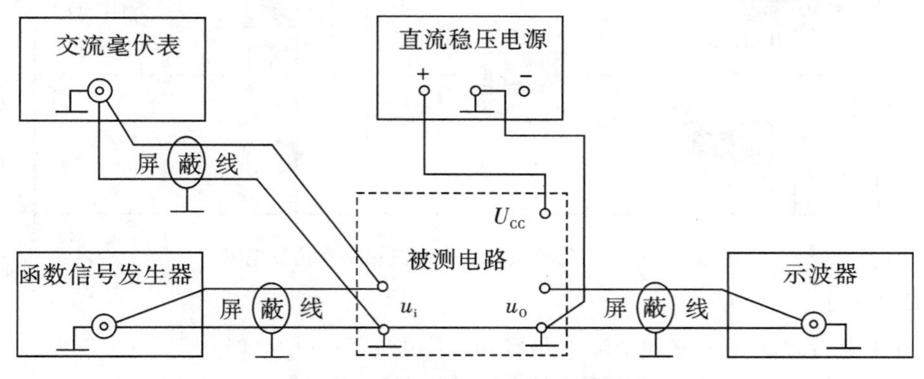

图 17-1　模拟电子电路中常用电子仪器布局

1. 示波器

DS1022U 型示波器是一种用途很广的电子测量仪器,它既能直接显示电信号的波形,又能对电信号进行各种参数的测量,操作使用简便。现着重指出下列几点:

(1)正确输入和显示信号的波形。将被测信号从“CH1”或“CH2”输入示波器,正常情况下按一下“AUTO”按键,示波器可以自动把信号的波形清晰地显示出来。(注意,每

调整好一个信号，都需要按一下“AUTO”按键）

（2）利用显示的波形测周期和峰-峰值。在示波器显示屏最下面一排有四个数字，前两个分别表示的是显示屏垂直方向一格代表的“CH1”和“CH2”的信号电压值，第三个数字表示的是显示屏水平方向一格代表的时间。

利用上面两个单位分别数出来垂直方向上峰-峰值（2 倍最大值）所占的格数和一个周期在水平方向所占的格数就可以测出峰-峰值和周期。

DS1022U 型示波器功能非常强，利用“Measure”按键几乎可以测量和显示所有的电参数，大家可自行练习。详细说明见附录 1。

2. DG1022U 型函数/任意波形发生器

DG1022U 型函数/任意波形发生器可输出正弦波、方波、三角波等多种信号波形，并且内置任意波，可编辑任意波，双通道输出，具有频率计功能。函数信号发生器的使用主要是掌握输出信号的幅度和输出信号频率的调节，以输出正弦波信号为例，频率范围为 1 μHz ~ 20 MHz，输出电压的幅度最大可达 $20V_{pp}$。利用数字键或旋钮以及旋钮旁边的方向键可对输出信号的频率和幅值进行调整，注意这两个参数单位的选择，频率的单位有 μHz、mHz、Hz、kHz、MHz，幅值的单位有峰-峰值（mV_{pp} 和 V_{pp}）和有效值（mV_{Rms} 和 V_{Rms}），只有当参数的单位确定后该参数才算设置成功，频率和幅值参数设置完成后按“OUTPUT”键信号才能输出。

函数信号发生器作为信号源，它的输出端不允许短路。详细说明见附录 2。

3. DP832 型可编程直流稳压电源

DP832 型可编程直流稳压电源具有两路 0 ~ 30 V/3 A 和一路 0 ~ 5 V/3 A，共三路直流电压输出，三路电源都有自己的输出开关，可根据需要选择使用，仪器电源开关打开以后显示屏默认显示的是第一路输出，利用右侧的旋钮（微调）和旋钮周围的数字键以及方向键可以精确地设置输出电压的数值，然后选定单位，打开第一路开关即可正常输出，选择 2 或 3 可对第二路和第三路进行相应的调整，同时该电源可根据需要设置过压过流保护，使用操作方便。详细说明见附录 3。

4. TVT-322D 型交流数字毫伏表

TVT-322D 型交流数字毫伏表适用于测量频率 5 Hz ~ 2 MHz，幅值 100 μV ~ 300 V 的正弦交流电压的有效值。本仪器采用 4 位数字显示，精度高、频率影响误差小、输入阻抗高，有电压、dB、dBm 三种显示方式，显示清晰直观，可自动转换量程，使用方便。详细说明见附录 4。

5. DM3058E 型数字式万用表

DM3058E 型数字式万用表是五位半数字式万用表，测量精度高，操作使用简便，打开电源开关，首先明确要测量的是什么量（如电压、电流、电阻等），然后使测试表笔处于正确的位置，再选择对应的按键（如直流电压、直流电流、交流电压、交流电流、电阻等），利用两个表笔进行测试，测试过程是自动的，待显示的数据稳定后读出被测值即可。详细说明见附录 5。

【实验设备及器件】

(1)函数信号发生器1台。

(2)双踪示波器1台。

(3)交流毫伏表1只。

(4)直流稳压电源1台。

(5)数字式万用表1只。

(6)模拟电路实验箱1台。

【实验内容】

1. 用示波器和交流毫伏表测量信号参数

调节函数信号发生器有关旋钮,使输出频率分别为100 Hz、1 kHz、10 kHz、100 kHz,有效值如表17-1所示(交流毫伏表测量值)的正弦波信号。

改变示波器"扫速"开关及"Y轴灵敏度"开关等位置,测量信号源输出电压频率及峰-峰值,并将其记入表17-1中。

表17-1 示波器测量数据记录表

信号频率	示波器测量值		信号幅值(有效值)/V	示波器测量值	
	周期/ms	频率/Hz		峰-峰值/V	有效值/V
100 Hz			0.1		
1 kHz			0.5		
10 kHz			1.0		
100 kHz			1.5		

2. 测量两波形间相位差

按图17-2连接实验电路,将函数信号发生器的输出电压调至频率为1 kHz,幅值为2 V的正弦波,经*RC*移相网络获得频率相同但相位不同的两路信号u_i和u_R,分别加到双踪示波器的Y_A和Y_B输入端。

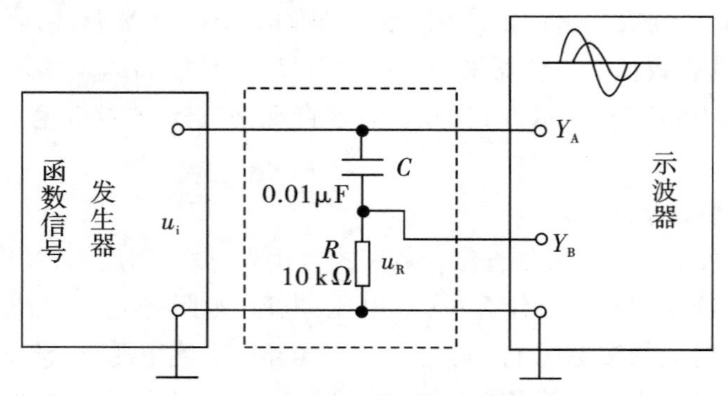

图17-2 两波形间相位差测量电路

调节示波器使荧屏上显示出易于观察的两个相位不同的正弦波形 u_i 及 u_R，如图 17-3 所示。根据两波形在水平方向差距 X 及信号周期 X_T，则可求得两波形相位差：

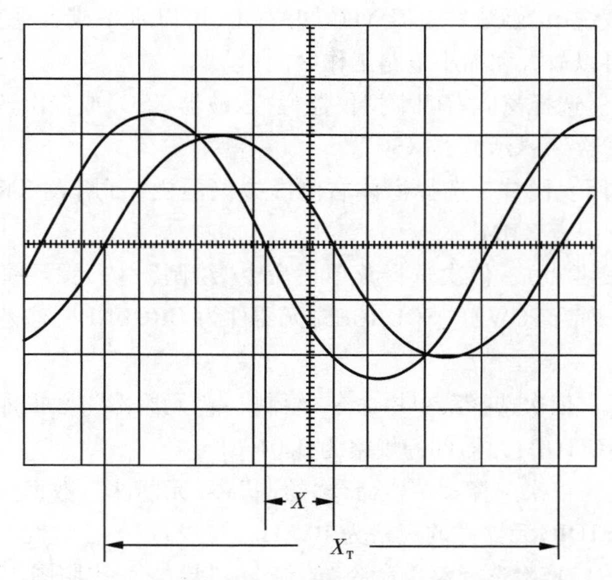

图 17-3　双踪示波器显示两相位不同的正弦波

$$\theta=\frac{X(\mathrm{div})}{X_T(\mathrm{div})}\times 360°$$

式中，X 为两波形在 X 轴方向差距格数；X_T为一周期所占格数。

记录两波形相位差于表 17-2。

表 17-2　相位差测量数据记录表

一周期格数	两波形 X 轴差距格数	相位差	
		实测值	计算值
$X_T=$	$X=$	$\theta=$	$\theta=$

为读数和计算方便，可适当调节扫速开关及微调旋钮，使波形一周期占整数格。

【注意事项】

（1）不要随意插拔各仪器的输入、输出及测试线。

（2）在进行仪器调节时，转动旋钮一定要用力适度，以免损坏设备！

【Multisim 仿真】

（1）新建电路文件。依次选择菜单命令“文件”→“设计”→“Blank”→“Creat”，然后依次点击“文件”→“另存为”，并命名为“实验 17 常用电子仪器的使用”。

(2)放置元件和虚拟仪器

1)放置函数信号发生器。选择窗体右侧虚拟仪器栏“函数发生器 XFG”,或依次选择菜单栏命令“仿真”→“仪器”→“函数发生器 XFG”,将函数发生器放置到电路工作区。注意,在电路工作区选中“函数发生器 XFG”并右击,可以水平或者垂直翻转到合适的位置,利用鼠标滚轮可以放大和缩小电路工作区。

2)放置示波器。选择窗体右侧虚拟仪器栏“示波器 XSC”或依次选择菜单命令“菜单栏”→“仿真”→“仪器”→“示波器 XSC”。

3)毫伏表用万用表代替。选择窗体右侧虚拟仪器栏“万用表 XMM”,或菜单栏“仿真”→“仪器”→“万用表 XMM”。

4)放置接地(参考点)。依次选择菜单栏命令“绘制”→“元器件”,数据库为主数据库;组为 Sources;系列为 POWER_SOURCES;元器件为 GROUND。注意,电路图中必须有一个参考点。

5)放置电容 C_1。依次选择菜单栏命令“绘制”→“元器件”,数据库为主数据库;组为 Basic;系列为 CAPACITOR;元器件的规格为 0.01 μF。

6)放置电阻 R_1。依次选择菜单栏命令“绘制”→“元器件”,数据库为主数据库;组为 Basic;系列为 RESISTOR;元器件的规格为 10 kΩ。

(3)连接电路图。依次选择菜单命令“绘制”→“导线”;按照图 17-4、图 17-5 将各个元件和虚拟仪器连接起来。注意:单击选中某根导线并右键单击,利用“区段颜色”可更改导线颜色,从而方便示波器区分不同颜色的波形。

(4)仿真。依次选择菜单命令“仿真”→“运行”。

(5)用示波器和交流毫伏表测量信号参数试验

1)双击函数发生器“XFG1”,波形选择“正弦波”,按照表 17-1 依次调节信号频率、幅值,交流毫伏表用万用表代替,注意双击万用表选择“交流挡”。

2)双击示波器“XSC1”,根据信号频率、有效值,选择合适的时基标度、通道 A 刻度。例如,信号频率为 100 kHz、有效值为 1.5 V 时,可选择信号时基标度为 10 μs/Div、通道 A 刻度为 1 V/Div。

3)当仿真一段时间后,点击工具栏停止仿真,双击示波器“XSC1”并借助示波器窗口 T1 箭头测量线,测量信号源输出波形周期、频率(周期的倒数)及峰-峰值,并将其记入表 17-1 中。

4)在用示波器 XSC1 测量有效值时,可以借助步骤(3)测量波形的峰-峰值,然后除以 $2\sqrt{2}$ 就是有效值,并将其记入表 17-1 中。

说明,在“用示波器和交流毫伏表测量信号参数”试验中,如果学生感兴趣想使用交流毫伏表测量,请依次选择菜单栏命令“选项”→“全局偏好”→“常规”→“语言:English”,实现 Multisim 的英文版切换;再放置交流毫伏表,依次选择菜单栏命令“Place”→“Component”。数据库为 Master Database;组为 Indicstors;系列为 VOLTMETER;元器件为 VOLTMETER_H;并双击“交流毫伏表”,修改“Mode”为“AC”,然后关闭并重新打开软件,从而实现用交流毫伏表对交流电压有效值的测量。

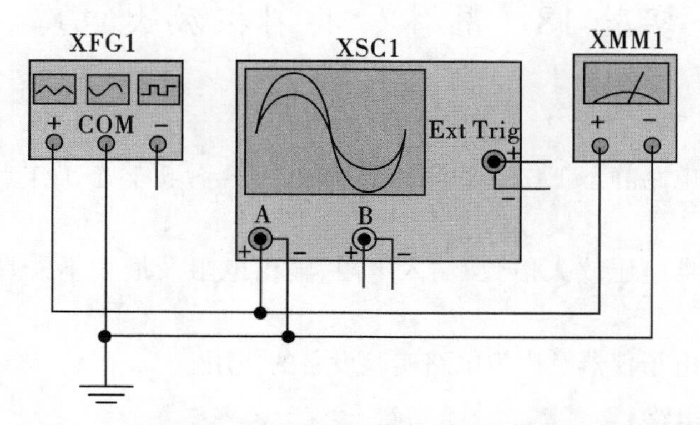

图 17-4 用示波器和交流毫伏表测量信号参数仿真电路

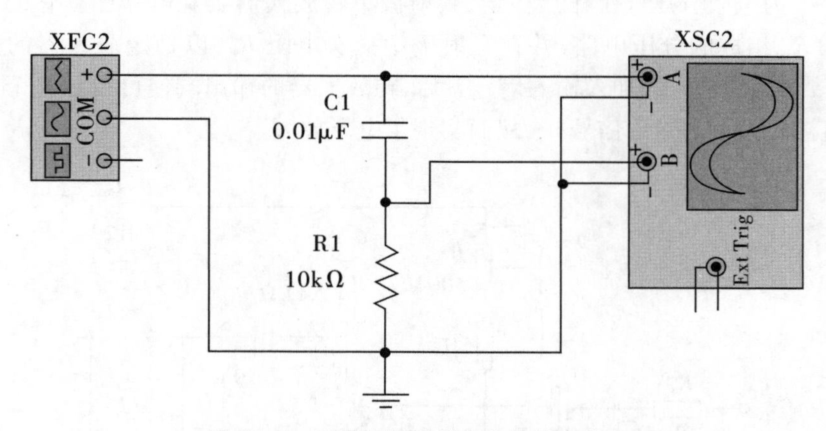

图 17-5 测量两波形间相位差仿真电路

(6)测量两波形间相位差(选做)

1)双击函数发生器“XFG2”,调整输出电压频率为 1 kHz、幅值为 2 V 的正弦波。

2)双击示波器“XSC2”,调整信号时基标度为 500 μs/Div,通道 A、B 刻度为1 V/Div。

3)当仿真一段时间后,点击工具栏停止仿真,借助示波器 XSC2 窗口 T1、T2 箭头测量标线按照图 17-3 测量,并将计算结果填入表 17-2 中。

【实验报告】

(1)整理实验数据,并进行分析。

(2)函数信号发生器有哪几种输出波形?它的输出端能否短接?

实验18 晶体管共射极放大电路

【实验目的】

(1)学习放大电路静态工作点的测试及调整方法,分析静态工作点对放大器性能的影响。

(2)掌握放大器电压放大倍数、输入电阻、输出电阻及最大不失真输出电压的测试方法。

(3)熟悉常用电子仪器及模拟电路实验设备的使用。

【实验原理及电路】

图18-1为电阻分压式工作点稳定、共射极单管放大器实验电路图。它的偏置电路采用R_{B1}和R_{B2}组成的分压电路,并在发射极中接有电阻R_E,以稳定放大器的静态工作点。当在放大器的输入端加入输入信号u_i后,在放大器的输出端便可得到一个与u_i相位相反、幅值被放大了的输出信号u_o,从而实现了电压放大。

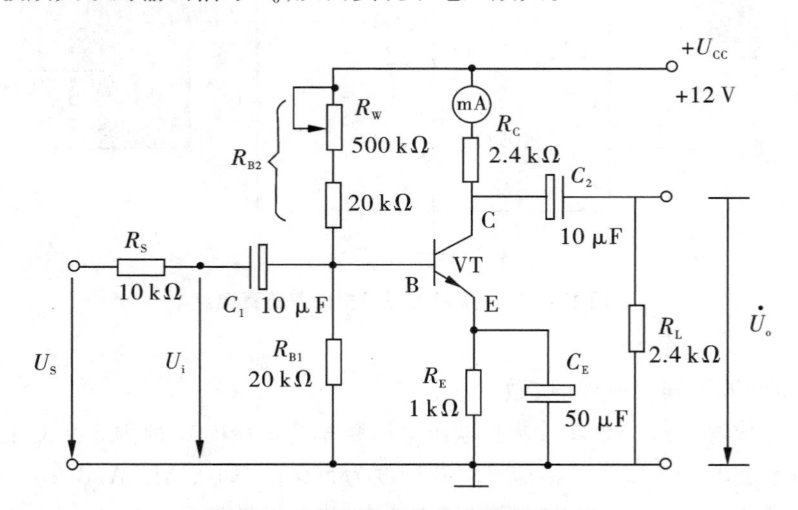

图18-1 共射极单管放大器实验电路

在图18-1所示电路中,当流过偏置电阻R_{B1}和R_{B2}的电流远大于晶体管VT的基极电流I_B时(一般5~10倍),则它的静态工作点可用下式估算:

$$V_B \approx \frac{R_{B1}}{R_{B1}+R_{B2}} U_{CC}$$

$$I_E \approx \frac{V_B - U_{BE}}{R_E} \approx I_C$$

$$U_{CE} = U_{CC} - I_C(R_C + R_E)$$

电压放大倍数 $$A_u = -\beta \frac{R_C /\!/ R_L}{r_{be}}$$

输入电阻　　　　　　　　　$R_i = R_{B1} // R_{B2} // r_{be}$

输出电阻　　　　　　　　　$R_o \approx R_C$

由于电子器件性能的分散性比较大，因此在设计和制作晶体管放大电路时，离不开测量和调试技术。在设计前应测量所用元器件的参数，为电路设计提供必要的依据，在完成设计和装配以后，还必须测量和调试放大器的静态工作点和各项性能指标。一个优质放大器，必定是理论设计与实验调整相结合的产物。因此，除了学习放大器的理论知识和设计方法外，还必须掌握必要的测量和调试技术。

放大器的测量和调试一般包括：放大器静态工作点的测量与调试，消除干扰与自激振荡及放大器各项动态参数的测量与调试等。

(1)放大器静态工作点的测量与调试

1)静态工作点的测量。测量放大器的静态工作点，应在输入信号 $u_i = 0$ 的情况下进行，即将放大器输入端与地端短接，然后选用量程合适的直流毫安表和直流电压表，分别测量晶体管的集电极电流 I_C 以及各电极对地的电位 V_B、V_C 和 V_E。一般实验中，为了避免断开集电极，采用测量电位 V_E 或 V_C，然后算出 I_C 的方法，例如，只要测出 V_E，即可用 $I_C \approx I_E = \frac{V_E}{R_E}$ 算出 I_C（也可根据 $I_C = \frac{U_{CC} - V_C}{R_C}$，由 V_C 确定 I_C），同时也能算出 $U_{BE} = V_B - V_E$，$U_{CE} = V_C - V_E$。

为了减小误差，提高测量精度，应选用内阻较高的直流电压表。

2)静态工作点的调试。放大器静态工作点的调试是指对晶体管集电极电流 I_C（或 U_{CE}）的调整与测试。静态工作点是否合适，对放大器的性能和输出波形都有很大影响。如工作点偏高，放大器在加入交流信号以后易产生饱和失真，此时 u_o 的负半周将被削底，如图 18-2(a)所示；如工作点偏低则易产生截止失真，即 u_o 的正半周被缩顶（一般截止失真不如饱和失真明显），如图 18-2(b)所示。这些情况都不符合不失真放大的要求。因此，在选定工作点以后还必须进行动态调试，即在放大器的输入端加入一定的输入电压 u_i，检查输出电压 u_o 的大小和波形是否满足要求。如不满足，则应调节静态工作点的位置。

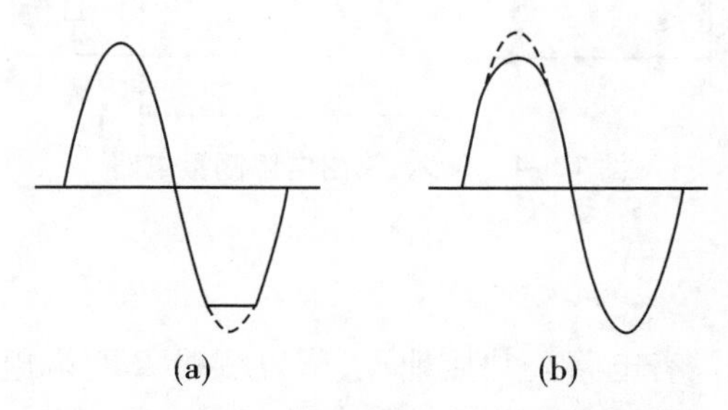

图 18-2　静态工作点对 u_o 波形失真的影响

改变电路参数 U_{CC}、R_C、R_B（R_{B1}、R_{B2}）都会引起静态工作点的变化，如图 18-3 所示。但通常多采用调节偏置电阻 R_{B2} 的方法来改变静态工作点，如减小 R_{B2}，则可使静态工作点提高。

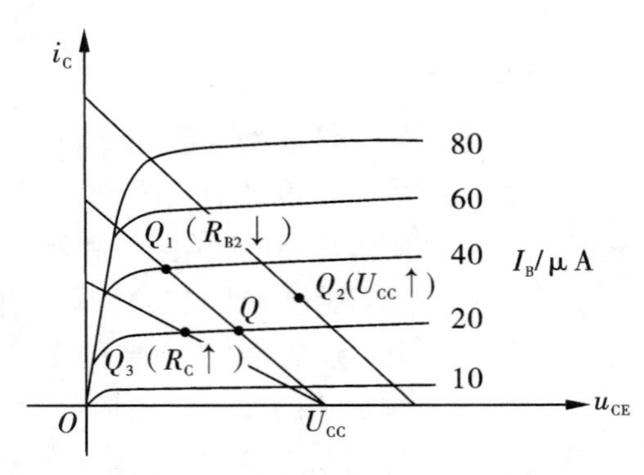

图 18-3 电路参数对静态工作点的影响

最后还要说明的是，上面所说的工作点“偏高”或“偏低”不是绝对的，应该是相对信号的幅度而言，如输入信号幅度很小，即使工作点较高或较低也不一定会出现失真。因此，确切地说，产生波形失真是信号幅度与静态工作点设置配合不当所致。如需满足较大信号幅度的要求，静态工作点最好尽量靠近交流负载线的中点。

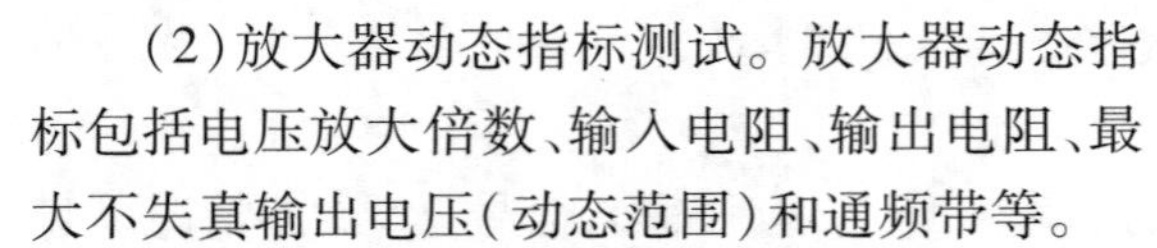

(2)放大器动态指标测试。放大器动态指标包括电压放大倍数、输入电阻、输出电阻、最大不失真输出电压(动态范围)和通频带等。

1)电压放大倍数 A_u 的测量。调整放大器到合适的静态工作点，然后加入输入电压 u_i，在输出电压 u_o 不失真的情况下，用交流毫伏表测出 u_i 和 u_o 的有效值 U_i 和 U_o，则

$$A_u=\frac{U_o}{U_i}$$

2)输入电阻 R_i 的测量。为了测量放大器的输入电阻，按图 18-4 所示电路在被测放大器的输入端与信号源之间串入一个已知电阻 R，在放大器正常工作的情况下，用交流毫伏表测出 U_S 和 U_i，则根据输入电阻的定义可得

$$R_i=\frac{U_i}{I_i}=\frac{U_i}{\frac{U_R}{R}}=\frac{U_i}{U_S-U_i}R$$

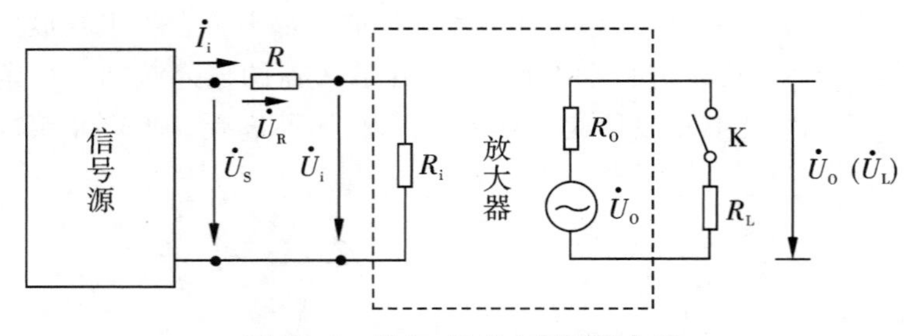

图 18-4 输入、输出电阻测量电路

测量时应注意：

①由于电阻 R 两端没有电路公共接地点，所以测量 R 两端电压 U_R 时必须分别测出 U_S 和 U_i，然后按 $U_R=U_S-U_i$ 求出 U_R 值。

②电阻 R 的值不宜取得过大或过小，以免产生较大的测量误差，通常取 R 与 R_i 为同一数量级为好，本实验可取 $R=1\sim2\ \text{k}\Omega$。

3)输出电阻 R_o 的测量。按图 18-4，在放大器正常工作条件下，测出输出端不接负载 R_L 的输出电压 U_o 和接入负载后的输出电压 U_L，根据

$$U_L=\frac{R_L}{R_o+R_L}U_o$$

即可求出

$$R_o=\left(\frac{U_o}{U_L}-1\right)R_L$$

在测试中应注意，必须保持 R_L 接入前后输入信号的大小不变。

4）最大不失真输出电压 U_{opp} 的测量（最大动态范围）。如上所述，为了得到最大动态范围，应将静态工作点调在交流负载线的中点。为此在放大器正常工作情况下，逐步增大输入信号的幅度，并同时调节 R_W（改变静态工作点），用示波器观察 u_o，当输出波形同时出现削底和缩顶现象（图 18-5）时，说明静态工作点已调在交流负载线的中点。然后反复调整输入信号，使波形输出幅度最大，且无明显失真时，用交流毫伏表测出 U_o（有效值），则动态范围等于 $2\sqrt{2}U_o$。或用示波器直接读出 U_{opp} 来。

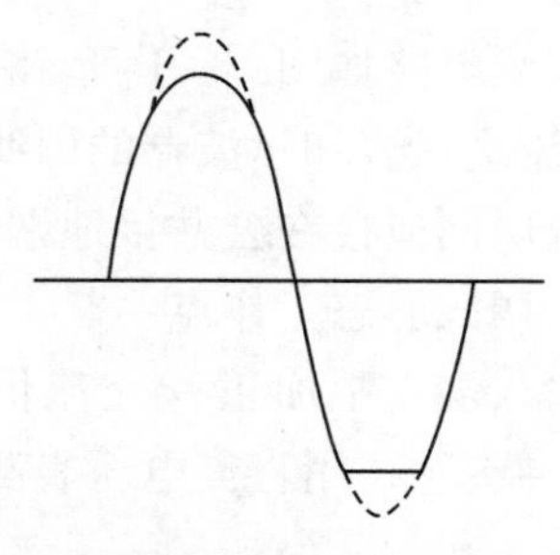

图 18-5　静态工作点正常，输入信号太大引起的失真

5）放大器幅频特性的测量。放大器的幅频特性是指放大器的电压放大倍数 A_u 与输入信号频率 f 之间的关系曲线。单管阻容耦合放大电路的幅频特性曲线如图 2-6 所示，A_{um} 为中频电压放大倍数，通常规定电压放大倍数随频率变化下降到中频放大倍数的 $1/\sqrt{2}$，即 $0.707A_{um}$ 所对应的频率分别称为下限频率 f_L 和上限频率 f_H，则通频带 $f_{BW}=f_H-f_L$。

放大器的幅频特性就是测量不同频率信号时的电压放大倍数 A_u。为此，可采用前述测 A_u 的方法，每改变一个信号频率，测量其相应的电压放大倍数，测量时应注意取点要恰当，在低频段与高频段应多测几个点，在中频段可以少测几个点。此外，在改变频率时，要保持输入信号的幅度不变，且输出波形不得失真。

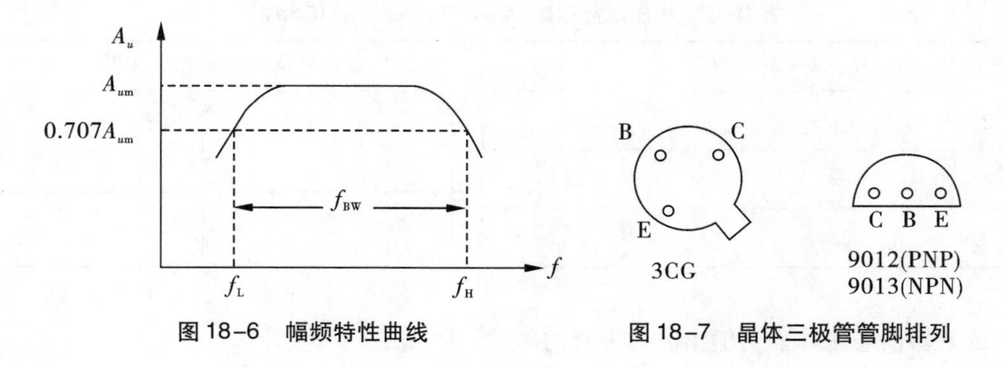

图 18-6　幅频特性曲线　　图 18-7　晶体三极管管脚排列

【实验设备及器件】

（1）直流稳压电源 1 台。

(2)函数信号发生器 1 台。

(3)双踪示波器 1 台。

(4)交流毫伏表 1 只。

(5)数字式万用表 1 只。

(6)模拟电路实验箱 1 套。

【实验内容】

实验电路如图 18-1 所示。为防止干扰,各仪器的公共端必须连在一起,同时信号源、交流毫伏表和示波器的引线应采用专用电缆线或屏蔽线,如使用屏蔽线,则屏蔽线的外包金属网应接在公共接地端上。

1. 调试静态工作点

输入端先不加正弦交流信号($u_i=0$),接通+12 V 电源、调节 R_W,使 $I_C=2.0$ mA($U_{R_C}=4.8$ V),用直流电压表测 V_B、V_E、V_C的值,并将其记入表 18-1 中。

表 18-1 静态工作点测量($I_C=2$ mA,$U_{R_C}=4.8$ V)

测量值			计算值		
V_B/V	V_E/V	V_C/V	U_{BE}/V	U_{CE}/V	I_C/mA
					2

2. 测量电压放大倍数

在放大器输入端加入频率为 1 kHz 的正弦信号 u_S,调节函数信号发生器的输出旋钮,使放大器输入电压 $U_i=10$ mV,同时用示波器观察放大器输出电压 u_o波形,在波形不失真的条件下用数字万用表交流挡测量下述三种情况下的 U_o值,用双踪示波器观察 u_o和 u_i的相位关系,并将其记入表 18-2 中。

表 18-2 电压增益测量($I_C=2.0$ mA $U_i=10$ mV)

R_C/kΩ	R_L/kΩ	U_o/V	A_u	观察记录一组 u_o和 u_i波形
2.4	∞			
2.4//10	∞			
2.4	2.4			

3. 观察静态工作点对输出波形失真的影响

按表 18-3 进行测试,观察截止和饱和失真波形,并将测试结果计入表 18-3 中。

表 18-3　静态工作点对波形失真的影响（R_C=2.4 kΩ，R_L=∞，U_i=15 mV）

I_C/mA	U_{CE}/V	u_o波形	失真情况	管子工作状态
1.0（U_{R_C}=2.4 V）		u_o O t		
2.0（U_{R_C}=4.8 V）		u_o O t		
3.0（U_{R_C}=7.2 V）		u_o O t		

4. 观察静态工作点对电压放大倍数的影响

置 R_C=2.4 kΩ，R_L=∞，U_i=10 mV，调节 R_W，用示波器监视输出电压波形，在 u_o不失真的条件下，测量数组 I_C和 U_o值，并将其记入表 18-4 中。

表 18-4　静态工作点对电压放大倍数的影响（R_C=2.4 kΩ，R_L=∞，U_i=10 mV）

I_C/mA	1.6	1.8	2.0	2.2	2.5
U_o/V					
A_u					

测量 I_C时，要先将信号源输出旋钮旋至零（即使 U_i=0）。

5. 测量最大不失真输出电压

置 R_C=2.4 kΩ，R_L=2.4 kΩ，按照实验原理 2.（4）中所述方法，同时调节输入信号的幅度和电位器 R_W，用示波器和交流毫伏表测量 U_{opp}及 U_o值，并将其记入表 18-5 中。

表 18-5　最大不失真输出电压测量（R_C=2.4 kΩ，R_L=2.4 kΩ）

I_C/mA	U_{im}/mV	U_{om}/V	U_{opp}/V

6. 测量输入电阻和输出电阻

置 R_C=2.4 kΩ，R_L=2.4 kΩ，I_C=2.0 mA。输入 f=1 kHz 的正弦信号，在输出电压 u_o不失真的情况下，用交流毫伏表测出 U_S，将 U_i和 U_L的值记入表 18-6 中。

保持 U_S不变，断开 R_L，测量输出电压 U_o，并将其记入表 18-6 中。

表 18-6 输入电阻和输出电阻测量(I_c=2 mA,R_c=2.4 kΩ,R_L=2.4 kΩ)

U_S/mV	U_i/mV	R_i/kΩ		U_L/V	U_o/V	R_o/kΩ	
		测量值	计算值			测量值	计算值

7. 测量幅频特性曲线

取 I_C=2.0 mA,R_C=2.4 kΩ,R_L=2.4 kΩ。保持输入信号 u_i 的幅度不变,改变信号源频率 f,逐点测出相应的输出电压 U_o,并将其记入表 18-7 中。

表 18-7 频率特性测量(U_i=10 mV)

f/kHz	
U_o/V	
$A_u=U_o/U_i$	

为了信号源频率 f 取值合适,可先粗测一下,找出中频范围,然后仔细读数。

说明:本实验内容较多,其中一些可作为选做内容。

【Multisim **仿真**】

(1)新建电路文件。依次选择菜单栏命令“文件”→“设计”→“Blank”→“Creat”,然后依次单击菜单按钮“文件”→“另存为”,将文件命名为“实验 18 晶体管共射极放大电路”。

(2)放置元件和虚拟仪器

1)放置信号源 U_S。这里选用函数发生器作为 U_S;选择窗体右侧虚拟仪器栏中的函数发生器“XFG”,或菜单栏“仿真”→“仪器”→函数发生器“XFG”;选中函数发生器“XFG”并右击可以水平或者垂直翻转到合适的位置。

2)放置开关 S_1(用于接通和断开信号源 U_S)。选择菜单栏命令“绘制”→“元器件”,数据库为主数据库;组为 Basic;系列为 SWITCH;元器件为 DIPSW1;双击刚放置在电路工作区的开关 S_1 并修改其有关属性。

3)放置示波器。选择窗体右侧虚拟仪器栏“示波器 XSC”或依次选择菜单栏命令“仿真”→“仪器”→“示波器 XSC”。

4)放置电流表。依次选择菜单栏命令“绘制”→“元器件”,数据库为主数据库;组为 Indicstors;系列为 AMMETER;元器件为 AMMETER_V。

5)放置电源 U_{CC}。依次选择菜单栏命令“绘制”→“元器件”,数据库为主数据库;组为 Sources;系列为 POWER_SOURCES;元器件为 VCC;双击刚放置在电路工作区的电源 VCC,将其标签改为“UCC”,电压值改为 12 V。

6)放置接地(参考点)。依次选择菜单栏命令“绘制”→“元器件”,数据库为主数据库;组为 Sources;系列为 POWER_SOURCES;元器件为 GROUND。注意,电路图中必须有一个参考点。

7）放置极性电容 C_1、C_2、C_E。依次选择菜单栏命令“绘制”→“元器件”，数据库为主数据库；组为 Basic；系列为 CAP_ELECTROLIT；元器件，分别输入“10u”“10u”“50u”，并分别确认；依次双击刚放置在电路工作区的各极性电容，修改对应标签。

8）放置电阻 R_S、R_{B2}、R_{B1}、R_C、R_E、R_L。依次选择菜单栏命令“绘制”→“元器件”，数据库为主数据库；组为 Basic；系列为 RESISTOR；元器件，分别输入“10k”“20k”“20k”“2.4k”“1k”“2.4k”并分别确认；依次双击刚放置在电路工作区的各电阻，修改对应标签。

9）放置电位器 R_W。选择菜单栏“绘制”→“元器件”，数据库为主数据库；组为 Basic；系列为 POTENTIOMETER；元器件，输入“500k”并确认；双击刚放置在电路工作区的电位器，修改对应标签，并将“增量”设为“1”。

10）放置晶体管 VT。选择菜单栏“绘制”→“元器件”，数据库为主数据库；组为 Transistors；系列为 BJT_NPN；元器件为 2N2222A；双击刚放置在电路工作区的晶体管，修改对应标签。

（3）连接电路图。依次选择菜单命令“绘制”→“导线”，按照图 18-8 将各个元件和虚拟仪器连接起来。

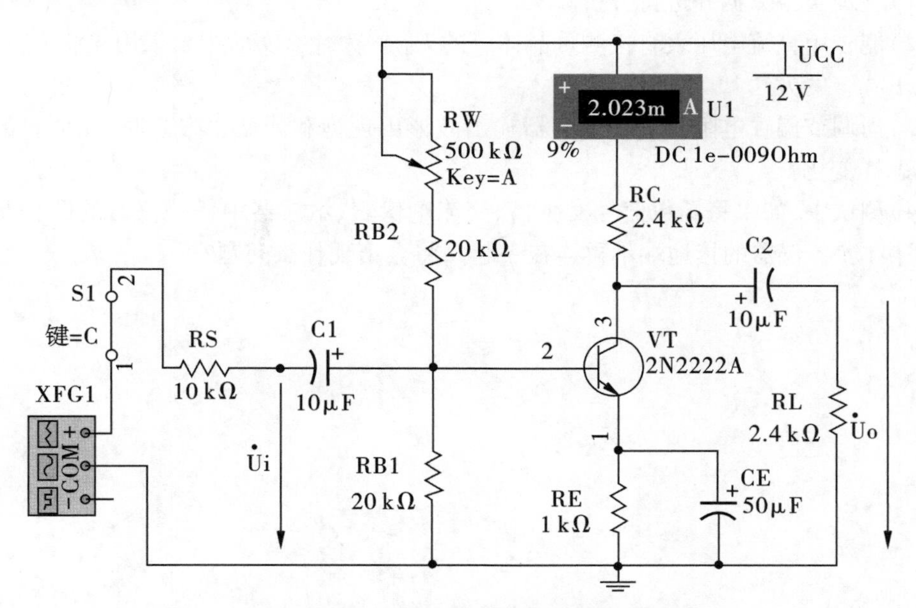

图 18-8　共射极单管放大器仿真实验电路

（4）仿真。依次选择菜单命令“仿真”→“运行”。

（5）调试静态工作点试验

1）点击开关 S_1 使其断开，即信号源置零。

2）按下英文大写字母 A，从零调节 R_W 至约 9%，约使 $I_C = 2.0$ mA（$U_{R_C} = 4.8$ V）。

3）在工具栏停止仿真，将万用表负极接地，正极依次接在晶体管 B、E、C 三个极上，并且万用表选择直流挡测量电位 V_B、V_E、V_C（注意测值时要重新点击开始仿真），并将测量结果记入表 18-1 中。

4）在 $I_C=2.0$ mA 情况下将 $U_{BE}=V_B-V_E$、$U_{CE}=V_C-V_E$ 计算结果一并记入表 18-1 中。

（6）测量电压放大倍数实验

1）点击开关 S_1 使其闭合，双击函数发生器，调节频率为 1 kHz 正弦波，并调节幅值到图 18-8 所示 $U_i\approx10$ mV 为止（可用万用表交流挡测得）。

2）用示波器观察放大器输出电压 U_o 波形，在波形不失真的条件下用万用表交流挡测量表 18-2 所列三种情况下的 U_o 值。注意：在停止仿真的情况下才可以添加新的虚拟仪器，测量时再重新点击开始仿真，R_L为∞ 表示 R_L断开，R_C为 2.4∥10 表示其又并联一个 10 kΩ 的电阻。

3）用双踪示波器观察 U_o和 U_i 的相位关系，并将有关数据记入表 18-1 中。注意，如果示波器观察不到波形，可将示波器刻度调小，这样小信号就可以显示出来。

（7）对选做部分的实验，同学们如果感兴趣，可自行设计电路并测试。

【实验报告】

（1）整理实验数据并进行分析。

（2）能否用直流电压表直接测量晶体管的 U_{BE}？为什么实验中要采用先测 U_B、U_E，再间接算出 U_{BE}的方法？

（3）当调节偏置电阻 R_{B2}，使放大器输出波形出现饱和或截止失真时，晶体管的管压降 U_{CE}怎样变化？

（4）测试中，如果将函数信号发生器、交流毫伏表、示波器中任一仪器的两个测试端子接线换位（各仪器的接地端不再连在一起），将会出现什么问题？

实验 19　射极跟随器

【实验目的】

(1)掌握射极跟随器的特性及测试方法。

(2)进一步学习放大器各项参数测试方法。

【实验原理及电路】

射极跟随器的原理如图 19-1 所示。它是一个电压串联负反馈放大电路,具有输入电阻高,输出电阻低,电压放大倍数接近于且小于 1,输出电压能够在较大范围内跟随输入电压做线性变化以及输入、输出信号同相等特点。

射极跟随器的输出取自发射极,故称其为射极输出器。

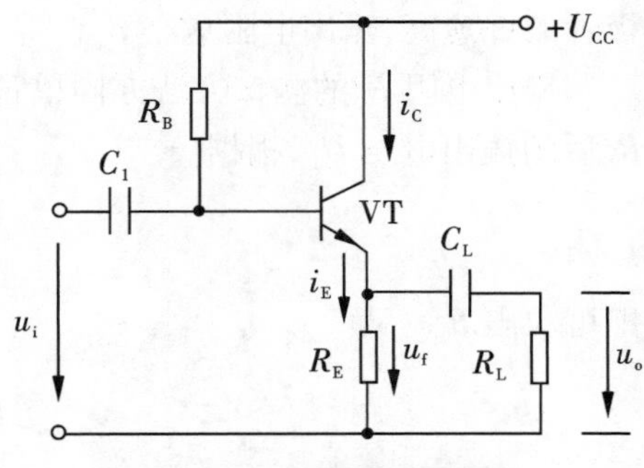

图 19-1　射极跟随器的原理

1. 输入电阻 R_i

$$R_i=r_{be}+(1+\beta)R_E$$

如考虑偏置电阻 R_B 和负载 R_L 的影响,则

$$R_i=R_B /\!/ [r_{be}+(1+\beta)(R_E /\!/ R_L)]$$

由上式可知,射极跟随器的输入电阻 R_i 比共射极单管放大器的输入电阻 $R_i=R_B /\!/ r_{be}$ 要高得多,但由于偏置电阻 R_B 的分流作用,输入电阻难以进一步提高。

输入电阻的测试方法同单管放大器,实验电路如图 19-2 所示。

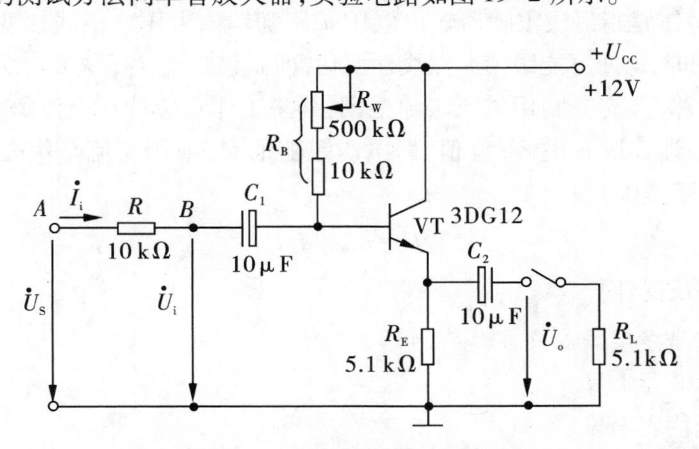

图 19-2　射极跟随器实验电路

$$R_i=\frac{U_i}{I_i}=\frac{U_i}{U_S-U_i}R$$

即只要测得 A、B 两点的对地电位即可计算出 R_i。

2. 输出电阻 R_o

$$R_o = \frac{r_{be}}{\beta} // R_E \approx \frac{r_{be}}{\beta}$$

如考虑信号源内阻 R_s，则

$$R_o = \frac{r_{be} + (R_s // R_B)}{\beta} // R_E \approx \frac{r_{be} + (R_s // R_B)}{\beta}$$

由上式可知，射极跟随器的输出电阻 R_o 比共射极单管放大器的输出电阻低得多。三极管的 β 愈高，输出电阻愈小。

输出电阻 R_o 的测试方法亦同单管放大器，即先测出空载输出电压 U_o，再测接入负载 R_L 后的输出电压 U_L，根据

$$U_L = \frac{R_L U_o}{R_o + R_L}$$

即可求出 R_o

$$R_o = \left(\frac{U_o}{U_L} - 1\right) R_L$$

3. 电压放大倍数

$$A_u = \frac{(1+\beta)(R_E // R_L)}{r_{be} + (1+\beta)(R_E // R_L)} \leqslant 1$$

上式说明射极跟随器的电压放大倍数小于且接近于 1，且为正值。这是深度电压负反馈的结果。但它的射极电流仍比基极电流大 $(1+\beta)$ 倍，因此它具有一定的电流和功率放大作用。

4. 电压跟随范围

电压跟随范围是指射极跟随器输出电压 u_o 跟随输入电压 u_i 做线性变化的区域。当 u_i 超过一定范围时，u_o 便不能跟随 u_i 做线性变化，即 u_o 波形产生了失真。为了使输出电压 u_o 正、负半周对称，并充分利用电压跟随范围，静态工作点应选在交流负载线中点，测量时可直接用示波器读取 u_o 的峰-峰值，即电压跟随范围（或用交流毫伏表读取 u_o 的有效值，也即电压跟随范围）：

$$U_{opp} = 2\sqrt{2} U_o$$

【实验设备及器件】

(1) 函数信号发生器 1 只。

(2) 双踪示波器 1 只。

(3) 交流毫伏表 1 只。

(4) 直流稳压电源 1 台。

(5) 数字式万用表 1 只。

(6) 模拟电路实验箱 1 台。

【实验内容】

1. 静态工作点的调整

接通+12 V 直流电源，调节 R_W，使 $I_E=2$ mA（$U_{R_E}=10.2$ V）用直流电压表测量晶体管各电极对地电位，将测得数据记入表 19-1 中。

表 19-1　静态工作点测量数据

V_E/V	V_B/V	V_C/V	I_E/mA
			2

在下面整个测试过程中应保持 R_W值不变（保持静工作点 I_E不变）。

2. 测量电压放大倍数 A_u

接入负载 $R_L=5.1$ kΩ，在放大电路输入端加 $f=1$ kHz 的正弦信号，调节函数信号发生器使 $u_i=1$ V，用示波器观察输出信号波形 u_o，在不失真的情况下用交流毫伏表测 U_L的值，并将其记入表 19-2 中。

表 19-2　电压放大倍数测量数据

U_i/V	U_L/V	A_u
1		

3. 测量输出电阻 R_o

在上一步测量的基础上测空载输出电压 U_o，有负载时输出电压 U_L，同时记下负载电阻的阻值，并将其记入表 19-3 中。

表 19-3　输出电阻测量数据

U_o/V	U_L/V	R_o/kΩ

4. 测量输入电阻 R_i

在上一步测量的基础上，用交流毫伏表分别测出 A 点对地的电位 U_s，记下 R 的数值，并将其记入表 19-4 中。

表 19-4　输入电阻测量数据

U_S/V	U_i/V	R_i/kΩ
	1	

5. 测试跟随特性

接入负载 $R_L=5.1\ k\Omega$，在上一步测量的基础上逐渐增大信号 u_i 幅度，用示波器监视输出波形，直至输出波形达最大不失真，测量对应的 U_L 值，并将其记入表 19-5 中。

表 19-5　电压跟随特性测量数据

U_i/V	0.5	0.7	0.9	…	U_{imax}
U_L/V					

6. 测试频率响应特性

保持输入信号 u_i 幅度不变，改变信号源频率，用示波器监视输出波形，用交流毫伏表测量不同频率下的输出电压 U_L 值，并将其记入表 19-6 中。

表 19-6　频率响应测量数据

f/kHz	
U_L/V	

【Multisim 仿真】

(1) 新建电路文件。依次选择菜单栏命令"文件"→"设计"→"Blank"→"Creat"，然后依次点击按钮"文件"→"另存为"，并命名为"实验 19 射极跟随器"。

(2) 放置元件和虚拟仪器

1) 放置信号源 U_S。这里选用函数发生器作为 U_S；依次选择窗体右侧"虚拟仪器栏"→"函数发生器 XFG"或"菜单栏"→"仿真"→"仪器"→"函数发生器 XFG"；选中"函数发生器 XFG"并右键单击，可以水平或者垂直翻转到合适的位置。

2) 放置开关 S_1、S_2（用于接通或断开信号源 U_S 和负载 R_L）。依次选择菜单栏命令"绘制"→"元器件"，数据库为主数据库；组为 Basic；系列为 SWITCH；元器件为 DIPSW1；依次双击刚放置在电路工作区的开关 S_1、S_2，并修改对应标签。

3) 放置示波器。依次选择窗体右侧"虚拟仪器栏"→"示波器 XSC"或菜单栏"仿真"→"仪器"→"示波器 XSC"。

4) 放置电流表。依次选择菜单栏命令"绘制"→"元器件"，数据库为主数据库；组为 Indicstors；系列为 AMMETER；元器件为 AMMETER_V。

5) 放置电源 U_{CC}。依次选择菜单栏命令"绘制"→"元器件"，数据库为主数据库；组为 Sources；系列为 POWER_SOURCES；元器件为 VCC；双击刚放置在电路工作区的电源 VCC，并修改对应标签，如将电压值改为 12 V。

6) 放置接地（参考点）。依次选择菜单栏命令"绘制"→"元器件"，数据库为主数据库；组为 Sources；系列为 POWER_SOURCES；元器件为 GROUND。注意，电路图中必须有一个参考点。

7)放置极性电容 C_1、C_2。依次选择菜单栏命令“绘制”→“元器件”，数据库为主数据库；组为 Basic；系列为 CAP_ELECTROLIT；设定元器件的规格为 10 μF、10 μF。

8)放置电阻 R、R_B、R_E、R_L。依次选择菜单栏命令“绘制”→“元器件”，数据库为主数据库；组为 Basic；系列为 RESISTOR；设定元器件的规格分别为“10k”“10k”“20k”“5.1k”“5.1k”；依次双击刚放置在电路工作区的各电阻并修改对应标签。

9)放置电位器 R_W。依次选择菜单栏命令“绘制”→“元器件”，数据库为主数据库；组为 Basic；系列为 POTENTIOMETER；设定元器件的规格为 500 kΩ；双击刚放置在电路工作区的电位器并修改对应标签，将“增量”改为“1”。

10)放置晶体管 VT。依次选择菜单栏命令“绘制”→“元器件”，数据库为主数据库；组为 Transistors；系列为 BJT_NPN；元器件为 2N2222A；双击刚放置在电路工作区的晶体管并修改对应标签。

(3)连接电路图。依次选择菜单命令“绘制”→“导线”，按照图 19-3 将各个元件和虚拟仪器连接起来。

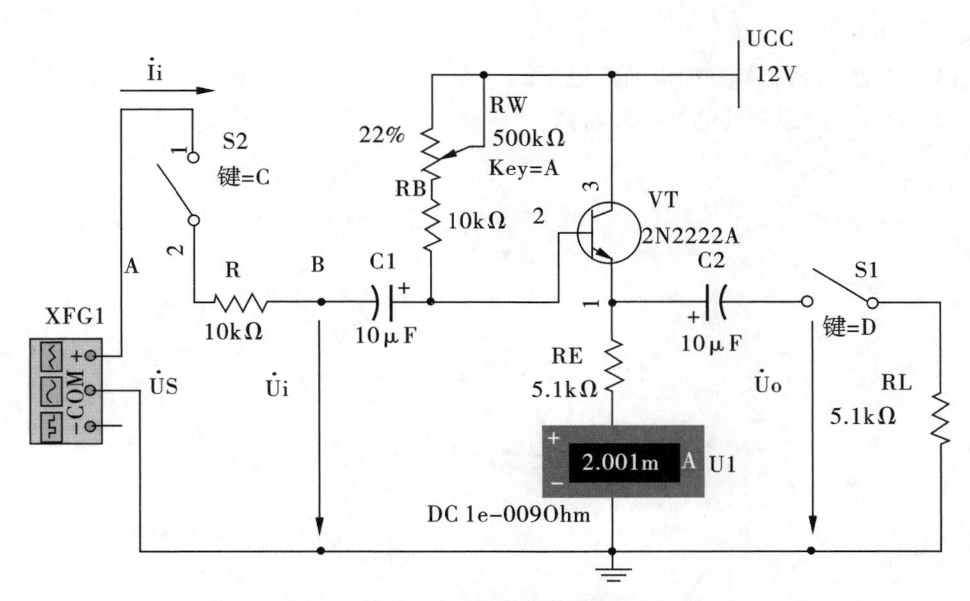

图 19-3　射极跟随器仿真实验电路

(4)仿真。依次选择菜单命令“仿真”→“运行”。

(5)调试静态工作点试验

1)点击开关 S2 使其断开，即信号源置零。

2)按下英文大写字母 A，从零开始调节 R_W 至约 22%，约使 I_E = 2.0 mA(U_{R_E} = 10.2 V)。

3)在工具栏停止仿真，将万用表负极接地，正极依次接在晶体管 E、B、C 三个极测量电位(注意测量时要重新点击开始仿真，并且选择万用表直流挡位)，并将测得数据记入

表 19-1 中。

(6)测量电压放大倍数试验

1)在上个实验电位器 R_W 不变情况下,闭合开关 S_1 接入负载、闭合开关 S_2 接入信号源,双击函数发生器并调节,使其输出频率为 1 kHz 正弦波,调节函数发生器,使其电压 V_P 为1.5 V 左右,使图 19-3 所示 $U_i \approx 1$ V 为止(可用万用表交流挡测得)。

2)用示波器观察输出信号波形 U_o,在不失真的情况下用万用表交流挡位测负载 R_L 的电压,并将其记入表 19-2 中。

(7)测量输出电阻 R_o 试验。在上一步测量的基础上断开开关 S_1 测空载输出电压 U_o,有负载时测输出电压 U_L,同时记下负载电阻的阻值,并将其记入表 19-3 中。

(8)测量输入电阻 R_i 试验。在上一步测量的基础上,用万用表分别测出 A 点对地的电位 U_S,记下 R 的数值,并将其记入表 19-4 中。

(9)测试跟随特性试验。接入负载 R_L=5.1 kΩ,在上一步测量的基础上逐渐增大信号 U_i 幅值,用示波器监视输出波形,直至输出波形达最大不失真,测量对应的 U_L 值,并将其记入表 19-5 中。

【实验报告】

(1)整理实验数据,并加以简要说明。

(2)分析射极跟随器的性能和特点。

实验 20　负反馈放大器

【实验目的】

加深理解放大电路中引入负反馈的方法和负反馈对放大器各项性能指标的影响。

【实验原理及电路】

负反馈在电子电路中有着非常广泛的应用，虽然它使放大器的放大倍数降低，但能在多方面改善放大器的动态指标，如稳定放大倍数，改变输入、输出电阻，减小非线性失真和展宽通频带等。因此，几乎所有的实用放大器都带有负反馈。

负反馈放大器有四种组态，即电压串联、电压并联、电流串联、电流并联。本实验以电压串联负反馈为例，分析负反馈对放大器各项性能指标的影响。

(1)图 20-1 所示为带有负反馈的两级阻容耦合放大电路，在电路中通过 R_f 把输出电压 u_o 引回到输入端，加在晶体管 VT_1 的发射极上，在发射极电阻 R_{F1} 上形成反馈电压 u_f。根据反馈的判断法可知，它属于电压串联负反馈，主要性能指标如下：

1)闭环电压放大倍数为

$$A_{uf}=\frac{A_u}{1+A_uF_u}$$

式中：A_u 为基本放大器(无反馈)的电压放大倍数，即开环电压放大倍数，$A_u=U_o/U_i$；$1+A_uF_u$ 为反馈深度，它的大小决定了负反馈对放大器性能改善的程度。

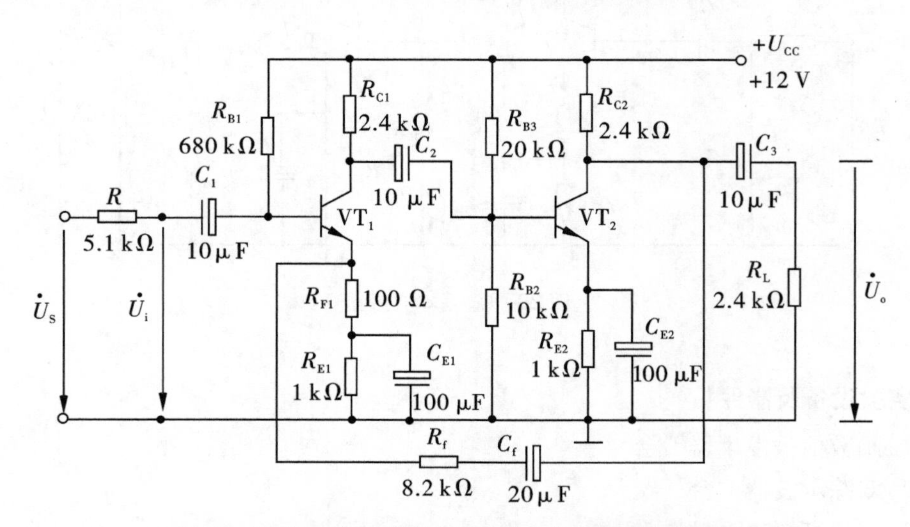

图 20-1　带有电压串联负反馈的两级阻容耦合放大器

2)反馈系数为

$$F_u=\frac{R_{F1}}{R_f+R_{F1}}$$

3)输入电阻为

$$R_{if}=(1+A_uF_u)R_i$$

式中:R_i 为基本放大器的输入电阻。

4)输出电阻为

$$R_{of}=\frac{R_o}{1+A_{uo}F_u}$$

式中:R_o 为基本放大器的输出电阻;A_{Vo} 为基本放大器 $R_L=\infty$ 时的电压放大倍数。

(2)本实验还需要测量基本放大器的动态参数,怎样实现无反馈而得到基本放大器呢?不能简单地断开反馈支路,而是要去掉反馈作用,但又要把反馈网络的影响(负载效应)考虑到基本放大器中去。为此:

1)在画基本放大器的输入回路时,因为是电压负反馈,所以可将负反馈放大器的输出端交流短路,即令 $u_o=0$,此时 R_f 相当于并联在 R_{F1} 上。

2)在画基本放大器的输出回路时,由于输入端是串联负反馈,所以需将反馈放大器的输入端(VT_1 管的发射极)开路,此时(R_f+R_{F1})相当于并接在输出端。可近似认为 R_f 并接在输出端。

根据上述规律,就可得到所要求的如图 20-2 所示的基本放大器。

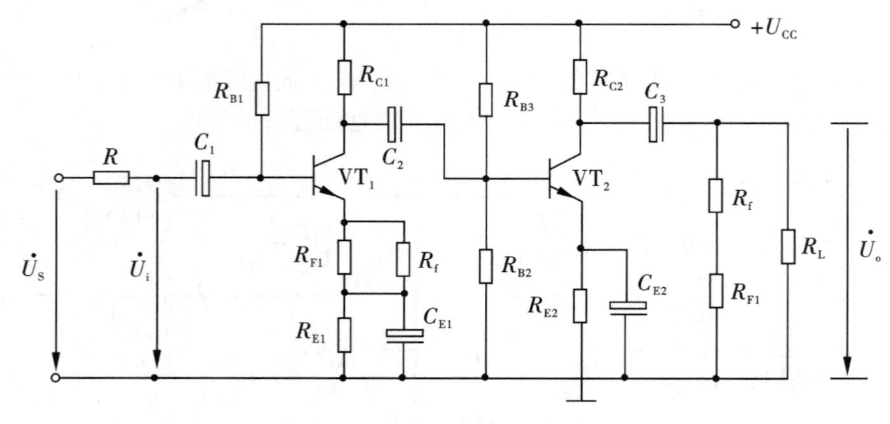

图 20-2 基本放大器

【实验设备及器件】

(1)函数信号发生器 1 台。

(2)双踪示波器 1 台。

(3)交流毫伏表 1 只。

(4)直流稳压电源 1 台。

(5)数字式万用表 1 只。

(6)模拟电路实验箱 1 台。

【实验内容】

1. 测量静态工作点

按图 20-1 连接实验电路，取 $U_{CC}=+12$ V，$U_i=0$，用直流电压表分别测量第一级、第二级的静态工作点，并将其记入表 20-1 中。

表 20-1　静态工作点测量数据

	V_B/V	V_E/V	V_C/V	I_C/mA
第一级				
第二级				

2. 测试基本放大器的各项性能指标

将实验电路按图 20-2 改接，即把 R_f 断开后分别并在 R_{F1} 和 R_L 上，其他连线不动。

(1) 测量中频电压放大倍数 A_u，输入电阻 R_i 和输出电阻 R_o

1) 以 $f=1$ kHz，U_S 约为 5 mV 的正弦信号输入放大器，用示波器监视输出波形 u_o，在 u_o 不失真的情况下，用交流毫伏表测量 U_S、U_i、U_L，并将其记入表 20-2 中。

表 20-2　开环和闭环动态参数测量数据

基本放大器	U_S/mV	U_i/mV	U_L/V	U_o/V	A_u	R_i/kΩ	R_o/kΩ
负反馈放大器	U_S/mV	U_i/mV	U_L/V	U_o/V	A_{uf}	R_{if}/kΩ	R_{of}/ kΩ

2) 保持 U_S 不变，断开负载电阻 R_L（注意，R_f 不要断开），测量空载时的输出电压 U_o，并将其记入表 20-2 中。

(2) 测量通频带。接上 R_L，保持步骤(1)中的 U_S 不变，然后增加和减小输入信号的频率，找出上、下限频率 f_H 和 f_L，并将其记入表 20-3 中。

3. 测试负反馈放大器的各项性能指标

将实验电路恢复为图 20-1 的负反馈放大电路。适当加大 U_S（约为 10 mV），在输出波形不失真的条件下，测量负反馈放大器的 A_{uf}、R_{if} 和 R_{of}，并将其记入表 20-2 中；测量 f_{Hf} 和 f_{Lf}，并将其记入表 20-3 中。

表 20-3　开环和闭环频率特性测量数据

基本放大器	f_L/kHz	f_H/kHz	Δf/kHz
负反馈放大器	f_{Lf}/kHz	f_{Hf}/kHz	Δf_f/kHz

4. 观察负反馈对非线性失真的改善

(1)将实验电路改接成基本放大器形式,在输入端加入f=1 kHz 的正弦信号,输出端接示波器,逐渐增大输入信号的幅值,使输出波形开始出现失真,记下此时的波形和输出电压的幅值。

(2)将实验电路改接成负反馈放大器形式,增大输入信号幅值,使输出电压幅值的大小与步骤(1)相同,比较有负反馈时输出波形的变化。

【Multisim **仿真**】

(1)新建电路文件。依次选择菜单栏命令“文件”→“设计”→“Blank”→“Creat”,然后依次点击按钮“文件”→“另存为”,并命名为“实验 20 负反馈放大器”。

(2)放置元件和虚拟仪器

1)放置信号源 U_S。这里选用函数发生器作为 U_S;依次选择窗体右侧“虚拟仪器栏”→“函数发生器 XFG”或菜单栏“仿真”→“仪器”→“函数发生器 XFG”;选中“函数发生器 XFG”并右键单击,可以水平或者垂直翻转到合适的位置。

2)放置开关 S_1(用于接通或断开信号源 U_S)。依次选择菜单栏命令“绘制”→“元器件”,数据库为主数据库;组为 Basic;系列为 SWITCH;元器件为 DIPSW1;双击刚放置在电路工作区的开关 S_1 并修改为对应标签。

3)放置示波器。依次选择窗体右侧“虚拟仪器栏”→“示波器 XSC”或菜单栏“仿真”→“仪器”→“示波器 XSC”。

4)放置万用表。依次选择窗体右侧“虚拟仪器栏”→“万用表 XMM”或菜单栏“仿真”→“仪器”→“万用表 XMM”。

5)放置电流表。依次选择菜单栏命令“绘制”→“元器件”,数据库为主数据库;组为 Indicstors;系列为 AMMETER;元器件为 AMMETER_V。

6)放置电源 U_{CC}。依次选择菜单栏命令“绘制”→“元器件”,数据库为主数据库;组为 Sources;系列为 POWER_SOURCES;元器件为 VCC;双击刚放置在电路工作区的电源 VCC 并修改对应标签,如将电压值改为 12 V。

7)放置接地(参考点)。依次选择菜单栏命令“绘制”→“元器件”,数据库为主数据库;组为 Sources;系列为 POWER_SOURCES;元器件为 GROUND。注意,电路图中必须有一个参考点。

8)放置极性电容 C_1、C_2、C_3、C_{E1}、C_{E2}、C_f。依次选择菜单栏命令“绘制”→“元器件”,数据库为主数据库;组为 Basic;系列为 CAP_ELECTROLIT;将元器件的规格分别设为 10 μF、10 μF、10 μF、100 μF、100 μF、20 μF;依次双击刚放置在电路工作区的各电容并修改对应标签。

9)放置电阻 R、R_{B1}、R_{B2}、R_{B3}、R_{C1}、R_{C2}、R_{E1}、R_{E2}、R_{F1}、R_f、R_L。依次选择菜单栏命令“绘制”→“器件”,数据库为主数据库;组为 Basic;系列为 RESISTOR;将元器件的规格分别设为 5.1 kΩ、680 kΩ、10 kΩ、20 kΩ、2.4 kΩ、2.4 kΩ、1 kΩ、1 kΩ、100 Ω、8.2 kΩ、2.4 kΩ;依次双击刚放置在电路工作区的各电阻并修改对应标签。

10）放置晶体管 VT_1、VT_2。依次选择菜单栏命令“绘制”→“元器件”，数据库为主数据库；组为 Transistors；系列为 BJT_NPN；元器件为 2N2222A。注意，放置两个这样的晶体管。

（3）连接电路图。依次选择菜单命令“绘制”→“导线”，按照图 20-3 将各个元件和虚拟仪器连接起来。

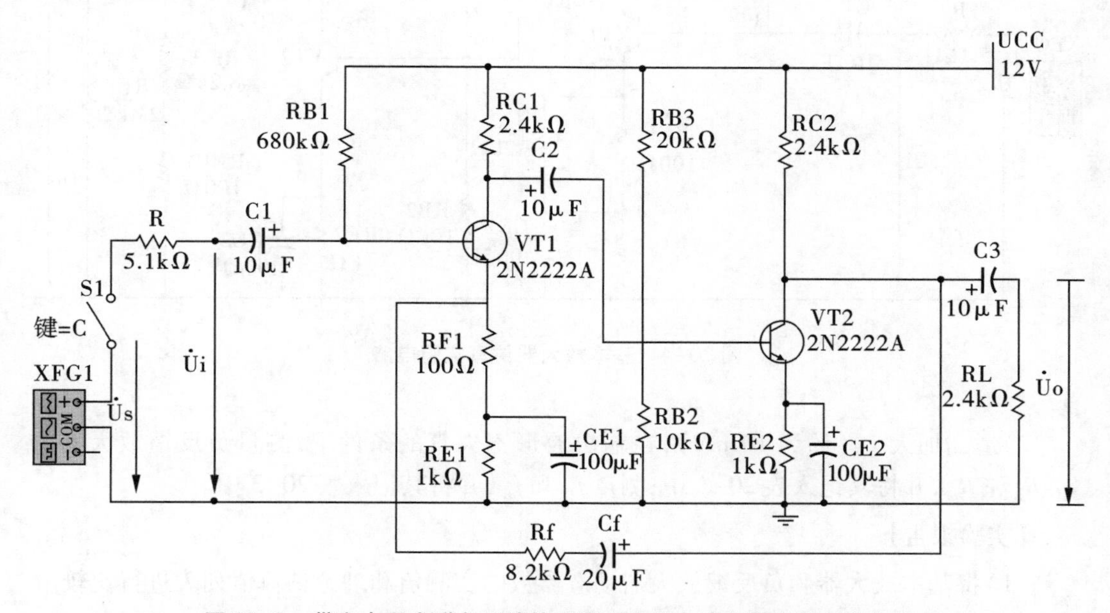

图 20-3　带有电压串联负反馈的两级阻容耦合放大器仿真实验电路

（4）仿真。依次选择菜单命令“仿真”→“运行”。

（5）测量静态工作点试验

1）点击开关 S_2 使其断开即信号源置零。

2）用万用表电压直流挡分别测量第一级、第二级的静态工作点，并将其记入表 20-1 中。

（6）测试基本放大器中频电压放大倍数 A_u，输入电阻 R_i 和输出电阻 R_o

1）按照图 20-4 连接电路构成基本放大器。

2）调节 U_S 信号发生器，以 f=1 kHz、5 mV 正弦信号输入放大器，用示波器监视输出波形 U_o，在 U_o 不失真的情况下，用万用表电压交流挡位测量 U_S、U_i、U_L，并将其记入表 20-2 中。

3）保持 U_S 不变，断开负载电阻 R_L（注意，R_f 不要断开），测量空载时的输出电压 U_o，并将其记入表 20-2 中。

（7）测试基本放大器通频带。保持 U_S 不变、重新接上 R_L，然后增加和减小输入信号的频率，找出上、下限频率 f_H 和 f_L，并将其记入表 20-3 中。

（8）测试负反馈放大器的各项性能指标试验

1）将实验电路恢复为图 20-3 所示的负反馈放大电路。

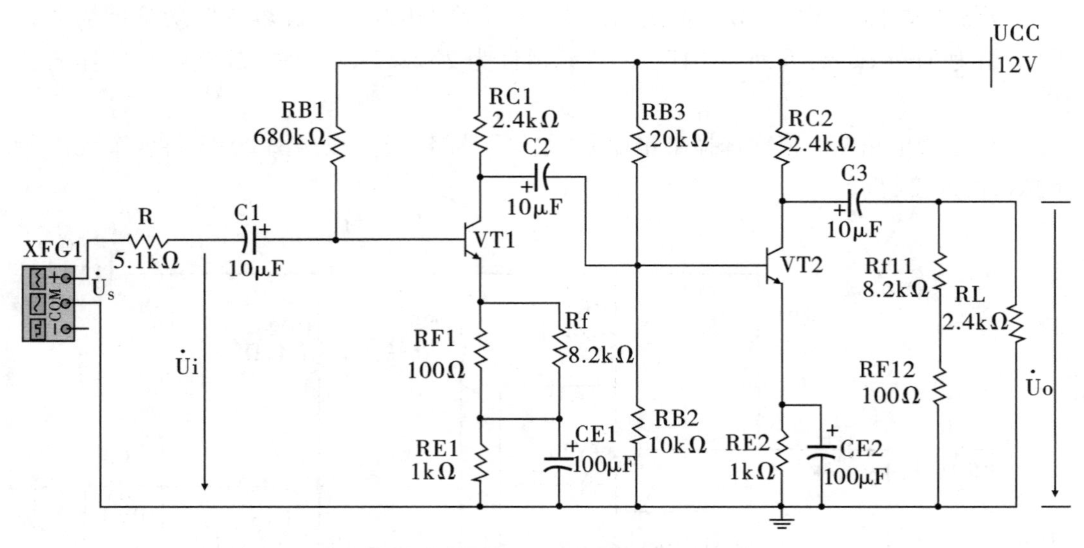

图 20-4　基本放大器仿真实验电路

2）适当加大 U_S（约为 10 mV），在输出波形不失真的条件下，测量负反馈放大器的 A_{uf}、R_{if}和 R_{of}，并将其记入表 20-2 中；测量 f_{Hf}和 f_{Lf}，并将其记入表 20-3 中。

【实验报告】

（1）将基本放大器和负反馈放大器动态参数的实测值和理论估算值列表进行比较。

（2）根据实验结果，总结电压串联负反馈对放大器性能的影响。

实验 21　差动放大器

【实验目的】

(1)加深对差动放大器性能及特点的理解。

(2)学习差动放大器主要性能指标的测试方法。

【实验原理及电路】

图 21-1 所示电路是差动放大器的基本结构。它由两个元件参数相同的基本共射放大电路组成。当开关 K 拨向左边时,构成典型的差动放大器。调零电位器 R_P 用来调节 VT_1、VT_2 管的静态工作点,使得输入信号 $U_i=0$ 时,双端输出电压 $U_o=0$。R_E 为两管共用的发射极电阻,它对差模信号无负反馈作用,因而不影响差模电压放大倍数,但对共模信号有较强的负反馈作用,故可以有效地抑制零漂,稳定静态工作点。

当开关 K 拨向右边时,构成具有恒流源的差动放大器。它用晶体管恒流源代替发射极电阻 R_E,可以进一步提高差动放大器抑制共模信号的能力。

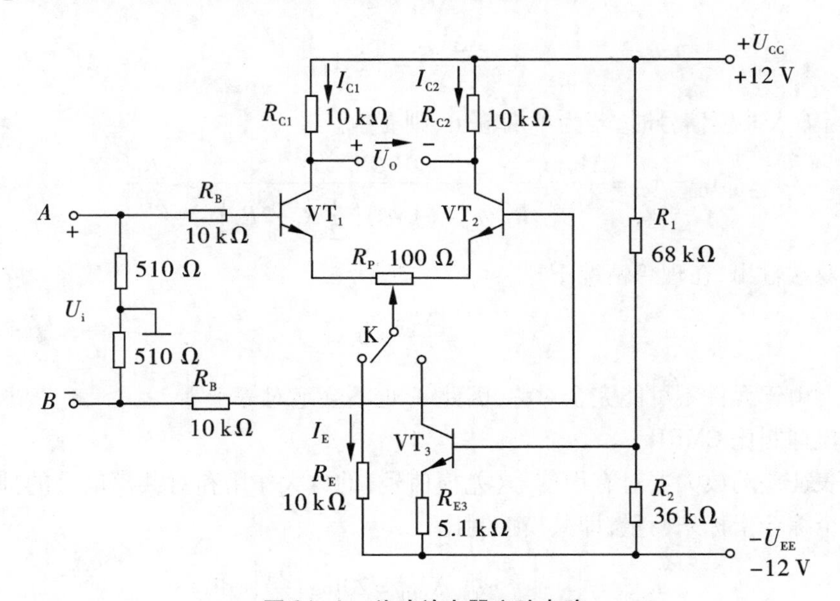

图 21-1　差动放大器实验电路

1. 静态工作点的估算

(1)典型电路中,则有

$$I_E \approx \frac{|U_{EE}|-U_{BE}}{R_E}（认为 V_{B1}=V_{B2}\approx 0）$$

$$I_{C1}=I_{C2}=\frac{1}{2}I_E$$

(2)恒流源电路中,则有

$$I_{C3} \approx I_{E3} \approx \frac{\frac{R_2}{R_1+R_2}(U_{CC}+|U_{EE}|)-U_{BE}}{R_{E3}}$$

$$I_{C1}=I_{C2}=\frac{1}{2}I_{C3}$$

2. 差模电压放大倍数和共模电压放大倍数

当差动放大器的发射极电阻 R_E 足够大,或采用恒流源电路时,差模电压放大倍数 A_d 由输出端方式决定,而与输入方式无关。

(1)双端输出:$R_E=\infty$,R_P 在中心位置时,则有

$$A_d=\frac{\Delta U_o}{\Delta U_i}=-\frac{\beta R_C}{R_B+r_{be}+\frac{1}{2}(1+\beta)R_P}$$

(2)单端输出:

$$A_{d1}=\frac{\Delta V_{C1}}{\Delta U_i}=\frac{1}{2}A_d$$

$$A_{d2}=\frac{\Delta V_{C2}}{\Delta_i}=-\frac{1}{2}A_d$$

(3)当输入共模信号时,若为单端输出,则有

$$A_{C1}=A_{C2}=\frac{\Delta V_{C1}}{\Delta U_i}=\frac{-\beta R_C}{R_B+r_{be}+(1+\beta)\left(\frac{1}{2}R_P+2R_E\right)}\approx-\frac{R_C}{2R_E}$$

若为双端输出,在理想情况下

$$A_C=\frac{\Delta U_o}{\Delta U_i}=0$$

实际上由于元件不可能完全对称,因此 A_C 也不会绝对等于零。

3. 共模抑制比 CMRR

为了表征差动放大器对有用信号(差模信号)的放大作用和对共模信号的抑制能力,通常用一个综合指标来衡量,即共模抑制比

$$K_{CMR}=\left|\frac{A_d}{A_c}\right| \quad 或 \quad K_{CMR}=20\log\left|\frac{A_d}{A_c}\right|(\text{dB})$$

差动放大器的输入信号可采用直流信号也可采用交流信号。本实验由函数信号发生器提供频率 $f=1$ kHz 的正弦信号作为输入信号。

【实验设备及器件】

(1)直流稳压电源 1 台。

(2)函数信号发生器 1 台。

(3)双踪示波器 1 台。

(4)交流毫伏表 1 只。

(5)直流电压表1只。

(6)模拟电路实验箱1台。

【实验内容】

按图21-1连接实验电路,电路连成典型差动放大器。

(1)测量静态工作点

1)调节放大器零点。信号源不接入。将放大器输入端 A、B 与地短接,接通±12V直流电源,用直流电压表测量输出电压 U_o,调节调零电位器 R_P,使 $U_o=0$。调节要仔细,力求准确。

2)测量静态工作点。零点调好以后,用直流电压表测量 VT_1、VT_2 管各电极电位及发射极电阻 R_E 两端电压 U_{R_E},并将其记入表21-1中。

表21-1 静态工作点测量数据

<table>
<tr><td rowspan="2">测量值</td><td>U_{C1}/V</td><td>U_{B1}/V</td><td>U_{E1}/V</td><td>U_{C2}/V</td><td>U_{B2}/V</td><td>U_{E2}/V</td><td>U_{RE}/V</td></tr>
<tr><td></td><td></td><td></td><td></td><td></td><td></td><td></td></tr>
<tr><td rowspan="2">计算值</td><td colspan="2">I_C/mA</td><td colspan="3">I_B/mA</td><td colspan="2">U_{CE}/V</td></tr>
<tr><td colspan="2"></td><td colspan="3"></td><td colspan="2"></td></tr>
</table>

(2)测量差模电压放大倍数。使电路构成单端输入方式(信号从一端输入,另一端接地),调节函数信号发生器,使其输出 $f=1$ kHz、$U_i=100$ mV 的正弦信号,用示波器监视输出端波形(集电极 C_1 或 C_2 与地之间),在输出波形无失真的情况下,用交流毫伏表测 V_{C1}、V_{C2},并将其记入表21-2中,观察 U_i、V_{C1}、V_{C2} 之间的相位关系及 U_{RE} 随 U_i 改变而变化的情况。

(3)测量共模电压放大倍数。电路构成双端输入方式,即信号同时从两个输入端与地之间输入,构成共模输入方式,调节输入信号 $f=1$ kHz、$U_i=1$ V,在输出电压无失真的情况下,测量 V_{C1}、V_{C2},并将其记入表21-2中,观察 U_i、V_{C1}、V_{C2} 之间的相位关系及 U_{RE} 随 U_i 改变而变化的情况。

(4)具有恒流源的差动放大电路性能测试。使电路构成具有恒流源的差动放大电路。重复步骤(2)、(3)的测量,并将测量数据记入表21-2中。

表21-2 动态参数测量数据

<table>
<tr><td rowspan="2"></td><td colspan="2">典型差动放大电路</td><td colspan="2">具有恒流源差动放大电路</td></tr>
<tr><td>单端输入</td><td>共模输入</td><td>单端输入</td><td>共模输入</td></tr>
<tr><td>U_i</td><td>100 mV</td><td>1 V</td><td>100 mV</td><td>1 V</td></tr>
<tr><td>V_{C1}/V</td><td></td><td></td><td></td><td></td></tr>
<tr><td>V_{C2}/V</td><td></td><td></td><td></td><td></td></tr>
</table>

续表 21-2

	典型差动放大电路		具有恒流源差动放大电路	
	单端输入	共模输入	单端输入	共模输入
$A_{d1}=\frac{V_{C1}}{U_i}$		/		/
$A_d=\frac{U_o}{U_i}$		/		/
$A_{C1}=\frac{V_{C1}}{U_i}$	/		/	
$A_C=\frac{U_o}{U_i}$	/		/	
$K_{CMR}=\left\lvert\frac{A_{d1}}{A_{C1}}\right\rvert$				

【Multisim 仿真】

(1)新建电路文件。依次选择菜单栏命令“文件”→“设计”→“Blank”→“Creat”,然后依次点击菜单按钮“文件”→“另存为”,并命名为“实验 21 差动放大器”。

(2)放置元件和虚拟仪器

1)放置信号源 U_i。这里选用函数发生器作为 U_i;选择窗体右侧“虚拟仪器栏”→“函数发生器 XFG”或菜单栏“仿真”→“仪器”→“函数发生器 XFG”;选中“函数发生器 XFG”并右键单击,可以水平或者垂直翻转到合适的位置。

2)放置开关 S_1、S_2(用于接通或断开信号源 U_i)。依次选择菜单栏命令“绘制”→“元器件”,数据库为主数据库;组为 Basic;系列为 SWITCH;元器件为 DIPSW1;双击刚放置在电路工作区的开关并修改对应标签。注意放置两个这样的开关。

3)放置示波器。依次选择窗体右侧“虚拟仪器栏”→“示波器 XSC”或菜单栏“仿真”→“仪器”→“示波器 XSC”。

4)放置万用表。依次选择窗体右侧“虚拟仪器栏”→“示波器 XMM”或菜单栏“仿真”→“仪器”→“示波器 XMM”。

5)放置电流表。依次选择菜单栏命令“绘制”→“元器件”,数据库为主数据库;组为 Indicstors;系列为 AMMETER;元器件为 AMMETER_V。

6)放置电源 U_{CC}。依次选择菜单栏命令“绘制”→“元器件”,数据库为主数据库;组为 Sources;系列为 POWER_SOURCES;元器件为 VCC;双击刚放置在电路工作区的电源 VCC 并修改对应的标签,如将电压值改为 12V。

7)放置电源 U_{EE}。依次选择菜单栏命令“绘制”→“元器件”,数据库为主数据库;组为 Sources;系列为 POWER_SOURCES;元器件为 VEE;双击刚放置在电路工作区的电源

VEE 并修改对应的标签，如将电压值改为-12V。

8）放置接地（参考点）。依次选择菜单栏命令“绘制”→“元器件”，数据库为主数据库；组为 Sources；系列为 POWER_SOURCES；元器件为 GROUND。注意，电路图中必须有一个参考点。

9）放置转换开关 K。依次选择菜单栏命令“绘制”→“元器件”，数据库为主数据库；组为 Basic；系列为 SWITCH；元器件为 SPDT；双击刚放置在电路工作区的转换开关并修改对应标签。

10）放置电阻 R_1、R_2、R_3、R_4、R_{B1}、R_{B2}、R_{C1}、R_{C2}、R_E、R_{E3}。依次选择菜单栏命令“绘制”→“元器件”，数据库为主数据库；组为 Basic；系列为 RESISTOR；将元器件的规格分别设为“68k”“32k”“510”“510”“10k”“10k”“10k”“10k”“10k”“5.1k”；依次双击刚放置在电路工作区的各电阻并修改对应标签。

11）放置电位器 R_P。依次选择菜单栏命令“绘制”→“元器件”，数据库为主数据库；组为 Basic；系列为 POTENTIOMETER；元器件输入 100 并确认；双击刚放置在电路工作区的电位器并修改对应标签，如将“增量”改为“1”。

12）放置晶体管 VT_1、VT_2、VT_3。依次选择菜单栏命令“绘制”→“元器件”，数据库为主数据库；组为 Transistors；系列为 BJT_NPN；元器件为 2N2222A。注意放置三个这样的晶体管。

（3）连接电路图。选择菜单命令“绘制”→“导线”，按照图 21-2 将各个元件和虚拟仪器连接起来。

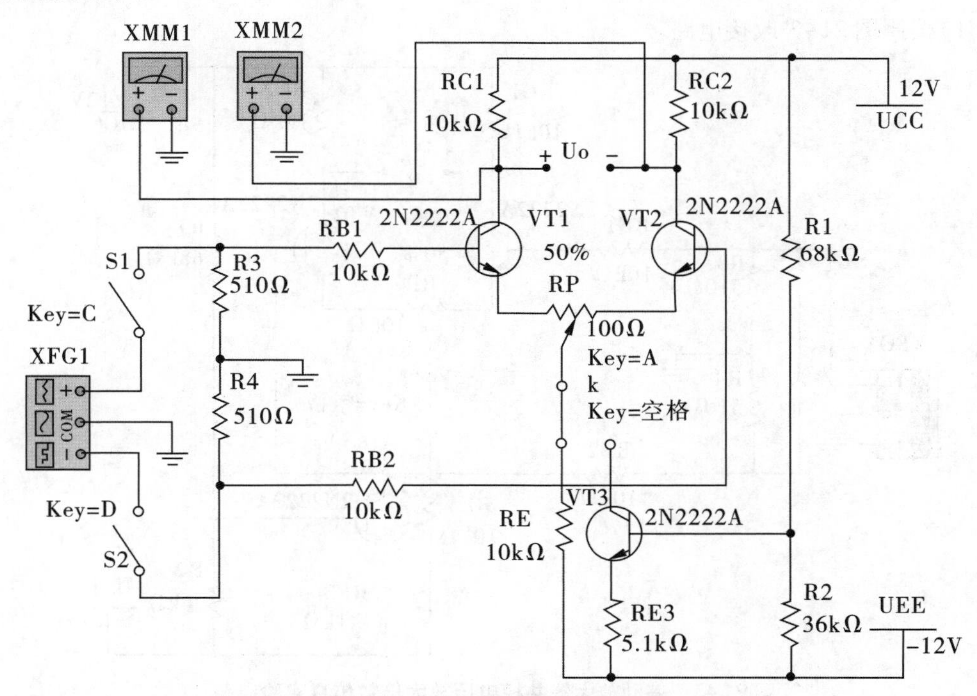

图 21-2　差动放大器仿真实验电路

(4)仿真。选择菜单命令“仿真”→“运行”。

(5)典型差动放大器调节零点

1)开关 K 拨向左边,构成典型的差动放大器。

2)断开 S_1、S_2 使信号源 U_i 不接入。

3)如图 21-2 用万用表 XMM_1 和 XMM_2 测量输出 U_o 两端电压,调节调零电位器 R_P 约 50%,使两个万用表读数相同,即 $U_o=0$。

(6)典型差动放大器测量静态工作点

1)在零点调好以后,用万用表分别测量 VT_1、VT_2 管各电极电位及发射极电阻 R_E 两端电压 U_{R_E}。

2)将测量结果及理论计算值记入表 21-1 中。

(7)测量差模电压放大倍数

1)闭合开关 S_1、断开开关 S_2,使电路构成单端输入方式。

2)双击函数发生器,调节 U_i,使其输出 $f=1$ kHz,$U_i=100$ mV 的正弦信号。

3)用示波器监视输出端波形(集电极 c_1 或 c_2 与地之间),在输出波形无失真的情况下,用万用表测 U_{C1}、U_{C2},并将其记入表 5-2 中。注意,先停止仿真,就可以加入示波器或万用表并仿真。

4)用示波器观察 U_i、U_{C1}、U_{C2}之间的相位关系及 U_{RE} 随 U_i 改变而变化的情况。

注意,以上测量要双击示波器做如下设置:通道 A 或通道 B 直流改为交流耦合方式。

(8)测量共模电压放大倍数

1)按照图 21-3 改接电路。

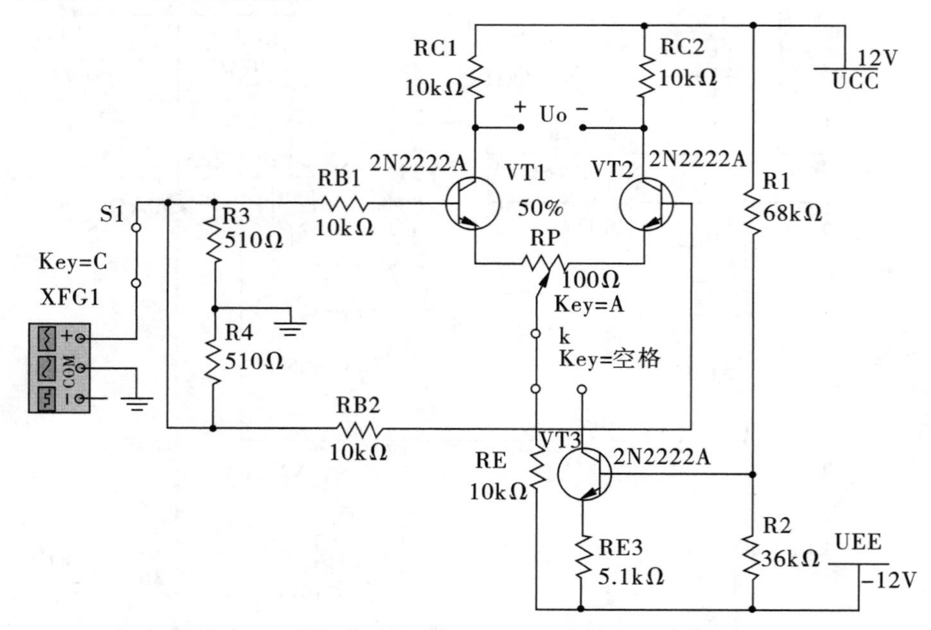

图 21-3　差动放大器共模电压放大倍数仿真实验电路

2)闭合 S_1,即信号同时从两个输入端输入构成共模输入,双击函数发生器,调节 U_i,使其输出 $f=1$ kHz、$U_i=1$ V 的正弦信号。

3)在输出电压无失真的情况下,测量 U_{C1}、U_{C2},并将其记入表 21-2 中,观察 U_i、U_{C1}、U_{C2}之间的相位关系及 U_{RE}随 U_i 改变而变化的情况。

注意,以上测量要双击示波器做如下设置:通道 A 或通道 B 直流改为交流耦合方式。

(9)具有恒流源的差动放大电路性能测试。请将开关 K 拨向右边、重复本实验【实验内容】步骤(2)、(3)的测量,将测量结果记入表 21-2 中。

【实验报告】

(1)比较 U_i、U_{C1}和 U_{C2}之间的相位关系。

(2)根据实验结果,总结电阻 R_E和恒流源的作用。

(3)测量静态工作点时,放大器输入端 A、B 与地应如何连接?

(4)实验中怎样获得双端和单端输入差模信号?怎样获得共模信号?画出 A、B 端与信号源之间的连接图。

(5)怎样进行静态调零点?用什么仪表测 U_o?

(6)怎样用交流毫伏表测双端输出电压 U_o?

实验 22 电压比较器

【实验目的】

(1)掌握电压比较器的电路构成及特点。

(2)学会测试比较器的方法。

【实验原理及电路】

电压比较器是集成运算放大器非线性应用电路,它将一个模拟量电压信号和一个参考电压相比较,在两者幅值相等的附近,输出电压将产生跃变,相应输出高电平或低电平。比较器可以组成非正弦波形变换电路及应用于模拟与数字信号转换等领域。

图 22-1(a)所示为一较简单的电压比较器,U_R为参考电压,加在运算放大器的同相输入端,输入电压 u_i加在反相输入端。

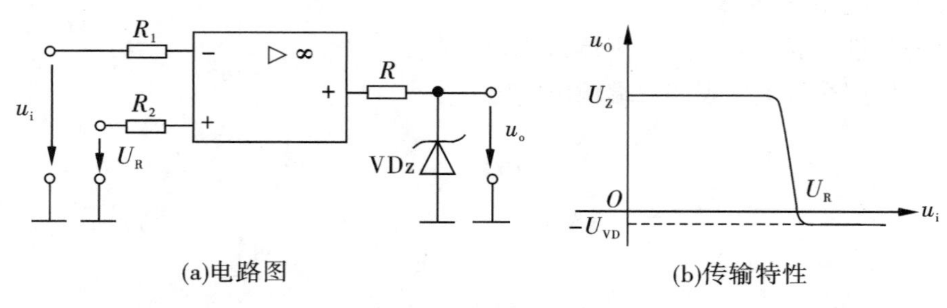

(a)电路图 (b)传输特性

图 22-1 电压比较器

当 $u_i<U_R$时,运算放大器输出高电平,稳压管 VD_Z 反向稳压工作。输出端电位被其箝位在稳压管的稳定电压 U_Z,即 $u_o=U_Z$。

当 $u_i>U_R$时,运算放大器输出低电平,VD_Z正向导通,输出电压等于稳压管的正向压降 U_{VD},即 $U_o=-U_{VD}$。

因此,以 U_R为界,当输入电压 u_i变化时,输出端反映出两种状态:高电位和低电位。

表示输出电压与输入电压之间关系的特性曲线,称为传输特性。图 22-1(b)所示为图 22-1(a)所示比较器的传输特性。

常用的电压比较器有过零比较器、具有滞回特性的过零比较器、双限比较器(又称窗口比较器)等。

1. 过零比较器

图 22-2(a)所示电路为加限幅电路的过零比较器,VD_Z为限幅稳压管。信号从运算放大器的反相输入端输入,参考电压为零,从同相端输入。当 $U_i>0$ 时,输出电压 $U_o=-(U_Z+U_{VD})$,当 $U_i<0$ 时,$U_o=+(U_Z+U_{VD})$。其电压传输特性如图 22-2(b)所示。

过零比较器结构简单、灵敏度高,但抗干扰能力差。

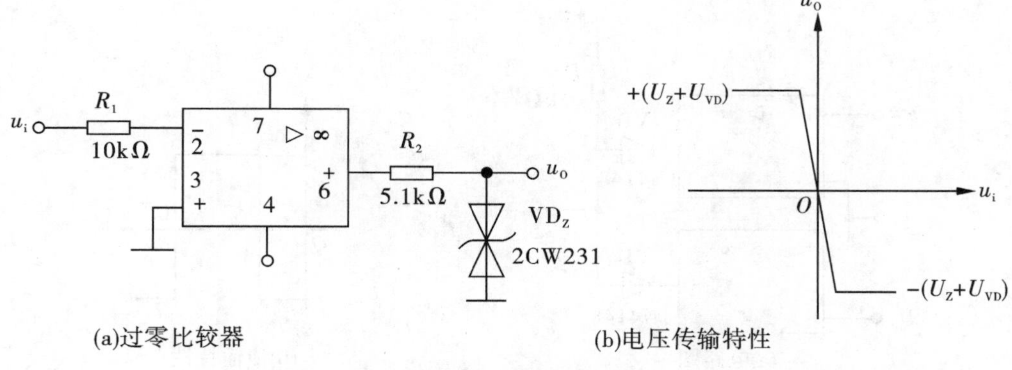

(a)过零比较器　　　　　　(b)电压传输特性

图 22-2　过零比较器

2. 滞回比较器

图 22-3 所示电路为具有滞回特性的过零比较器。过零比较器在实际工作时，如果 u_i 恰好在过零值附近，则由于零点漂移的存在，u_o将不断由一个极限值转换到另一个极限值，这在控制系统中，对执行机构将是很不利的。为此，就需要输出特性具有滞回现象。如图 22-3 所示，从输出端引一个电阻分压正反馈支路到同相输入端，若 u_o改变状态，Σ 点也随着改变电位，使过零点离开原来位置。当 u_o为正（记作 $U+$）$U_\Sigma=\dfrac{R_2}{R_f+R_2}U_+$，则当 $u_i>U_\Sigma$后，u_o即由正变负（记作 U_-），此时 U_Σ变为$-U_\Sigma$。故只有当 u_i下降到$-U_\Sigma$以下，才能使 u_o再度回升到 U_+，于是出现图 22-3(b)中所示的滞回特性。

$-U_\Sigma$与 U_Σ的差别称为回差。改变 R_2的数值可以改变回差的大小。

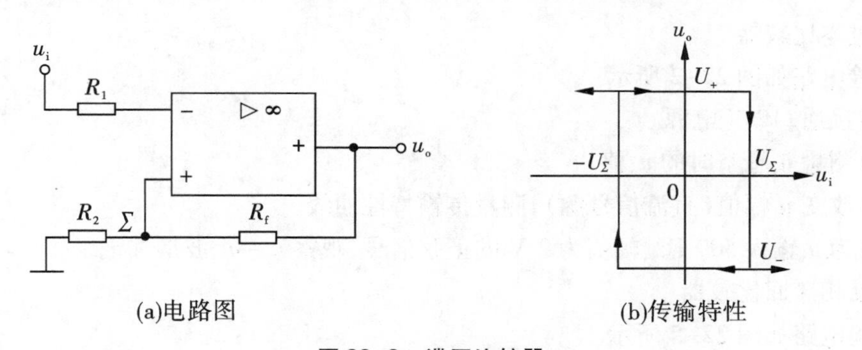

(a)电路图　　　　　　(b)传输特性

图 22-3　滞回比较器

3. 窗口（双限）比较器

简单的比较器仅能鉴别输入电压 u_i 比参考电压 U_R 高或低的情况。窗口比较电路由两个简单比较器组成，如图 22-4(a)所示，它能指示出 u_i 值是否处于 U_R^+ 和 U_R^- 之间。如 $U_R^-<u_i<U_R^+$，窗口比较器的输出电压 u_o 等于运算放大器的正饱和输出电压（$+U_{omax}$）；如果 $u_i<U_R^-$ 或 $U_i>U_R^+$，则输出电压 u_o 等于运算放大器的负饱和输出电压（$-U_{omax}$）。

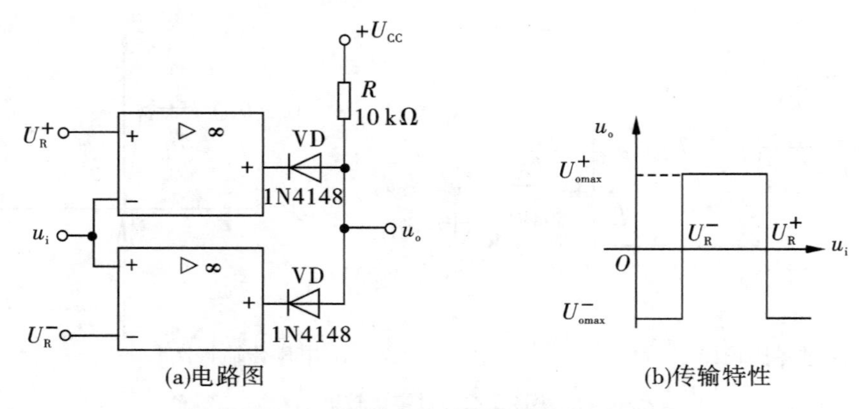

(a)电路图 (b)传输特性

图 22-4 由两个简单比较器组成的窗口比较器

【实验设备及器件】

(1)函数信号发生器 1 台。

(2)双踪示波器 1 台。

(3)交流毫伏表 1 只。

(4)直流稳压电源 1 台。

(5)数字式万用表 1 只。

(6)模拟电路实验箱 1 台。

【实验内容】

1. 过零比较器

实验电路如图 22-2 所示。

(1)接通±12 V 电源。

(2)测量 u_i悬空时的 u_o值。

(3)改变 u_i幅值(直流信号源),测量传输特性曲线。

(4)为 u_i输入 500 Hz、幅值为 2 V 的正弦信号,观察 $u_i \to u_o$波形并记录。

2. 反相滞回比较器

实验电路如图 22-5 所示。

(1)按图 22-5 接线,u_i接可调直流信号源,测出 u_o由 $+U_{omax} \to -U_{omax}$时 u_i的临界值(U_{Σ})。

(2)同上,测出 u_o由 $-U_{omax} \to +U_{omax}$时 u_i的临界值(U_{Σ})。

(3)为 u_i接 500 Hz,有效值为 2 V 的正弦交流信号,观察记录 $u_i \to u_o$波形并测定传输特性曲线。

3. 同相滞回比较器

实验线路如图 22-6 所示。参照“2. 反相滞回比较器”,自拟实验步骤及方法,并将结果与其进行比较。

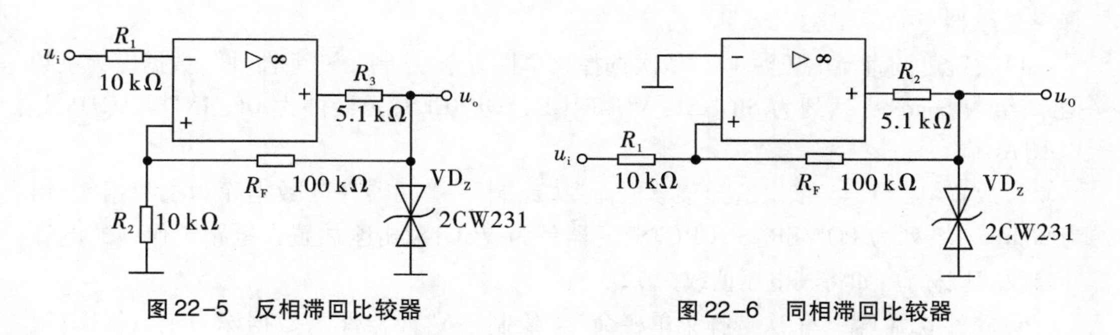

图 22-5　反相滞回比较器　　　　图 22-6　同相滞回比较器

4. 窗口比较器

参照图 22-4 自拟实验步骤和方法测定其传输特性。

5. 数据记录和计算

将以上测试结果记入表 22-1 中。

表 22-1　测量数据表

	过零比较器	反相滞回比较器	同相滞回比较器
U_{omax}/V			
U_Σ/V	/		
传输特性曲线 $U_o=f(U_i)$			
输入输出波形图			

【Multisim **仿真**】

(1)新建电路文件。依次选择菜单栏命令“文件”→“设计”→“Blank”→“Creat”,然后依次点击菜单按钮“文件”→“另存为”,并命名为“实验 22 电压比较器”。

(2)放置元件和虚拟仪器

1)放置信号源 U_S。这里选用函数发生器作为 U_S;依次选择窗体右侧“虚拟仪器栏”→“函数发生器 XFG”或菜单栏“仿真”→“仪器”→“函数发生器 XFG”;选中“函数发生器 XFG”并右键单击,可以水平或者垂直翻转到合适的位置。

2)放置开关 S_1(用于接通或断开信号源 U_S)。依次选择菜单栏命令“绘制”→“元器件”,数据库为主数据库;组为 Basic;系列为 SWITCH;元器件为 DIPSW1;双击刚放置在电路工作区的开关,并修改对应标签。

3)放置示波器。依次选择窗体右侧“虚拟仪器栏”→“示波器 XSC”或菜单栏“仿真”→“仪器”→“示波器 XSC”。

4)放置可调直流电压源 V_1。依次选择菜单栏命令“绘制”→“元器件”,数据库为主数据库;组为 Sources;系列为 SIGNAL_VOLTAGE_SOURCES;元器件为 DC_INTERACTIVE_VOLTAGE。

5)放置电源 V_{CC}。依次选择菜单栏命令“绘制”→“元器件”,数据库为主数据库;组为 Sources;系列为 POWER_SOURCES;元器件为 VCC;双击刚放置在电路工作区的电源并修改对应标签,如将其电压值改为 12 V。

6)放置电源 V_{EE}。依次选择菜单栏命令“绘制”→“元器件”,数据库为主数据库;组为 Sources;系列为 POWER_SOURCES;元器件为 VEE;双击刚放置在电路工作区的电源并修改对应标签,如将其电压值改为-12 V。

7)放置接地(参考点)。依次选择菜单栏命令“绘制”→“元器件”,数据库为主数据库;组为 Sources;系列为 POWER_SOURCES;元器件为 GROUND。注意,电路图中必须有一个参考点。

8)放置稳压管 VD_1、VD_2。依次选择菜单栏命令“绘制”→“元器件”,数据库为主数据库;组为 Diodes;系列 ZENER;元器件为 1N4735A。注意放置 2 个这样的稳压管。

9)放置电阻 R_1、R_2。依次选择菜单栏命令“绘制”→“元器件”,数据库为主数据库;组为 Basic;系列为 RESISTOR;将元器件的规格分别设为“10k”“5.1k”。

10)放置放大器。依次选择菜单栏命令“绘制”→“元器件”,数据库为主数据库;组为 Analog;系列为 OPAMP;元器件为 UA741CD。

(3)连接电路图。依次选择菜单命令“绘制”→“导线”,按照图 22-7 将各个元件和虚拟仪器连接起来。

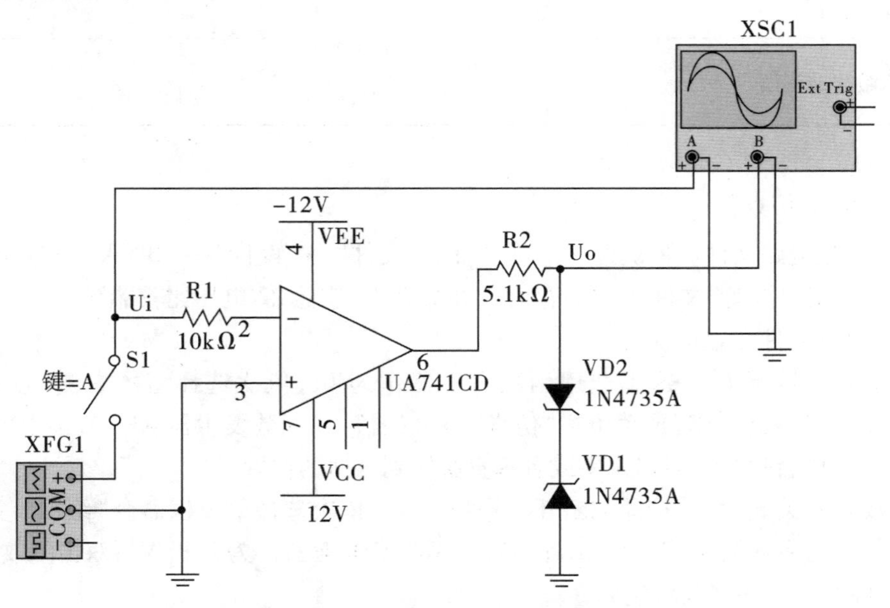

图 22-7　过零比较器仿真实验电路

(4)仿真。依次选择菜单命令“仿真”→“运行”。

(5)过零比较器试验

1)点击开关 S_1 使其断开,即 U_i 信号源悬空,双击示波器,利用示波器测量线测量此时的输出 U_o 值并记录。

2)停止仿真,并用可调直流电压源 V_1 替换掉函数信号发生器 XFG_1,双击 V_1 并修改对应标签,将其电压幅值最大值改为 2 V,最小值改为-2 V,闭合 S_1 重新仿真,按下大写字母 C 改变 V_1(直流信号源)幅值从-2 V 向+2 V 改变,测量传输特性曲线(描点法)。

3)点击停止仿真按钮,重新接入函数信号发生器并调节输入频率为 500 Hz、幅值为 2 V 的正弦信号,闭合 S_1 重新仿真,观察 $U_i \to U_o$ 波形并记录。

4)将以上测试结果计入表 22-1 中。

(6)反相滞回比较器试验

1)按照图 22-8 绘制电路。

2)U_i 接可调直流电压源 V_1,双击 V_1 将其电压幅值最大值改为 5 V、最小值改为-5 V,点击仿真按钮,按下大写字母 C 使幅值从-5 V 发生变化,测出 U_o 由 $+U_{omax}$ 跳变为 $-U_{omax}$ 时 U_i 的临界值(U_Σ),此为下门限电平。

3)同上,测出 U_o 由 $-U_{omax}$ 跳变为 $+U_{omax}$ 时 U_i 的临界值(U_Σ)此为上门限电平。

4)点击停止仿真按钮,重新接入函数信号发生器并调节输入频率为 500 Hz、幅值为 2 V 的正弦信号,闭合 S_1 重新仿真,观察 $U_i \to U_o$ 波形并测定传输特性曲线。

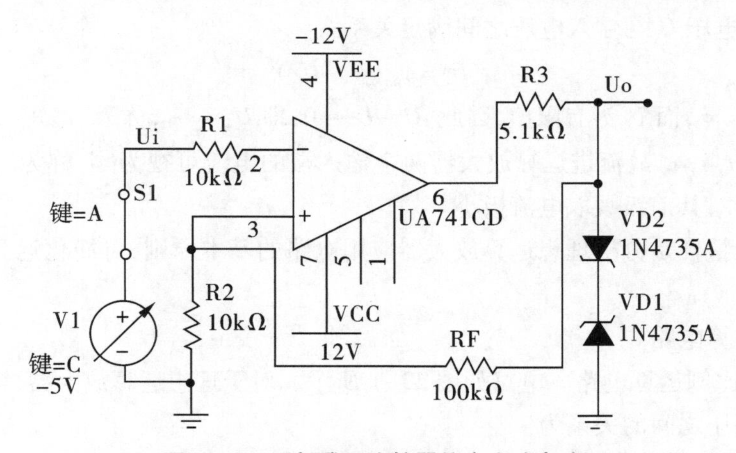

图 22-8　反相滞回比较器仿真实验电路

5)将以上测试结果一并记入表 22-1 中。

(7)对选做部分的实验,同学们如果感兴趣,可自行设计电路并测试。

【实验报告】

(1)整理实验数据,绘制各类比较器的传输特性曲线

(2)总结几种比较器的特点,阐明它们的应用。

实验 23　模拟运算电路

【实验目的】

(1)研究由集成运算放大器组成的比例、加法、减法和积分等基本运算电路的功能。

(2)了解运算放大器在实际应用时应考虑的一些问题。

【实验原理及电路】

集成运算放大器是一种具有高电压放大倍数的直接耦合多级放大电路。当外部接入不同的线性或非线性元器件组成输入和负反馈电路时,可以灵活地实现各种特定的函数关系。在线性应用方面,可组成比例、加法、减法、积分、微分、对数等模拟运算电路。

1. 理想运算放大器特性

在大多数情况下,将运算放大器视为理想运算放大器,就是将运算放大器的各项技术指标理想化,满足四个条件的运算放大器称为理想运算放大器:①开环电压增益 $A_{ud}=\infty$;②输入阻抗 $r_i=\infty$;③输出阻抗 $r_o=0$;④带宽 $f_{BW}=\infty$。

2. 失调与漂移均为零等

理想运算放大器在线性应用时的两个重要特性:

(1)输出电压 U_o与输入电压之间满足关系式

$$U_o=A_{ud}(U_+-U_-)$$

由于 $A_{ud}=\infty$,而 U_o为有限值,因此,$U_+-U_-\approx 0$,即 $U_+\approx U_-$,称为“虚短”。

(2)由于 $r_i=\infty$,故流进运算放大器两个输入端的电流可视为零,称为“虚断”。这说明运算放大器对其前级吸取电流极小。

上述两个特性是分析理想运算放大器应用电路的基本原则,可简化运算放大器电路的计算。

3. 基本运算电路

(1)反相比例运算电路。电路如图 23-1 所示。对于理想运算放大器,该电路的输出电压与输入电压之间的关系为

$$U_o=-\frac{R_F}{R_1}U_i$$

为了减小输入级偏置电流引起的运算误差,在同相输入端应接入平衡电阻 $R_2=R_1 /\!/ R_F$。

(2)反相加法电路。电路如图 23-2 所示,输出电压与输入电压之间的关系为

$$R_3=R_1 /\!/ R_2 /\!/ R_F$$

$$U_o=-\left(\frac{R_F}{R_1}U_{i1}+\frac{R_F}{R_2}U_{i2}\right)$$

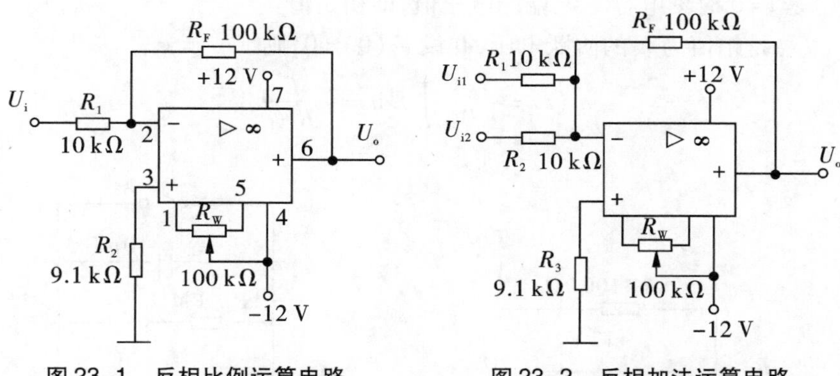

图 23-1　反相比例运算电路　　　　图 23-2　反相加法运算电路

(3)同相比例运算电路。图 23-3(a)所示电路是同相比例运算电路,它的输出电压与输入电压之间的关系为

$$U_o=\left(1+\frac{R_F}{R_1}\right)U_i, R_2=R_1 /\!/ R_F$$

当 $R_1 \to \infty$ 时,$U_o=U_i$,即得到如图 23-3(b)所示的电压跟随器。图 23-2(b)中 $R_2=R_F$,用以减小漂移和起保护作用。一般 R_F 取 10 kΩ,R_F 太小起不到保护作用,太大则影响跟随性。

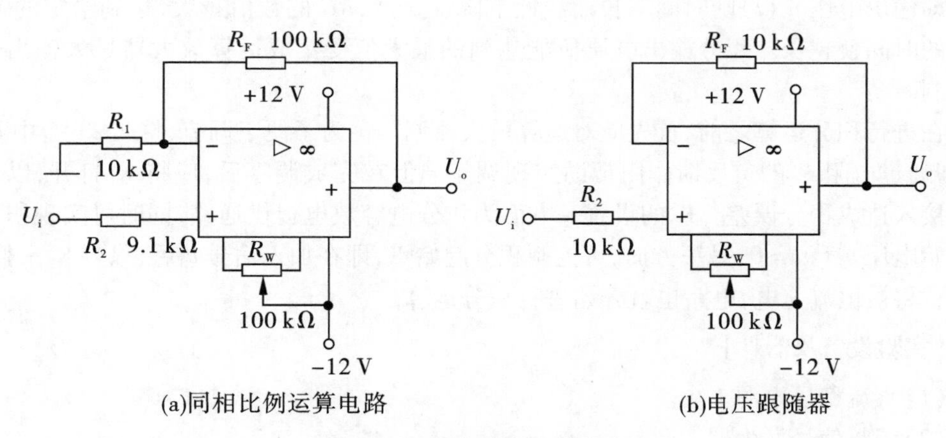

(a)同相比例运算电路　　　　(b)电压跟随器

图 23-3　同相比例运算电路

(4)差动放大电路(减法器)。对于图 23-4 所示的减法运算电路,当 $R_1=R_2, R_3=R_F$ 时,有如下关系式:

$$U_o=\frac{R_F}{R_1}(U_{i2}-U_{i1})$$

(5)积分运算电路。反相积分电路如图 23-5 所示。在理想条件下,输出电压 u_o 等于

$$u_o(t)=-\frac{1}{R_1 C}\int_0^t u_i \mathrm{d}t+u_C(0)$$

式中，$u_C(0)$是 $t=0$ 时刻电容 C 两端的电压值，即初始值。

如果 $u_i(t)$ 是幅值为 E 的阶跃电压，并设 $u_C(0)=0$，则

$$u_o(t)=-\frac{1}{R_1C}\int_0^t E\mathrm{d}t=-\frac{E}{R_1C}t$$

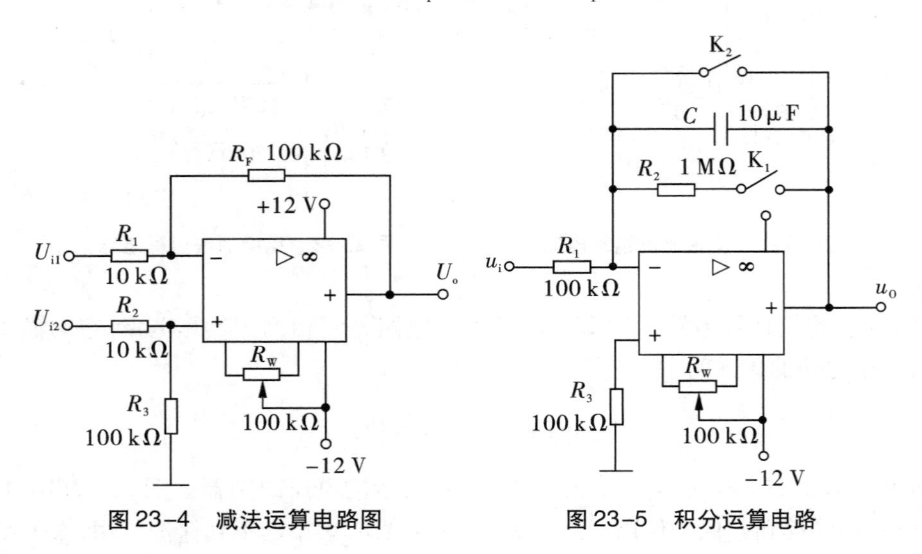

图 23-4　减法运算电路图　　　　图 23-5　积分运算电路

即输出电压 $u_o(t)$ 随时间增长而线性下降。显然，RC 的数值越大，达到给定的 U_o 值所需的时间就越长。积分输出电压所能达到的最大值受集成运算放大器最大输出范围的限制。

在进行积分运算之前，首先应对运算放大器调零。为了便于调节，将图 23-5 中 K_1 闭合，即通过电阻 R_2 的负反馈作用帮助实现调零。但在完成调零后，应将 K_1 打开，以免因 R_2 的接入造成积分误差。K_2 的设置一方面为积分电容放电提供通路，同时可实现积分电容初始电压 $u_C(0)=0$；另一方面，可控制积分起始点，即在加入信号 u_i 后，只要 K_2 一打开，电容就将被恒流充电，电路也就开始进行积分运算。

【实验设备及器件】

(1) 直流稳压电源 1 台。

(2) 函数信号发生器 1 台。

(3) 交流毫伏表 1 只。

(4) 数字式万用表 1 只。

(5) 双踪示波器 1 台。

(6) 模拟电路实验箱 1 台。

【实验内容】

1. 反相比例运算电路

(1) 将两路直流稳压电源都调至 12 V，按图 23-1 连接实验电路（注意连接电路的过程中±12 V 电源要关闭，以免损坏集成运算放大器），电路连接完成后要反复检查，确保

无误后再接通±12 V 电源。

当 $U_i=0$（输入端对地短路）时，用直流电压表测量输出 U_o，同时调节 R_W，如果可使 U_o 为 0 或接近于 0，说明电路正确，可以进行下一步的运算；如果在没有输入的情况下，输出不为 0 且较大（有时接近电源电压），这时说明电路存在问题，需要认真检查，找到问题出在哪里，直到能调零为止。

（2）输入一组直流信号（表 23-1），测量相应的 U_o，并将其测量值记入表 23-1 中。

表 23-1　反相比例运算测量数据

U_i/V	0.1	0.2	0.3	0.4	0.5
U_o/V					

2. 反相加法运算电路

（1）按图 23-2 连接实验电路。

（2）输入信号采用直流信号，实验时要注意选择合适的直流信号幅值，以确保集成运算放大器工作在线性区。用直流电压表测量输入电压 U_{i1}、U_{i2} 及输出电压 U_o，并将其测量值记入表 23-2 中。

表 23-2　反相加法运算测量数据

U_{i1}/V	0.1	0.2	0.1	0.2	0.3
U_{i2}/V	0.1	0.1	0.2	0.2	0.2
U_o/V					

3. 减法运算电路

（1）按图 23-4 连接实验电路，进行调零和消振。

（2）采用直流输入信号，用直流电压表测量输入电压 U_{i1}、U_{i2} 和输出电压，并将其测量数据记入表 23-3 中。

表 23-3　减法电路测量数据

U_{i1}/V	0.1	0.2	0.1	0.2	0.3
U_{i2}/V	0.1	0.1	0.2	0.2	0.2
U_o/V					

4. 积分运算电路

实验电路如图 23-5 所示。

(1)打开 K_2,闭合 K_1,对运算放大器输出进行调零。

(2)调零完成后,再打开 K_1,闭合 K_2,使 $u_C(0)=0$。

(3)预先调好直流输入电压 $U_i=0.5$ V,接入实验电路,再打开 K_2,然后用直流电压表测量输出电压 U_o,每隔 5 s 读一次 U_o,并将其测量值记入表 23-4 中,直到 U_o不继续明显增大为止。

表 23-4　积分电路测量电路

t/s	0	5	10	15	20	25	30	…
U_o/V								…

【Multisim 仿真】

(1)新建电路文件。依次选择菜单栏命令“文件”→“设计”→“Blank”→“Creat”,然后依次单击菜单按钮“文件”→“另存为”,并将其命名为“实验 23 模拟运算电路”。

(2)放置元件和虚拟仪器

1)放置信号源 U_S。这里选用函数发生器作为 U_S。依次选择窗体右侧“虚拟仪器栏”→“函数发生器 XFG”,或菜单栏“仿真”→“仪器”→“函数发生器 XFG”;选中“函数发生器 XFG”并右键单击可以水平或者垂直翻转到合适的位置。

2)放置可调直流电压源 V_1。依次选择菜单栏“绘制”→“元器件”,数据库为主数据库;组为 Sources;系列为 SIGNAL_VOLTAGE_SOURCES;元器件为 DC_INTERACTIVE_VOLTAGE;双击“V1”并修改对应标签,如将电压最大值改为 0.5 V,最小值改为 0 V,“增量”改为 20%。

3)放置示波器。依次选择窗体右侧“虚拟仪器栏”→“示波器 XSC”或菜单栏“仿真”→“仪器”→“示波器 XSC”。

4)放置万用表。依次选择窗体右侧“虚拟仪器栏”→“万用表 XMM”或菜单栏“仿真”→“仪器”→“万用表 XMM”。

5)放置电源 V_{CC}。依次选择菜单栏命令“绘制”→“元器件”,数据库为主数据库;组为 Sources;系列为 POWER_SOURCES;元器件为 VCC;双击刚放置在电路工作区的电源 VCC 并修改对应标签,如将电压值改为 12 V。

6)放置电源 V_{EE}。依次选择菜单栏命令“绘制”→“元器件”,数据库为主数据库;组为 Sources;系列为 POWER_SOURCES;元器件为 VEE;双击刚放置在电路工作区的电源 VEE 并修改对应标签,如将电压值改为-12 V。

7)放置接地(参考点)。依次选择菜单栏命令“绘制”→“元器件”。数据库为主数据库;组为 Sources;系列为 POWER_SOURCES;元器件为 GROUND。注意,电路图中必须有一个参考点。

8)放置电位器 R_W。依次选择菜单栏命令“绘制”→“元器件”。数据库为主数据库;组为 Basic;系列为 POTENTIOMETER。将元器件的规格设为 100 kΩ。双击刚放置在电路工作区的电位器并修改对应标签。

9)放置电阻 R_1、R_2、R_F。将选择菜单栏命令"绘制"→"元器件",数据库为主数据库;组为 Basic;系列为 RESISTOR。将元器件的规格设为"10k""9.1k""100k"。

10)放置放大器。依次选择菜单栏命令"绘制"→"元器件",数据库为主数据库;组为 Analog;系列为 OPAMP;元器件为 UA741CD。

(3)连接电路图。依次选择菜单命令"绘制"→"导线",按照图 23-6 将各个元件和虚拟仪器连接起来。

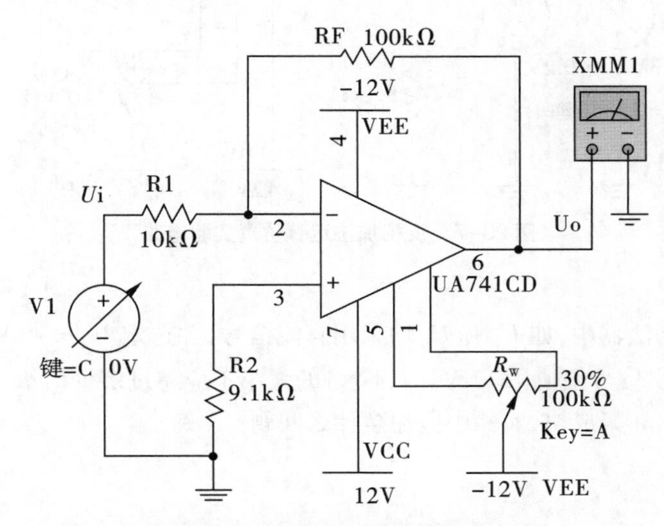

图 23-6　反相比例运算仿真实验电路

(4)仿真。依次选择菜单命令"仿真"→"运行"。

(5)反相比例运算电路试验

1)调零。先使可调直流电压源 V_1 等于 0,即 $U_i=0$,用万用表直流挡测量输出电压 U_o,同时调节 R_W,如果可使 U_o 为 0 或接近于 0,说明电路正确,可以进行下一步的运算。

2)按下大写字母 C,调节直流电压源 V_1,输入一组直流信号(表 23-1),用万用表直流挡测量相应的输出电压 U_o,并将其记入表 23-1 中。

(6)反相加法运算电路试验

1)按照图 23-7 绘制电路。

2)启动仿真并按下大写字母 C、D,调节直流电压源 V_1 和 V_2,让 U_{i1}、U_{i2}输入一组直流信号(表 23-2),用万用表直流挡测量相应的输出电压 U_o,并将其记入表 23-2 中。

(7)对于选做部分的实验,同学们如果感兴趣,可自行设计电路并测试。

【实验注意事项】

实验前要看清运算放大器组件各管脚的位置;切忌正、负电源极性接反和输出端短路,否则将会损坏集成块。

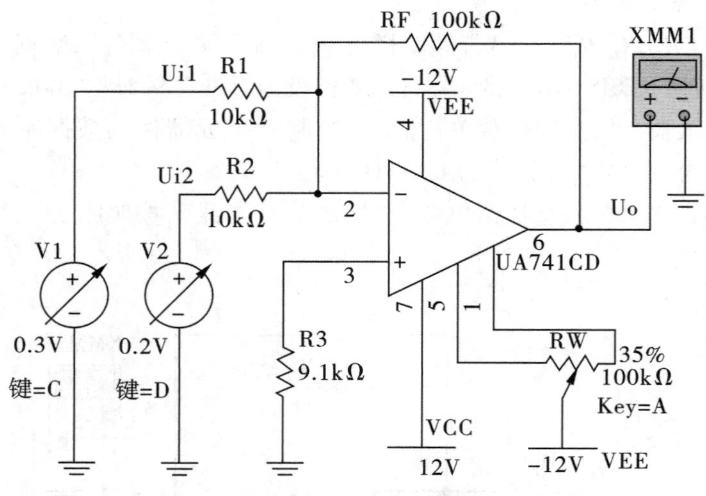

图 23-7 反相加法运算仿真实验电路

【实验报告】

(1)在反相加法器中,如 U_{i1} 和 U_{i2} 均采用直流信号,并选定 $U_{i2}=-1$ V,当考虑到运算放大器的最大输出信号幅值(±12 V)时,$|U_{i1}|$ 的大小不应超过多少伏?

(2)为了不损坏集成块,实验中应注意什么问题?

实验 24　直流稳压电源的设计与测试

【实验目的】

(1)设计一输出电压 12 V、输出电流 1 A 的直流稳压电源(包括变压、整流、滤波和稳压四部分电路)。

(2)在实验台上对设计的直流稳压电源进行测试。

【实验原理及电路】

电子设备一般都需要直流电源供电。这些直流电除了少数直接利用干电池和直流发电机外,大多数是采用把交流电(市电)转变为直流电的直流稳压电源。

直流稳压电源由电源变压器、整流、滤波和稳压电路四部分组成,其原理框图如图 24-1 所示。电网供给的交流电压 u_1(220 V,50 Hz)经电源变压器降压后,得到符合电路需要的交流电压 u_2,然后由整流电路变换成方向不变、大小随时间变化的脉动电压 u_3,再用滤波器滤去其交流分量,就可得到比较平直的直流电压 u_i。但这样的直流输出电压,还会随交流电网电压的波动或负载的变动而变化。在对直流供电要求较高的场合,还需要使用稳压电路,以保证输出直流电压更加稳定。

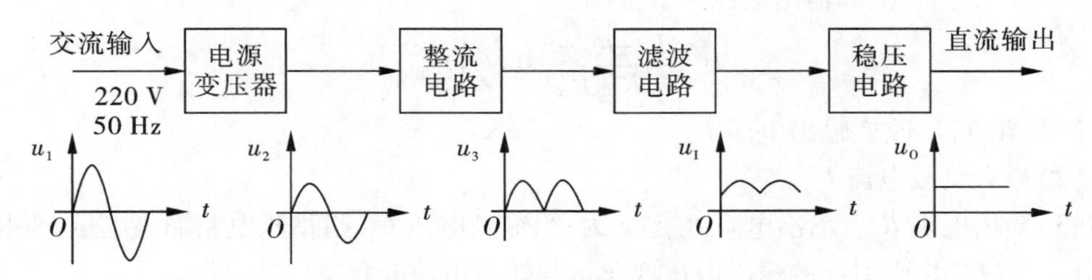

图 24-1　直流稳压电源框图

1. 串联型稳压电路

图 24-2 是由分立元件组成的串联型稳压电源的电路图。其整流部分为单相桥式整流、电容滤波电路。稳压部分为串联型稳压电路,它由调整元件(晶体管 VT_1);比较放大器 VT_2、R_7;取样电路 R_1、R_2、R_W,基准电压回路 VD_Z、R_3和过流保护电路 VT_3管及电阻 R_4、R_5、R_6等组成。整个稳压电路是一个具有电压串联负反馈的闭环系统,其稳压过程为:当电网电压波动或负载变动引起输出直流电压发生变化时,取样电路取出输出电压的一部分送入比较放大器,并与基准电压进行比较,产生的误差信号经 VT_2放大后送至调整管 VT_1的基极,使调整管改变其管压降,以补偿输出电压的变化,从而达到稳定输出电压的目的。

由于在稳压电路中,调整管与负载串联,因此流过它的电流与负载电流一样大。当输出电流过大或发生短路时,调整管会因电流过大或电压过高而损坏,所以需要对调整管加以保护。在图 24-2 电路中,晶体管 VT_3、R_4、R_5、R_6组成减流型保护电路。此电路设

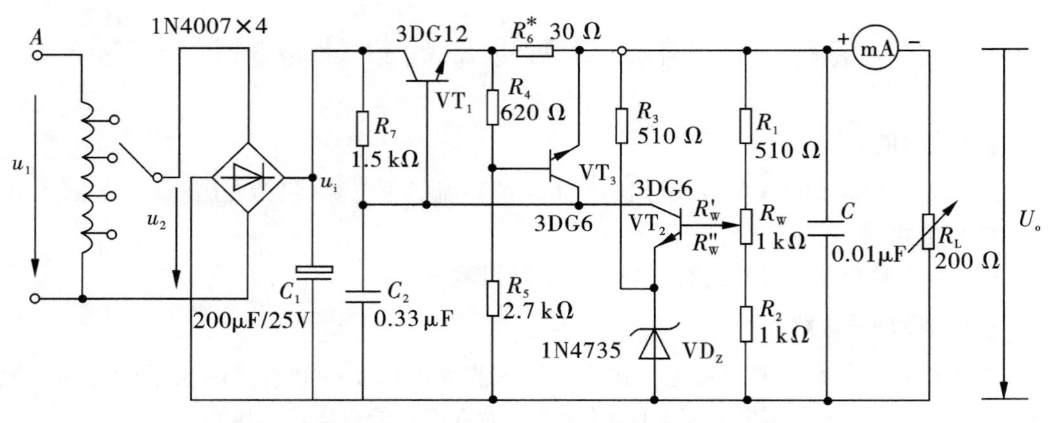

图 24-2　串联型稳压电源实验电路

计在 $I_{oP}=1.2I_o$时开始起保护作用，此时输出电流减小，输出电压降低。故障排除后电路应能自动恢复正常工作。在调试时，若保护提前作用，应减少 R_6值；若保护作用滞后，则应增大 R_6之值。

稳压电源的主要性能指标如下：

（1）输出电压 U_o和输出电压调节范围：

$$U_o=\frac{R_1+R_W+R_2}{R_2+R''_W}(U_Z+U_{BE2})$$

调节 R_W可以改变输出电压 U_o。

（2）最大负载电流 I_{om}。

（3）输出电阻 R_o。输出电阻 R_o定义为：当输入电压 U_i（指稳压电路输入电压）保持不变，由于负载变化而引起的输出电压变化量与输出电流变化量之比，即

$$R_o=\frac{\Delta U_o}{\Delta I_o}\bigg| U_i=\text{常数}$$

（4）稳压系数 S（电压调整率）。稳压系数定义为：当负载保持不变时，输出电压相对变化量与输入电压相对变化量之比，即

$$S=\frac{\Delta U_o/U_o}{\Delta U_i/U_i}\bigg| R_L=\text{常数}$$

由于工程上常把电网电压波动±10%作为极限条件，因此也有将此时输出电压的相对变化 $\Delta U_o/U_o$作为衡量指标，称为电压调整率。

（5）纹波电压。输出纹波电压是指在额定负载条件下，输出电压中所含交流分量的有效值（或峰值）。

2. 集成稳压电路

随着半导体工艺的发展，稳压电路也制成了集成器件。集成稳压器由于具有体积小、外接线路简单、使用方便、工作可靠和通用性等优点，所以在各种电子设备中应用十分普遍，基本上取代了由分立元件构成的稳压电路。集成稳压器的种类很多，应根据

设备对直流电源的要求来进行选择。对于大多数电子仪器、设备和电子电路来说，通常是选用串联线性集成稳压器。而在这种类型的器件中，又以三端式稳压器应用最为广泛。

W7800、W7900 系列三端式集成稳压器的输出电压是固定的，在使用中不能进行调整。W7800 系列三端式稳压器输出正极性电压，一般有 5 V、6 V、9 V、12 V、15 V、18 V、24 V 七个挡，输出电流最大可达 1.5 A(加散热片)。同类型 78M 系列稳压器的输出电流为 0.5 A，78L 系列稳压器的输出电流为 0.1A。若要求负极性输出电压，则可选用 W7900 系列稳压器。

图 24-3 为 W7800 系列稳压器的外形和接线图。它有三个引出端：输入端(不稳定电压输入端)，标以“1”；输出端(稳定电压输出端)，标以“3”；公共端；标以“2”。

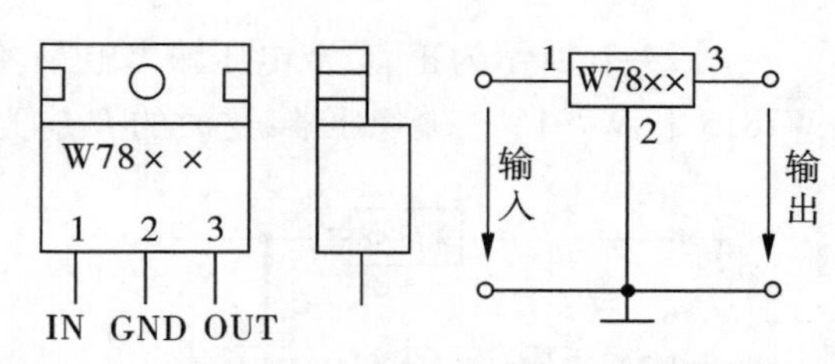

图 24-3 W7800 系列稳压器的外形及接线图

除固定输出三端稳压器外，尚有可调式三端稳压器，后者可通过外接元件对输出电压进行调整，以适应不同的需要。

本实验所用集成稳压器为三端固定正稳压器 W7812，它的主要参数有：输出直流电压 $U_o=+12$ V，输出电流：0.1 A、0.5 A，电压调整率 10 mV/V，输出电阻 $R_o=0.15\ \Omega$，输入电压 U_i 的范围为 15 ~ 17 V。因为一般 U_i 要比 U_o 大 3 ~ 5 V，才能保证集成稳压器工作在线性区。

图 24-4 是用三端式稳压器 W7812 构成的单电源电压输出串联型稳压电源的实验电路图。其中，整流部分采用了由四个二极管组成的桥式整流器成品(又称桥堆)，型号为 2W06(或 KBP306)，内部接线和外部管脚引线如图 24-5 所示。滤波电容 C_1、C_2 一般选取几百微法至几千微法。当稳压器距离整流滤波电路比较远时，在输入端必须接入电容器 C_3(电容量为 0.33 μF)，以抵消线路的电感效应，防止产生自激振荡。输出端电容 C_4(电容量为 0.1 μF)用以滤除输出端的高频信号，改善电路的暂态响应。

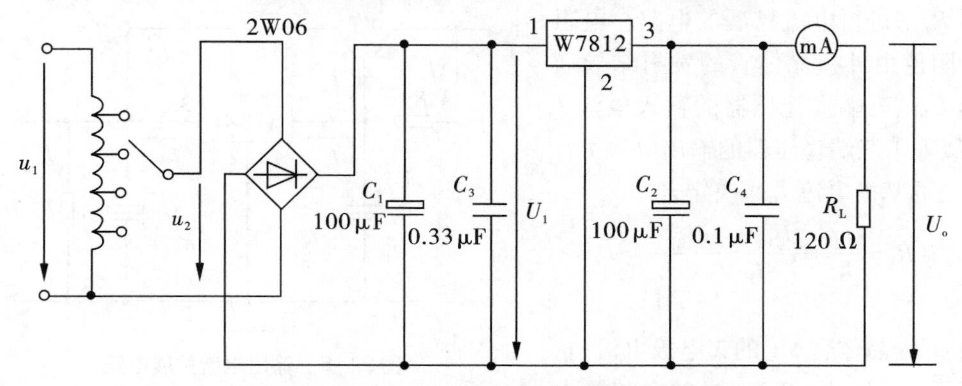

图 24-4 由 W7812 构成的串联型稳压电源

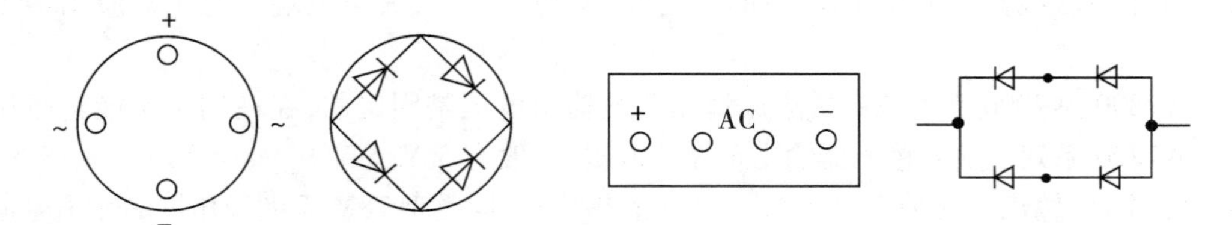

图 24-5 桥堆管脚

图 24-6 所示为正、负双电压输出电路，例如需要 $U_{o1}=+15$ V，$U_{o2}=-15$ V，则可选用 W7815 和 W7915 三端稳压器，这时的 U_i 应为单电压输出时的 2 倍。

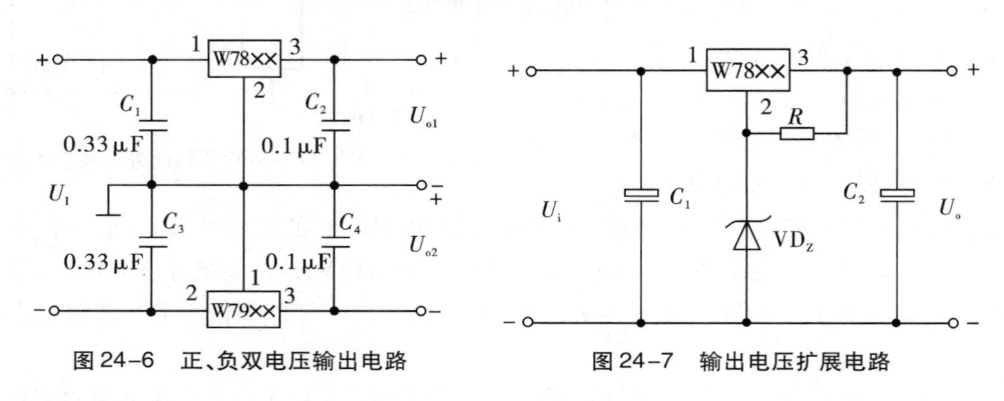

图 24-6 正、负双电压输出电路　　图 24-7 输出电压扩展电路

当集成稳压器本身的输出电压或输出电流不能满足要求时，可通过外接电路来进行性能扩展。图 24-7 所示是一种简单的输出电压扩展电路。如 W7812 稳压器的 3、2 端间输出电压为 12 V，因此只要适当选择 R 的值，使稳压管 VD$_Z$ 工作在稳压区，则输出电压 $U_o=12+U_Z$，可以高于稳压器本身的输出电压。

图 24-8 是通过外接晶体管 VT 及电阻 R_1 来进行电流扩展的电路。电阻 R_1 的阻值由外接晶体管的发射结导通电压 U_{BE}、三端式稳压器的输入电流 I_i（近似等于三端稳压器的输出电流 I_{o1}）和 VT 的基极电流 I_B 来决定，即

$$R_1=\frac{U_{BE}}{I_P}=\frac{U_{BE}}{I_i-I_P}=\frac{U_{BE}}{I_{o1}-\dfrac{I_C}{\beta}}$$

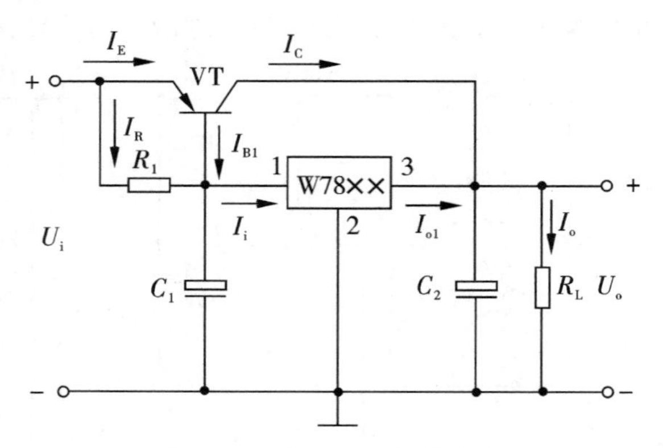

图 24-8 输出电流扩展电路

式中：I_C 为晶体管 VT 的集电极电流，它应等于 $I_C=I_o-I_{o1}$；β 为 VT 的电流放大系数；对于锗管 U_{BE} 可按 0.3 V 估算，对于硅管 U_{BE} 按 0.7 V 估算。

图 24-9 为 W7900 系列稳压器(输出负电压)的外形及接线图。

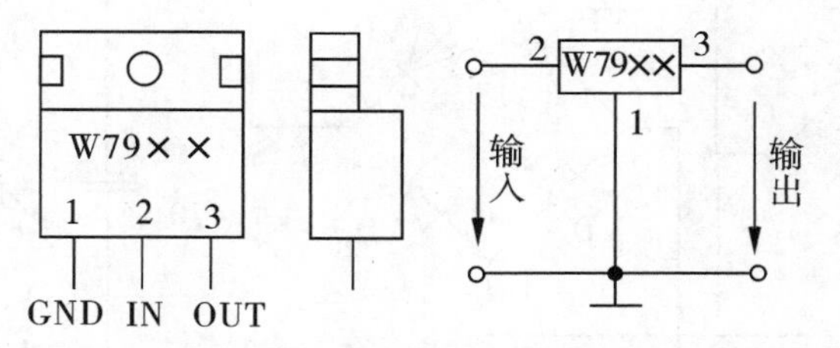

图 24-9　W7900 系列稳压器的外形及接线图

图 24-10 为可调输出正三端稳压器 W317 外形及接线图。

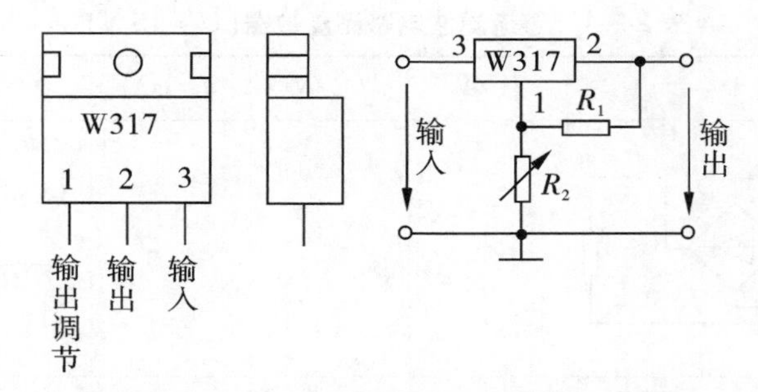

图 24-10　W317 稳压器的外形及接线图

【实验设备及器件】

(1)模拟电路实验箱 1 台。

(2)双踪示波器 1 台。

(3)交流毫伏表 1 只。

(4)数字式万用表 1 只。

【实验内容】

1. 整流滤波电路测试

按图 24-11 连接实验电路。取可调工频电源电压为 15 V,作为整流电路输入电压 u_2。

(1)取 $R_L=240\ \Omega$,不加滤波电容,测量直流输出电压 U_L、纹波电压 $U_\sim$ 和输出电流 I_L 并用示波器观察 u_2 和 u_L 波形,并将其记入表 24-1 中。

(2)取 $R_L=240\ \Omega$,$C_1=100\ \mu F$,重复步骤(1)的测量过程,并将测量数据记入表 24-1 中。

(3)取 $R_L=120\ \Omega$,$C_1=100\ \mu F$,重复步骤(1)的测量过程,并将测量数据记入表 24-1 中。

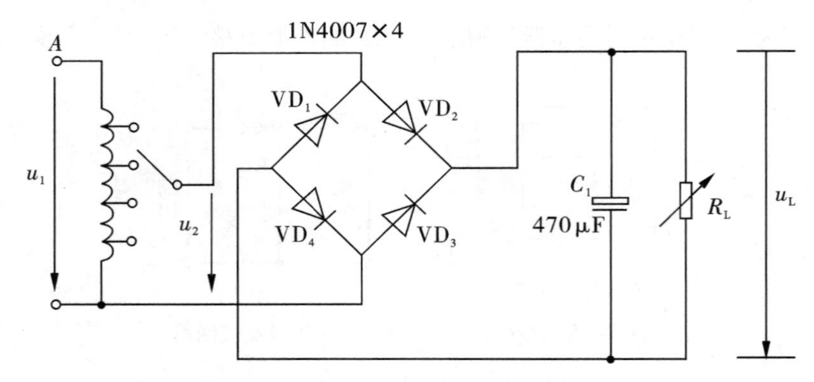

图 24-11 整流滤波电路

表 24-1 整流滤波电路测量数据($U_2=15$ V)

电路形式		U_L/V	$U_{\sim}$/V	I_L/mA	u_L波形
$R_L=240\ \Omega$	~				u_L O t
$R_L=240\ \Omega$ $C_1=100\ \mu F$	~				u_L O t
$R_L=120\ \Omega$ $C_1=100\ \mu F$	~				u_L O t

注意:①每次改接电路时,必须切断工频电源。

②在观察输出电压 u_L 波形的过程中,"Y 轴灵敏度"旋钮位置调好以后,不要再变动,否则将无法比较各波形的脉动情况。

2. 集成稳压电源性能测试

在整流小滤波电路测试的基础上,接入集成稳压电路,如图 24-12(C_3、C_4 可不接),分别测量当电源电压变化和负载变动时的输出电压 U_L、纹波电压 $U_{\sim}$ 和输出电流 I_L,测试稳压电路的稳压作用,并计算稳压系数 S 和输出电阻 R_o,将测量数据记入表 24-2 中。

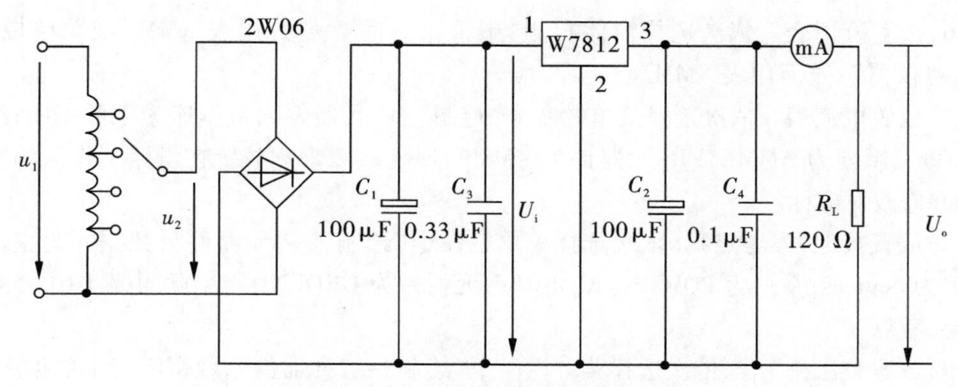

图 24-12　集成稳压电源电路

表 24-2　整流、滤波、稳压电路测量数据

电源变化 $R_L=240\ \Omega$	U_2/V	U_L/V	$U_{\sim}$/V	I_L/mA
	15			
	9			
$S=$				
负载变化 $U_2=15\ V$	R_L/Ω			
	120			
	240			
$R_o=$				

【Multisim 仿真】

(1)新建电路文件。依次选择菜单栏命令“文件”→“设计”→“Blank”→“Creat”，然后依次点击菜单按钮“文件”→“另存为”，并命名为“实验 24 直流稳压电源”。

(2)放置元件和虚拟仪器

1)放置交流电源 U_1。依次选择菜单栏命令“绘制”→“元器件”，数据库为主数据库；组为 Basic；系列为 POWER_SOURCES；元器件为 AC_POWER；双击刚放置在电路工作区的该交流电源并修改对应标签，如将电压值改为 150 V，频率改为 50 Hz。

2)放置变压器 T。依次选择菜单栏命令“绘制”→“元器件”，数据库为主数据库；组为 Sources；系列为 TRANSFORMER；元器件为 1P1S。

3)放置极性电容 C_1。依次选择菜单栏命令“绘制”→“元器件”，数据库为主数据库；组为 Basic；系列为 CAP_ELECTROLIT；将元器件的规格设为 100 μF。

4)放置开关 S_1(用于接通或断开极性电容 C_1)。依次选择菜单栏命令“绘制”→“元器件”，数据库为主数据库；组为 Basic；系列为 SWITCH；元器件为 DIPSW1；双击刚放置在电路工作区的开关并修改对应标签。

5)放置示波器。依次选择窗体右侧“虚拟仪器栏”→“示波器 XSC”或菜单栏“仿真”→“仪器”→“示波器 XSC”。

6)放置万用表。依次选择窗体右侧“虚拟仪器栏”→“万用表 XMM”或菜单栏“仿真”→“仪器”→“万用表 XMM”。

7)放置电流表。依次选择菜单栏命令“绘制”→“元器件”,数据库为主数据库;组为 Indicstors;系列为 AMMETER;元器件为 AMMETER_V;双击刚放置在电路工作区的该电流表并修改对应标签。

8)放置接地(参考点)。依次选择菜单栏命令“绘制”→“元器件”,数据库为主数据库;组为 Sources;系列为 POWER_SOURCES;元器件为 GROUND。注意,电路图中必须有一个参考点。

9)放置整流桥 D_1。依次选择菜单栏命令“绘制”→“元器件”,数据库为主数据库;组为 Diodes;系列 FWB;元器件为 1B4B42。

10)放置电阻 R_L。依次选择菜单栏命令“绘制”→“元器件”,数据库为主数据库;组为 Basic;系列为 RESISTOR;将元器件的规格设为 240 Ω。

11)放置稳压器件。依次选择菜单栏命令“绘制”→“元器件”,数据库为主数据库;组为 Power;系列为 VOLTAGE_REGULATOR;元器件为 LM7812CT。

(3)连接电路图。依次选择菜单命令“绘制”→“导线”,按照图 24-13 将各个元件和虚拟仪器连接起来。

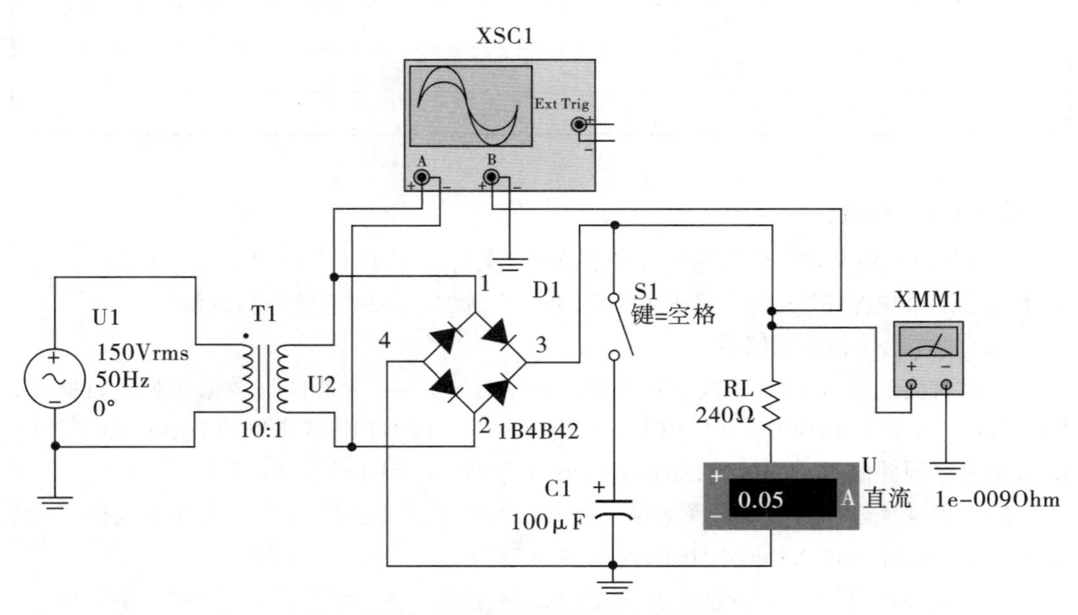

图 24-13　整流滤波仿真实验电路

(4)仿真。依次选择菜单命令“仿真”→“运行”。

(5)整流滤波电路测试试验

1)取 $R_L=240\ \Omega$,断开 S_1 即不加滤波电容,测量直流输出电压 U_L、纹波电压 $U_{\sim}$ 和输出电流 I_L并用示波器观察 U_2 和 U_L波形,将其记入表 24-1 中。

注意，为了在示波器中有效区分 U_2 和 U_L 波形，可以先停止仿真，右键单击连接图示 24-13 中示波器 B 通道"+"极接线区段颜色并改为黄色，重新启动仿真，示波器就可以两种颜色来区分 U_2 和 U_L 波形。

2）取 $R_L=240\ \Omega$，闭合开关 S_1 即接入 100 μF 极性电容，用万用表测量直流输出电压 U_L、纹波电压 $U_{\sim}$ 和输出电流 I_L，并用示波器观察 U_2 和 U_L 波形，将其记入表 24-1 中。

3）停止仿真，双击电路工作区的 R_L，将其规格改为 120 Ω，闭合开关 S_1，重新启动仿真用万用表测量直流输出电压 U_L、纹波电压 $U_{\sim}$ 和输出电流 I_L，并用示波器观察 U_2 和 U_L 波形，将其记入表 24-1 中。

（6）集成稳压电源性能测试。在整流滤波电路测试试验的基础上，接入集成稳压电路，如图 24-14 所示。分别测量当电源电压变化和负载变动时的输出电压 U_L、纹波电压 $U_{\sim}$ 和输出电流 I_L，测试稳压电路的稳压作用，并计算稳压系数 S 和输出电阻 R_o，将有关数据记入表 24-2 中。注意，图 24-14 中，测量交流电压时要用万用表电压交流挡位，测量直流电压时要用万用表电压直流挡位。

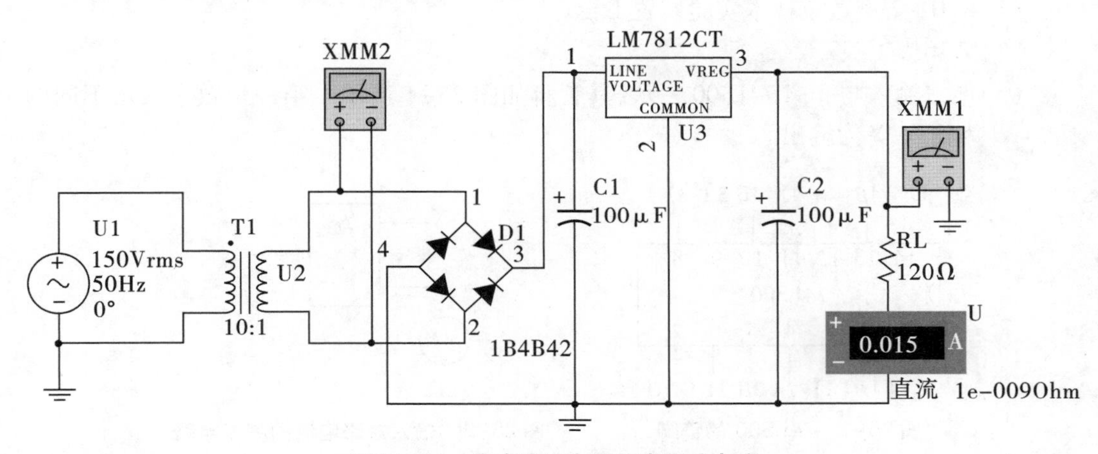

图 24-14　集成稳压电源仿真实验电路

【思考题】

（1）在桥式整流电路实验中，能否用双踪示波器同时观察 u_2 和 u_L 波形，为什么？

（2）为了使稳压电源的输出电压 $U_o=12\ \text{V}$，则其输入电压的最小值 U_{1max} 应等于多少？交流输入电压 U_{2min} 又怎样确定？

（3）怎样提高稳压电源的性能指标（减小 S 和 R_o）？

【实验报告】

1. 整理实验结果并填入相应表格中，加以简要说明。

2. 总结模拟电路的设计与测试方法。

第四章　数字电子技术实验

实验 25　认识数字电路

【实验目的】

（1）熟悉 TTL 与非门 74LS00 的管脚。

（2）掌握 TTL 和 CMOS 与非门主要参数的意义及测试方法，并加深对各参数意义的理解。

（3）熟悉 KHD-2 型数字技术实验装置使用方法。

【实验设备及器件】

（1）KHD-2 型数字技术实验装置 1 台。

（2）万用表 1 只。

（3）四二输入与非门 74LS00 一块，其管脚如图 25-1 所示。第一位数字表示不同的门，A、B 为输入，Y 为输出。

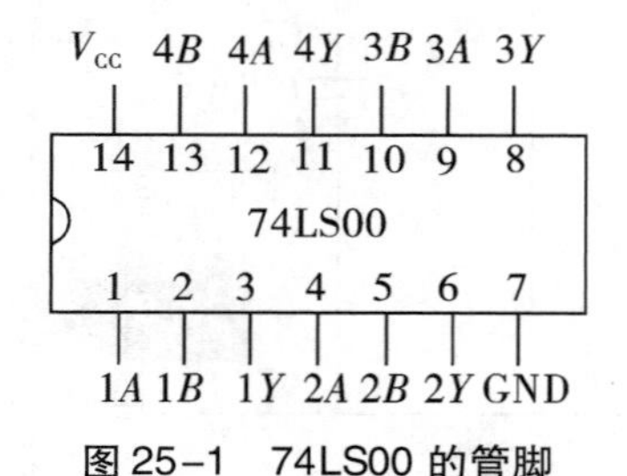

图 25-1　74LS00 的管脚

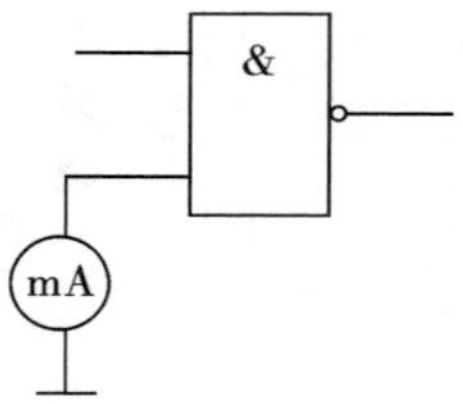

图 25-2　输入短路电流的测试电路

【实验内容】

1. 输入短路电流 I_{is}

输入短路电流 I_{is} 是指当某输入端接地，而其他输入端开路或接高电平时，流过该接地输入端的电流。输入短路电流 I_{is} 与输入低电平电流 I_{iL} 相差不多，一般不加以区分。按图 25-2 所示方法，在输出端空载时，依次将输入端经毫安表接地，测得各输入端的输入短路电流，并填入表 25-1 中。

表 25-1　输入短路电流测量数据

输入端	1	2	4	5	9	10	12	13
I_{is}/mA								

2. 静态功耗

按图 25-3(a)接好电路,分别测量输出低电平和高电平时的电源电流 I_{CCL} 及 I_{CCH},于是有

$$P_o=\frac{I_{CCH}+I_{CCL}}{2}\times V_{CC}$$

注意:74LS00 为四与非门,测 I_{CCH}、I_{CCL} 时,四个门的状态应相同,图 25-3(a)所示测得的为 I_{CCL};测 I_{CCH} 时,为使每一个门都输出高电平,可按图 25-3(b)接线。P_o 应除以 4 得出一个门的功耗。

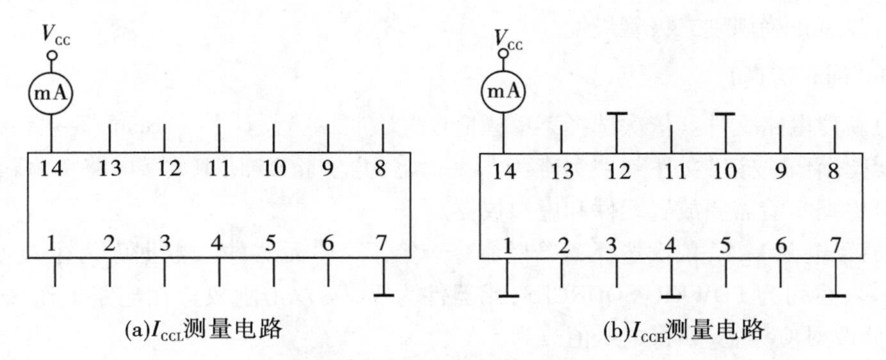

(a) I_{CCL} 测量电路　　(b) I_{CCH} 测量电路

图 25-3　静态功耗测量电路

3. 电压传输特性的测试

电压传输特性描述的是与非门的输出电压 u_o 随输入 u_i 的变化情况,即 $u_o=f(u_i)$。

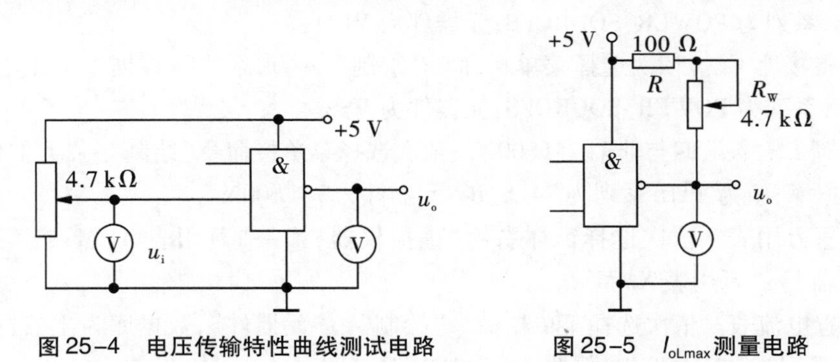

图 25-4　电压传输特性曲线测试电路　　图 25-5　I_{oLmax} 测量电路

按图 25-4 接好电路、调节电位器,使输入电压、输出电压分别按表 25-2 中给定的各值变化时,测出对应的输出电压或输入电压的值并记入表 25-2 中。根据测得的数据,画出电压传输特性曲线。

表 25-2　电压传输特性曲线测量数据表

u_i/V	0	0.4	0.8				2.0	2.4
u_o/V				2.4	0.4			

4. 最大灌电流 I_{oLmax} 的测量

按图 25-5 接好电路，调整 R_W，用电压表监测输出电压 u_o，当 $u_o=0.4$ V 时，停止改变 R_W，将 A、B 两点从电路中断开，用万用表的电阻挡测量 R_W，利用公式 $I_{oLmax}=\dfrac{V_{CC}-0.4}{R+R_W}$ 计算 I_{oLmax}，然后计算扇出系数 $N=\dfrac{I_{oLmax}}{I_{is}}$。

【实验注意事项】

（1）注意正确使用万用表，必须先调好挡位再测量，否则易损坏万用表。

（2）注意正确识别二极管极性。

【Multisim 仿真】

（1）新建电路文件。依次选择菜单栏命令“文件”→“设计”→“Blank”→“Creat”，然后依次点击菜单按钮“文件”→“另存为”，并命名为“实验 25 认识数字电路实验”。

（2）根据实验需要放置元件和虚拟仪器

1）放置电源 V_{CC}。依次选择菜单栏命令“绘制”→“元器件”，数据库为主数据库；组为 Sources；系列为 POWER_SOURCES；元器件为 VCC；双击刚放置在电路工作区的电源 VCC 并修改对应标签，如将电压值改为 5 V。

2）放置接地 DGND。依次选择菜单栏命令“绘制”→“元器件”，数据库为主数据库；组为 Sources；系列为 POWER_SOURCES；元器件为 DGND。

3）放置电源 V_{DD}。依次选择菜单栏命令“绘制”→“元器件”，数据库为主数据库；组为 Sources；系列为 POWER_SOURCES；元器件为 VDD。

4）放置接地 V_{SS}。依次选择菜单栏命令“绘制”→“元器件”，数据库为主数据库；组为 Sources；系列为 POWER_SOURCES；元器件为 VSS。

5）放置二输入端四与非门 74LS00N。依次选择菜单栏命令“绘制”→“元器件”，数据库为主数据库；组为 TTL；系列为 74LS_IC；元器件为 74LS00N。

6）放置万用表。依次选择窗体右侧“虚拟仪器栏”→“万用表 XMM”或菜单栏“仿真”→“仪器”→“万用表 XMM”。

7）放置电流表。依次选择菜单栏命令“绘制”→“元器件”，数据库为主数据库；组为 Indicstors；系列为 AMMETER；元器件为 AMMETER_V。

8）放置电流探针。依次选择菜单栏命令“绘制”→“Probe”→“Current”（右键单击可以进行图上反转镜像等操作）。

9）放置电位器 R_W。依次选择菜单栏命令“绘制”→“元器件”，数据库为主数据库；组为 Basic；系列为 POTENTIOMETER；将元器件的规格设为 4.7 k；双击刚放置在电路工作区的电位器并修改对应标签。

注意：在 Multisim 软件主数据库中选取的 74LS00N 是 DIP 双列直插封装（插件），而 74LS00D 是 SMT 封装（贴片），两者功能相同，这里选择双列直插；正确使用 Multism 虚拟仪器栏中的万用表，放置以后双击可以选择直流、交流电流或电压，欧姆挡位；

Multism 接地中 GROUND“三个横”的是模拟电路的“地”，DGND“三角形”的是数字电路的“地”。

(3)连接电路图。依次选择菜单命令“绘制”→“导线”，按照图 25-6 将各个元件和虚拟仪器连接起来。

(4)仿真。依次选择菜单命令“仿真”→“运行”。

(5)输入短路电流 I_{is} 试验

1)按图 25-6 所示方法，在输出端空载时，依次将输入端经毫安表(也可用图 25-6 所示电流探针)接地，测得各输入端的输入短路电流，并将其填入表 25-1 中。此外，由于本短路电流为实际芯片的短路电流，所以需要在 Multisim 中做如下设置：点击菜单栏命令“仿真”，在弹出的“混合模式仿真设置”对话框中选择“使用真实管脚模型”单选按钮，否则测得电流为 0，设置如图 25-7 所示。

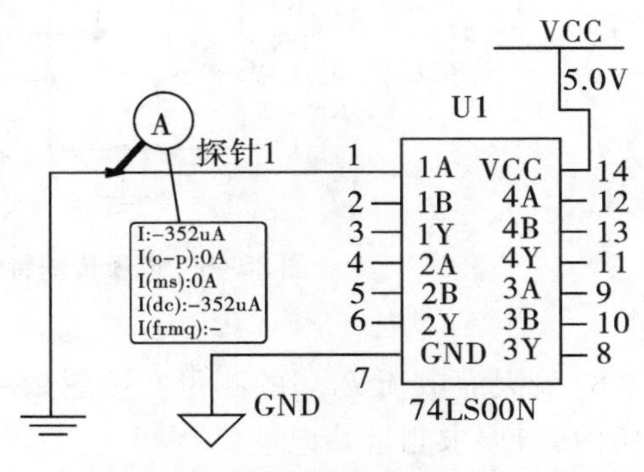

图 25-6　输入短路电流仿真实验电路

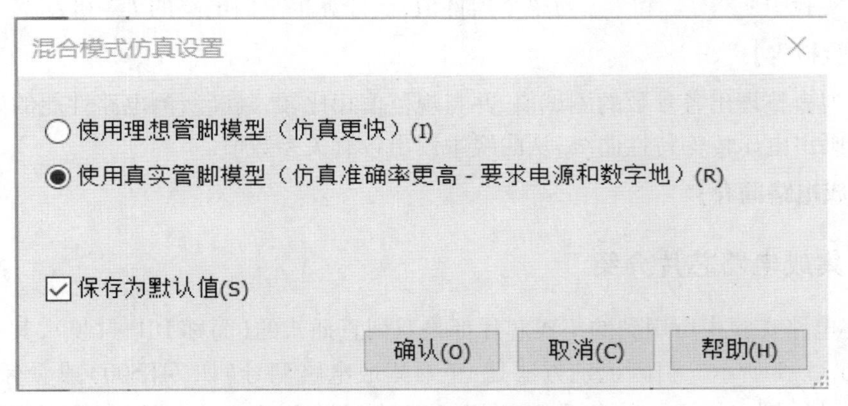

图 25-7　混合模式仿真设置

2)注意 TTL 电路输入输出电路性质。当输入端为高电平时，输入电流是反向二极管的漏电流，电流极小，其方向是从外部流入输入端。当输入端处于低电平时，电流由电源 V_{CC} 经内部电路流出输入端，电流较大。

(6)静态功耗试验。按图 25-3 所示对图 25-6 所示电路进行改接，分别测量输出低电平和高电平时的电源电流 I_{CCL} 及 I_{CCH} 并计算静态功耗。注意，利用 Multisim 仿真时，逻辑电路输入端悬空，软件默认输入低电平。但在实际电路中，TTL 集成电路输入端悬空，相当于输入高电平。

(7)电压传输特性的测试。按图 25-8 连接电路，调节电位器，使输入电压、输出电压分别按表 25-2 中给定的各数值进行变化，测出对应的输出电压或输入电压，并将其填入

表 25-2 中。根据测得的数据,画出电压传输特性曲线。

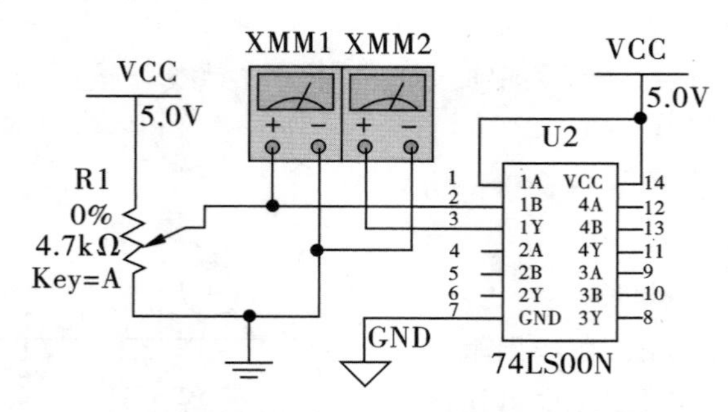

图 25-8 电压传输特性的测试仿真实验电路

(8)最大灌电流 I_{oLmax} 的测量。按图 25-5 所示对图 25-8 所示电路进行改接,按照【实验内容】要求测量并记录。

【思考题】

(1)TTL 与非门输入端悬空为什么可以当作输入为“1”?

(2)讨论 TTL 或非门闲置输入端的处置方法。

(3)实验中所得 I_{CCL} 和 I_{CCH} 为整个器件值,试计算单个门电路的 I_{CCL} 和 I_{CCH}。

【实验报告】

(1)列表整理出各参数的测试值,并与规范值相比较,判断所测电路性能的好坏。

(2)画出电压传输特性曲线,从曲线中读出各有关参数值。

【集成电路简介】

一、集成电路芯片介绍

数字电路实验中所用到的集成芯片都是双列直插式的(简称 DIP 封装),其引脚排列形式如图 25-1 所示。引脚识别方法是:正对集成电路型号(如 74LS00)或看标记(左边的小缺口或小圆点标记),从左下角开始按逆时针方向以 1、2、3、…依次排列到最后一个引脚。在标准形 TTL 集成电路中,电源端 V_{CC} 一般排在左上角,接地端 GND 一般排在右下角。如 74LS00 为 14 脚集成电路,14 脚为 V_{CC},7 脚为 GND。如果集成芯片引脚的功能标号为 NC(Not Connect),则表示该引脚为空脚(悬空),与内部电路不连接。

二、TTL 集成电路使用规则

(1)接插集成芯片时,要认清定位标记,不能插反。

(2)电源电压使用范围为+4.5 ~5.5 V,实验中要求使用 V_{CC} = +5 V。电源正负极绝对不能接错。

(3)闲置输入端的处理方法

1)悬空相当于正逻辑“1”。对于一般小规模集成电路的数据输入端,实验时允许悬空处理,但容易受外界干扰,导致电路的逻辑功能不正常。因此,对于接有长线的输入端,中规模以上的集成电路和使用集成电路较多的复杂电路,所有控制输入端必须按要求接入电路,不允许悬空。

2)直接接电源电压 V_{CC}(也可以通过一只 1 ~ 10 kΩ 的固定电阻)或接至某一固定电压(+2.4 ~4.5 V)的电源上。

3)若前级驱动能力允许,可以与使用的输入端并联。

(4)输入端通过电阻接地,电阻值的大小将直接影响电路所处的状态。当 $R\leqslant 680$ Ω 时,输入端相当于接逻辑“0”;当 $R\geqslant 4.7$ kΩ 时,输入端相当于接逻辑“1”。对于不同系列的器件,要求的阻值不同。

(5)输出端不允许并联使用,否则,不仅会使电路逻辑功能混乱,还会导致器件损坏。注意,集电极开路门(OC 门)和三态门输出端可以并联使用。

(6)输出端不允许直接接地或直接接 5 V 电源,否则,会导致集成电路损坏。有时为了使后级电路获得较高的输出电平,允许输出端通过电阻 R 接至 V_{CC},一般取 $R=3$ kΩ ~ 5.1 kΩ。

三、CMOS 集成电路使用规则

由于 CMOS 电路有很高的输入阻抗,这给使用者带来一定的麻烦,即外来的干扰信号很容易在一些悬空的输入端上感应出很高的电压,以致损坏器件。CMOS 电路的使用规则如下:

(1)V_{DD}接电源正极,V_{SS}接电源负极(通常接地 GND),不得接反。CC4000 系列的电源允许电源在+3 ~18 V 范围内选择,实验中一般要求使用+5 ~15 V。

(2)所有输入端一律不允许悬空。闲置输入端的处理方法如下:

方法 1:按照逻辑要求直接接 V_{DD}(与非门)或 V_{SS}(或非门)。

方法 2:在工作频率不高的电路中允许输入端并联使用。

(3)输出端不允许直接接 V_{SS}或直接接 V_{DD},否则,会导致集成电路损坏。

(4)在安装电路,改变电路连接或插拔电路时,必须切断电源,严禁带电操作。

(5)焊接、测试和储存时应注意:电路应存放在导电容器内,有良好的静电屏蔽;焊接时必须切断电源,电烙铁必须良好接地,或拔下电烙铁,靠其余热焊接;所有测试仪器必须良好接地。

实验26　集成门电路的功能测试

【实验目的】

(1)学会读集成电路的管脚图。

(2)掌握逻辑门电路的符号与实物之间的对应关系。

(3)掌握各种门电路的逻辑符号、逻辑表达式、逻辑功能和逻辑实现,特别是与非门和异或门的逻辑功能。

(4)进一步熟悉数字技术实验装置使用方法。

【实验设备及器件】

(1)KHD-2 型数字技术实验装置 1 台。

(2)DS1022U 型双踪示波器 1 台。

(3)元器件。74LS00,1 片;74LS55,1 片;CC4030,1 片。它们的管脚如图 26-1 所示。

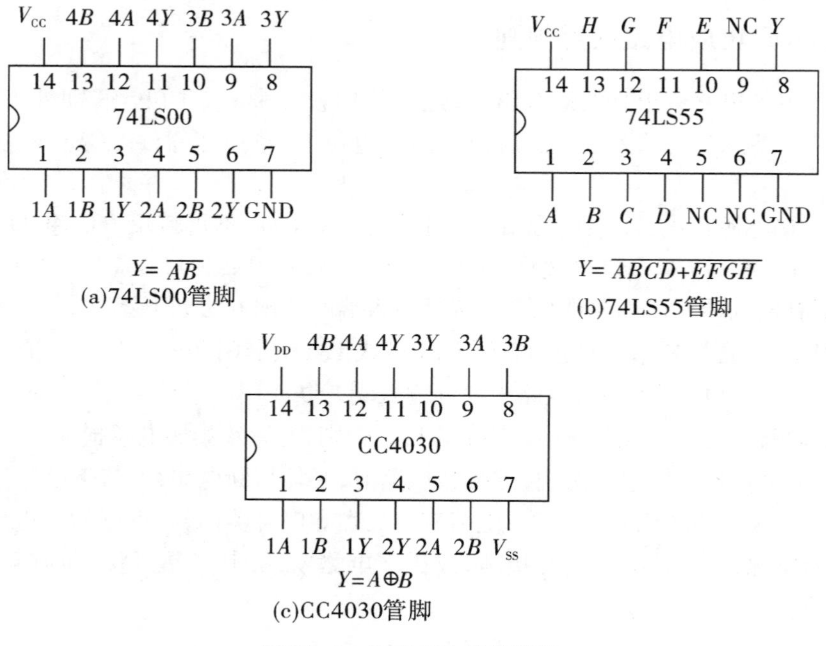

图 26-1　集成门电路的管脚

【实验内容】

1. 与非门逻辑功能测试

(1)选用二输入四与非门 74LS00 中的一个与非门,电源引脚接实验台+5 V DC,输入引脚接逻辑开关(16 个开关任选 2 个),输出引脚接发光二极管(16 个发光二极管任选 1 个)。

(2)将逻辑开关按表 26-1 置位,分别测输出电压及逻辑状态。

2. 异或门逻辑功能测试

(1)选二输入四异或门电路 CC4030 的一个异或门,电源引脚接实验台+5 V(DC),输入引脚接逻辑开关(16 个开关任选 2 个),输出引脚接发光二极管(16 个发光二极管任选 1 个)。

(2)将逻辑开关按表 26-2 置位,将结果填入表 26-2 中。

表 26-1　74LS00 功能操作表

输入		输出	
A	B	Y	电压/V
0	0		
0	1		
1	0		
1	1		

表 26-2　CC4030 功能操作表

输入		输出	
A	B	Y	电压/V
0	0		
0	1		
1	0		
1	1		

3. 与或非门逻辑功能测试

(1)将 4-4 输入与或非门 74LS55 改为 2-2 输入使用。电源引脚接实验台+5 V 直流电源,输入引脚接逻辑开关(16 个开关任选 4 个),输出引脚接发光二极管(16 个发光二极管任选 1 个)。

(2)自己设计操作功能表,并将结果填入表中。

4. 利用与非门控制输出

用一片 74LS00 按图 26-2 接线,S 接任意一个电平开关,用示波器观察电平开关 S 对输出脉冲的控制作用。

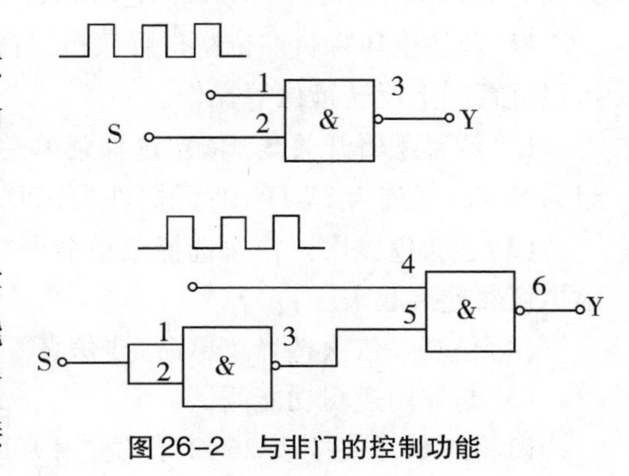

图 26-2　与非门的控制功能

【实验注意事项】

选择实验用的集成电路按自己设计的实验接线图接好连线。特别注意 V_{CC}及地线不能接错。线接好后经实验指导教师检查无误后方可通电进行实验。要在实验过程中改动接线,须先断开电源,接好线后再通电实验。

【Multisim **仿真**】

(1)新建电路文件。依次选择菜单栏命令“文件”→“设计”→“Blank”→“Creat”,然后点击“文件”→“另存为”,并命名为“实验26 集成门电路的功能测试”。

(2)根据实验需要放置元件和虚拟仪器

1)放置电源 V_{CC}。依次选择菜单栏命令“绘制”→“元器件”,数据库为主数据库;组为 Sources;系列为 POWER_SOURCES;元器件为 VCC;双击刚放置在电路工作区的电源 VCC 并修改对应标签,如将电压值改为5 V。

2)放置接地 DGND。依次选择菜单栏命令“绘制”→“元器件”,数据库为主数据库;组为 Sources;系列为 POWER_SOURCES;元器件为 DGND。

3)放置电源 V_{DD}。依次选择菜单栏命令“绘制”→“元器件”,数据库为主数据库;组为 Sources;系列为 POWER_SOURCES;元器件为 VDD。

4)放置接地 V_{SS}。依次选择菜单栏命令“绘制”→“元器件”,数据库为主数据库;组为 Sources;系列为 POWER_SOURCES;元器件为 VSS。

5)放置二输入端四与非门 74LS00N。依次选择菜单栏命令“绘制”→“元器件”,数据库为主数据库;组为 TTL;系列为 74LS_IC;元器件为 74LS00N。

6)放置4-4输入与或非门 74LS55N。依次选择菜单栏命令“绘制”→“元器件”,数据库为主数据库;组为 TTL;系列为 74LS_IC;元器件为 74LS55N。

7)放置二输入端四异或门 4030BP_5V。依次选择菜单栏命令“绘制”→“元器件”,数据库为主数据库;组为 CMOS;系列为 CMOS_5V_IC;元器件为 4030BP_5V。

8)放置函数发生器 XFG。依次选择窗体右侧“虚拟仪器栏”→“函数发生器 XFG”或菜单栏“仿真”→“仪器”→“函数发生器 XFG”;选中“函数发生器 XFG”并右键单击,可以水平或者垂直翻转到合适的位置。

9)放置示波器 XSC。依次选择窗体右侧“虚拟仪器栏”→“示波器 XSC”或菜单栏“仿真”→“仪器”→“示波器 XSC”。

10)放置电平探测器 X。依次选择菜单栏命令“绘制”→“元器件”,组为 Indicators;系列为 PROBE;元器件为 PROBE_BLUE。

11)放置电压探针。依次选择菜单栏命令“绘制”→“PROBE”→“Voltage”,右键单击可以进行图上反转镜像等操作。

12)放置逻辑开关 S。依次选择菜单栏命令“绘制”→“元器件”,数据库为主数据库;组为 Basic;系列为 SWITCH;元器件为 SPDT。

(3)连接电路图。依次选择菜单命令“绘制”→“导线”,按照图26-3将各个元件和虚拟仪器连接起来。

(4)仿真。依次选择菜单命令“仿真”→“运行”。

(5)与非门逻辑功能测试

1)将逻辑开关按表26-1置位,用万用表或者图26-3所示电压探针分别测输出电压。

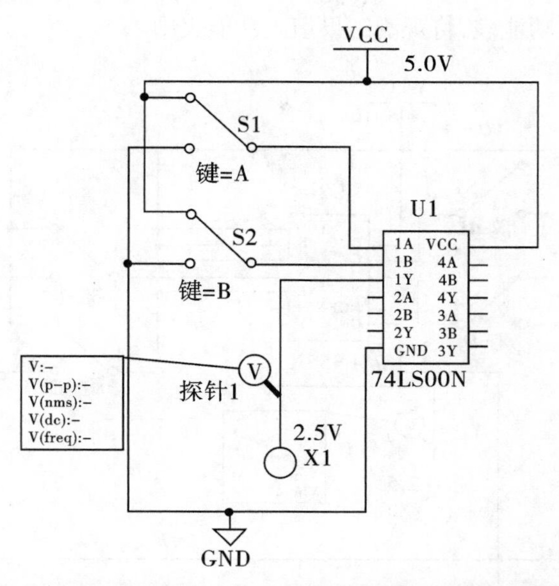

图 26-3　二输入四与非门 74LS00N 逻辑功能测试仿真实验电路

2)同时观察电平探测器 X_1 逻辑状态,并将观测结果填入表 26-1 中。

(6)异或门逻辑功能测试

1)按照图 26-4 连接电路后,依次选择菜单命令“仿真”→“运行”。

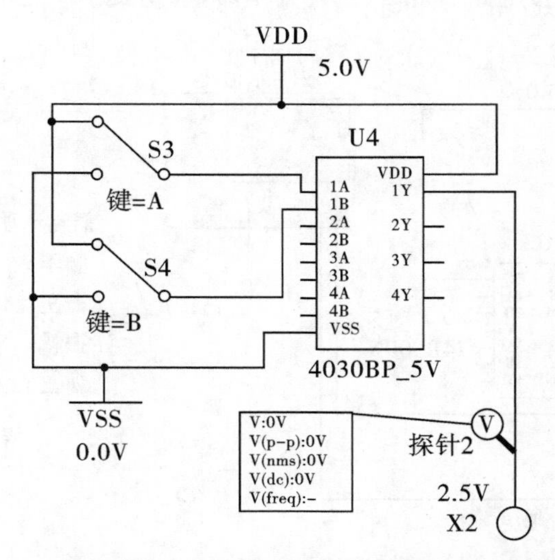

图 26-4　二输入四异或门电路 CC4030 逻辑功能测仿真实验电路

2)将逻辑开关按表 26-2 置位,将观测结果填入表 26-2 中。

(7)与或非门逻辑功能测试

1)按照图 26-5 连接电路后,依次选择菜单命令“仿真”→“运行”。

2）自行设计操作功能表，将观测结果填入功能表中。

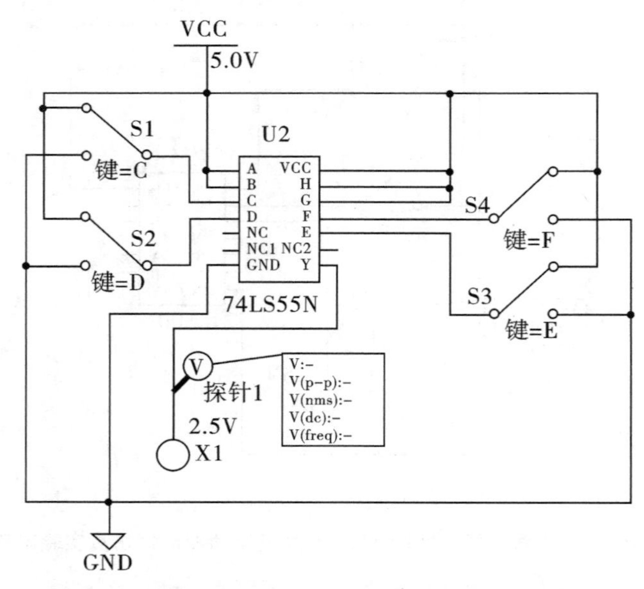

图 26-5　与或非门逻辑功能测试仿真实验电路

（8）利用与非门控制输出

1）按照图 26-6 连接电路后，依次选择菜单命令“仿真”→“运行”。

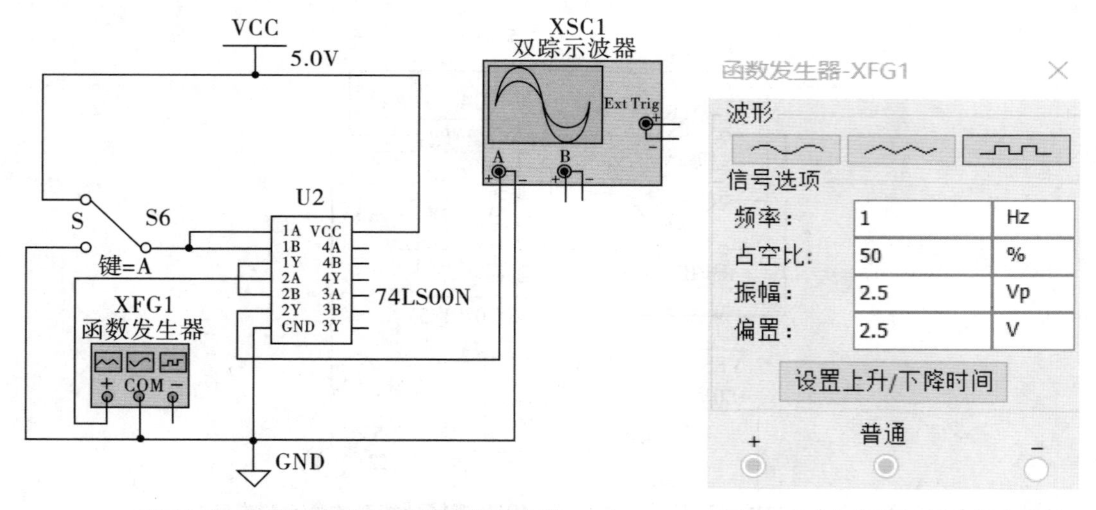

图 26-6　与非门控制功能仿真实验电路

图 26-7　与非门控制功能电路图仿真时函数发生器设置

2）开关 S 接任意一个电平开关，用示波器观察开关 S 对输出脉冲的控制作用。

【思考题】

(1)TTL 与非门输入端悬空为什么可以当作输入为“1”?

(2)讨论 TTL 或非门闲置输入端的处置方法。

【实验报告】

(1)列表整理出各参数的测试值,并与规范值相比较,判断所测电路性能的好坏。

(2)上网搜索集成电路的封装形式有哪些?

(3)简述 TTL 门电路和 CMOS 门电路的区别?

(4)逻辑电路的逻辑关系

1)将图 26-8 和图 26-9 所示的输入输出逻辑关系分别填入表 26-3、表 26-4 中。

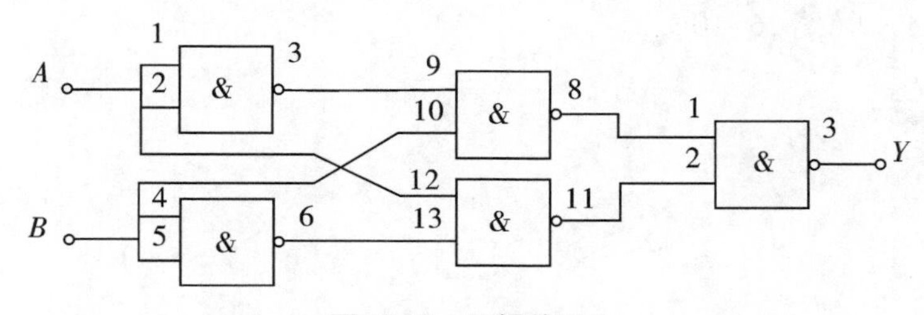

图 26-8　逻辑关系 1

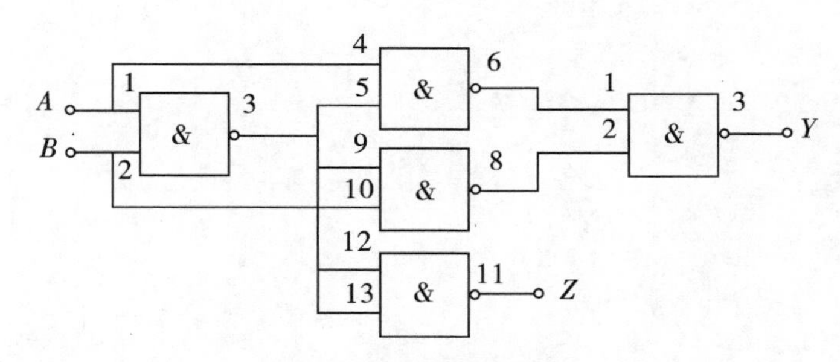

图 26-9　逻辑关系 2

表 26-3　图 26-8 所示逻辑关系功能表

输入		输出
A	B	Y
0	0	
0	1	
1	0	
1	1	

表 26-4　图 26-9 所示逻辑关系功能表

输入		输出	
A	B	Y	Z
0	0		
0	1		
1	0		
1	1		

2)写出上面两个电路的逻辑表达式。[提示,化简后结果为:$Y=A\oplus B$(图 26-9);$Y=A\oplus B$,$Z=A\cdot B$(图 26-10)]

实验 27　组合逻辑电路的分析

【实验目的】

(1)掌握组合逻辑电路的实验分析方法。

(2)验证半加器、全加器的逻辑功能。

(3)掌握半加器、全加器、加法器、运算器、中央处理器的区别与联系。

(4)利用全加器组成二进制加法器。

【实验设备及器件】

(1)KHD-2 型数字技术实验装置 1 台。

(2)DS1022U 型双踪示波器 1 台。

(3)万用表 1 只。

(4)元器件及导线。74LS00、74LS20、74LS55、CD4030(或 74LS86)、7474LS183 各 1 片,导线若干。

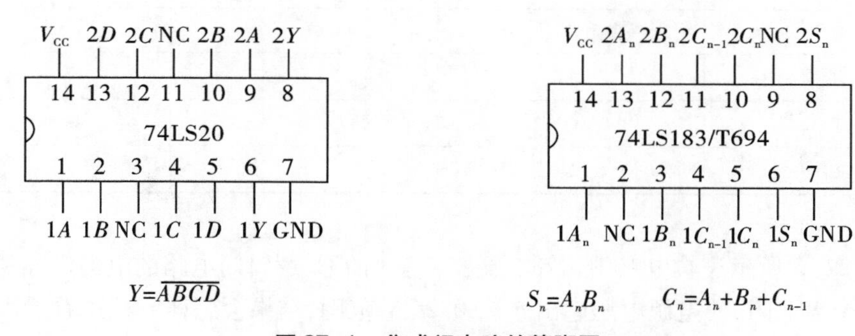

图 27-1　集成门电路的管脚图

【实验内容】

1. 检查与非门

将 74LS00 的 V_{CC}(14 脚)接通 5 V 电源,将集成片中 GND 端(7 脚)接地,用万用表测 14 脚与 7 脚之间应有 5 V 电压。其他管脚均悬空。用万用表的电压挡测量各管脚的对地电压,输入端对地应有 1.0~1.4 V 的电压,而输出端的读数大约为 0.2 V,否则,说明门电路可能已损坏。

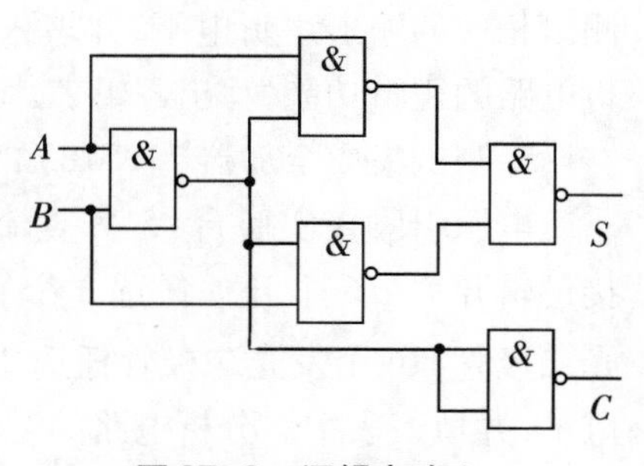

图 27-2　逻辑电路 1

2. 测试图 27-2 所示电路的逻辑功能

按图 27-2 接线。按表 27-1 要求输入信号,测试对应的输出逻辑电平,并填入表 27-1 中。分析其逻辑功能,写出逻辑表达式。

表 27-1　图 27-2 所示逻辑电路的功能表

A	B	C	S
0	0		
0	1		
1	0		
1	1		

3. 测试图 27-3 所示电路的逻辑功能

按图 27-3 接线。按表 27-2 的要求输入信号，测出相应的输出逻辑电平，并填入表 27-2 中。分析电路的逻辑功能，写出逻辑表达式。

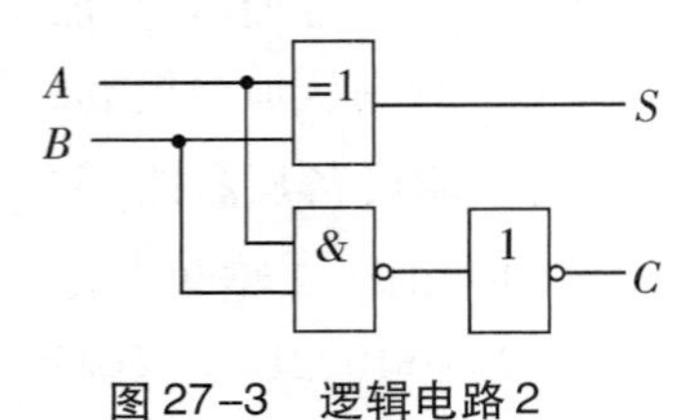

图 27-3　逻辑电路 2

表 27-2　图 27-3 所示逻辑电路的功能表

A	B	C	S
0	0		
0	1		
1	0		
1	1		

在图 27-3 所示逻辑电路中，若故意使 74 系列 TTL 逻辑门电路的电源电压接触不良或串联一个大电阻，使电源电压超出 5 V±0.25 V 范围，结果会怎样？试试看。

4. 测试用异或门、非门和与或非门组成的电路的逻辑功能

按图 27-4 接线。按表 27-3 要求输入信号，测出相应的输出逻辑电平，并填入表 27-3 中。分析电路的逻辑功能，写出逻辑表达式。

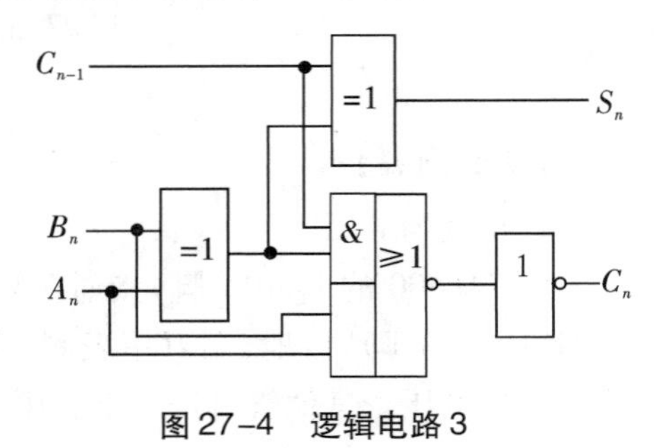

图 27-4　逻辑电路 3

5. 测试集成全加器 74LS183 的逻辑功能

电源引脚接实验台+5 V 直流电源，输入引脚接逻辑开关（16 个开关任选 3 个），输出引脚接发光二极管（16 个发光二极管任选 2 个）。按表 27-3 要求输入信号，测出相应的输出逻辑电平，并填入表中。分析电路的逻辑功能，写出逻辑表达式。

6. 用全加器组成二进制数加法器

用 74LS183 组成二位二进制数加法器，自己设计表格原理图，设计实验表格，记录实验结果。

表 27-3　图 27-4 所示逻辑电路的功能表

输入			输出	
A_n	B_n	C_{n-1}	C_n	S_n
0	0	0		
0	0	1		
0	1	0		
0	1	1		
1	0	0		
1	0	1		
1	1	0		
1	1	1		

【实验注意事项】

选择实验用的集成电路按自己设计的实验接线图接好连线。注意按图接线,千万不要将两个门电路的输出端误接在一起。(为什么?)

特别注意 V_{CC}及地线不能接错。线接好后经实验指导教师检查无误后方可通电实验。在实验过程中改动接线须先断开电源,接好线后再通电实验。

【Multisim 仿真】

(1)新建电路文件。依次选择菜单栏命令"文件"→"设计"→"Blank"→"Creat",然后依次点击菜单按钮"文件"→"另存为",并命名为"实验 27 组合逻辑电路的分析"。

(2)根据实验需要放置元件和虚拟仪器

1)放置电源 V_{CC}。依次选择菜单栏命令"绘制"→"元器件",数据库为主数据库;组为 Sources;系列为 POWER_SOURCES;元器件为 VCC;双击刚放置在电路工作区的电源 VCC,并修改对应标签,如将电压值改为 5 V。

2)放置接地 DGND。依次选择菜单栏命令"绘制"→"元器件",数据库为主数据库;组为 Sources;系列为 POWER_SOURCES;元器件为 DGND。

3)放置电源 V_{DD}。依次选择菜单栏命令"绘制"→"元器件",数据库为主数据库;组为 Sources;系列为 POWER_SOURCES;元器件为 VDD。

4)放置接地 V_{SS}。依次选择菜单栏命令"绘制"→"元器件",数据库为主数据库;组为 Sources;系列为 POWER_SOURCES;元器件为 VSS。

5)放置二输入四与非门 74LS00N。依次选择菜单栏命令"绘制"→"元器件",数据库为主数据库;组为 TTL;系列为 74LS_IC;元器件为 74LS00N。

6)放置 4-4 输入与或非门 74LS55N。依次选择菜单栏命令"绘制"→"元器件",数据库为主数据库;组为 TTL;系列为 74LS_IC;元器件为 74LS55N。

7)放置二输入四异或门 4030BP_5V。依次选择菜单栏命令"绘制"→"元器件",数据库为主数据库;组为 CMOS;系列为 CMOS_5V_IC;元器件为 4030BP_5V。

8)放置四输入二与非门 74LS20N。依次选择菜单栏命令"绘制"→"元器件",数据库为主数据库；组为 TTL；系列为 74LS_IC；元器件为 74LS20N。

9）放置双保留进位全加器 74LS183。依次选择菜单栏命令“绘制”→“元器件”，数据库为主数据库；组为 TTL；系列为 74LS；元器件为 74LS183。

10）放置万用表 XMM。依次选择窗体右侧“虚拟仪器栏”→“万用表 XMM”或菜单栏“仿真”→“仪器”→“万用表 XMM”。

11）放置示波器 XSC。依次选择窗体右侧“虚拟仪器栏”→“示波器 XSC”或菜单栏“仿真”→“仪器”→“示波器 XSC”。

12）放置电平探测器 X。依次选择菜单栏命令“绘制”→“元器件”，组为 Indicators；系列为 PROBE；元器件为 PROBE_BLUE。

13）放置电压探针。依次选择菜单栏命令“绘制”→“PROBE”→“Voltage”（右键单击可以进行图上反转镜像等操作）。

14）放置逻辑开关 S。依次选择菜单栏命令“绘制”→“元器件”，数据库为主数据库；组为 Basic；系列为 SWITCH；元器件为 SPDT。

15）放置逻辑变换器 XLC。依次选择菜单栏“仿真”→“仪器”→“逻辑变换器 XLC”。

（3）连接电路图。依次选择菜单命令“绘制”→“导线”；从 Multisim 元件库中选取二输入四与非门 74LS00N，按照“检查与非门实验”要求绘制电路。

（4）仿真。依次选择菜单命令“仿真”→“运行”。

（5）在 Multisim 测试图 27-3 所示电路的逻辑功能

1）按照图 27-5 连接电路后，依次选择菜单命令“仿真”→“运行”；按表 27-1 要求输入信号，测试对应的输出逻辑电平，并填入表 27-1 中。

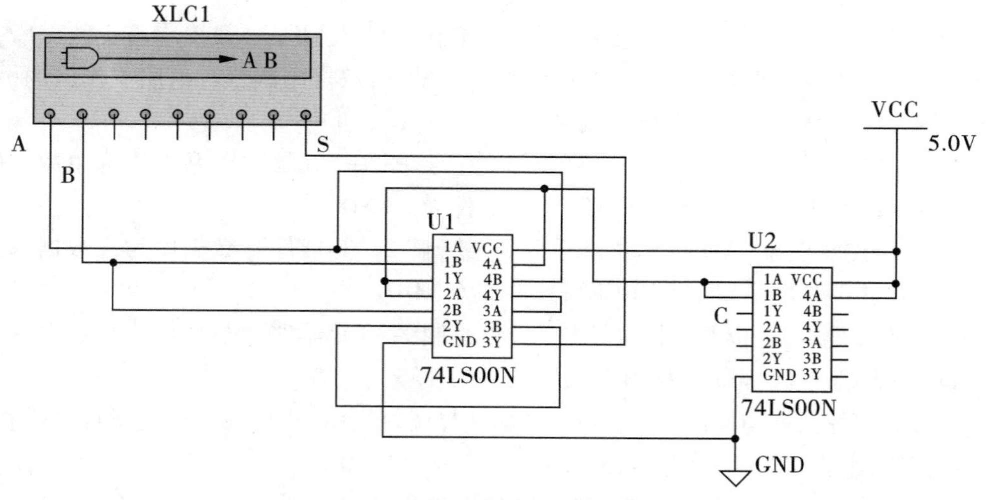

图 27-5 Multisim 软件中的逻辑电路

2）分析其逻辑功能，写出逻辑表达式。

注意，可以采用两种方法之一完成以上要求：第一种，采用“逻辑开关+5 V 电源+74LS00N+电平探测器”方法连接电路，不同 A、B 电平下依次测 C、S 电平信号；第二种，采用逻辑变换器 XLC 的方法，依次一次性获得 C、S 电平结果以及对应的逻辑表达式。本次实验采用第二种方法，如图 27-5 所示。

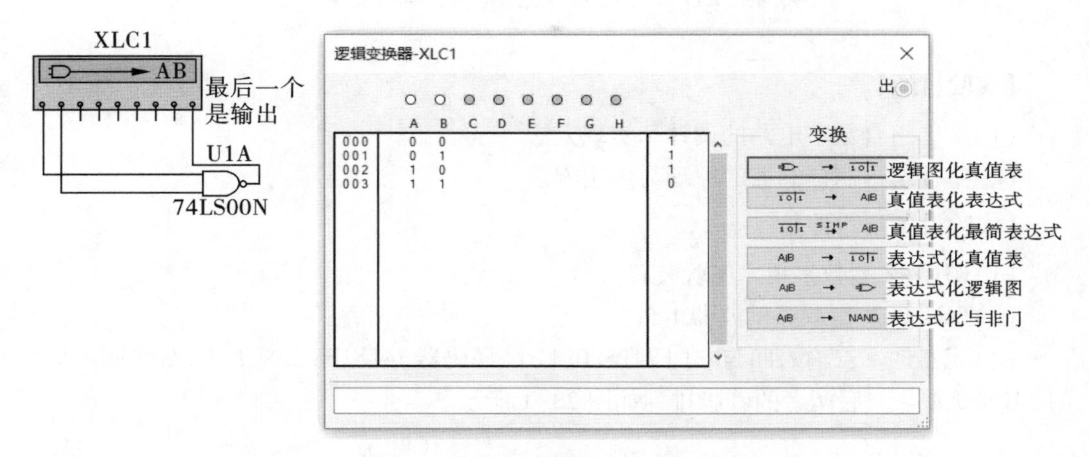

图 27-6　逻辑变换器 XLC 使用方法

如果采用图 27-6 所示逻辑变换器的方法时，直接双击图 27-6 上“XLC1”并点击对应变换，即可获得结果。不要点击仿真按钮，否则，会出现“仿真器正在运行，请等候其结束”的提示信息。

(6)测试图 27-4 所示电路的逻辑功能

1)采用“逻辑开关+5 V 电源+对应逻辑门+电平探测器”方法按图 27-4 连接电路，按表 27-2 的要求输入信号，测出相应的输出逻辑电平，并填入表 27-2 中。

2)分析电路的逻辑功能，写出逻辑表达式。(注：也可采用逻辑变换器 XLC 方法，直接获得逻辑电平和逻辑表达式，分析电路逻辑功能)

(7)测试用异或门、非门和与或非门组成的电路的逻辑功能

1)采用“逻辑开关+5V 电源+对应逻辑门+电平探测器”方法按图 27-5 连接电路，按表 27-3 的要求输入信号，测出相应的输出逻辑电平，并填入表 27-3 中。

2)分析电路的逻辑功能，写出逻辑表达式。(注：也可采用逻辑变换器 XLC 方法，直接获得逻辑电平和逻辑表达式，分析电路逻辑功能)

(8)测试集成全加器 74LS183(双保留进位全加器 74LS183)的逻辑功能

1)电源引脚接 V_{CC}、GND，3 个输入引脚接逻辑开关 S，输出引脚接 Multisim 中电平探测器 X；按表 27-3 要求输入信号，测出相应的输出逻辑电平，并填入表 27-3 中。

2)分析电路的逻辑功能，写出逻辑表达式。(注：也可采用逻辑变换器 XLC 方法，直接获得逻辑电平和逻辑表达式，分析电路逻辑功能)

(9)用全加器组成二进制数加法器。用 74LS183 组成二位二进制数加法器，自行设计表格原理图，设计实验表格，记录实验结果。

【实验报告】

(1)整理实验结果，填入相应表格中，写出逻辑表达式，并分析各电路的逻辑功能。

(2)总结用实验来分析组合逻辑电路功能的方法。

实验 28　组合逻辑电路设计 1

【实验目的】

(1)掌握组合数字电路的设计和实现方法。

(2)掌握二进制译码器的原理与应用方法。

【实验设备及器件】

(1)KHD-2 型数字技术实验装置 1 台。

(2)DC4322B 型双踪示波器 1 台。

(3)元器件。二输入四与非门 74LS00,1 片;译码器 74LS138 3/8,1 片;双四输入与非门 74LS20,1 片。后两者的管脚排列如图 28-1 所示。

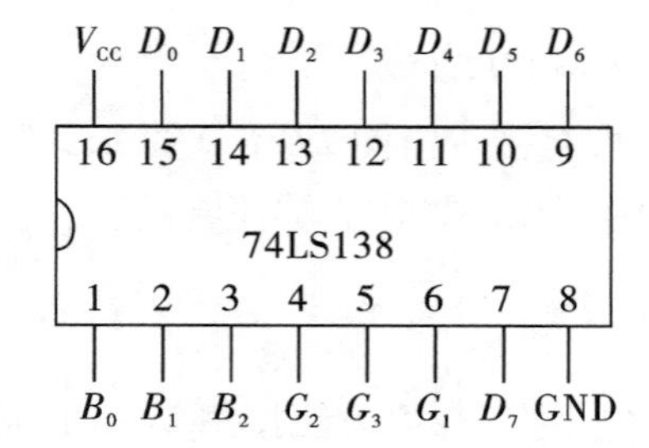

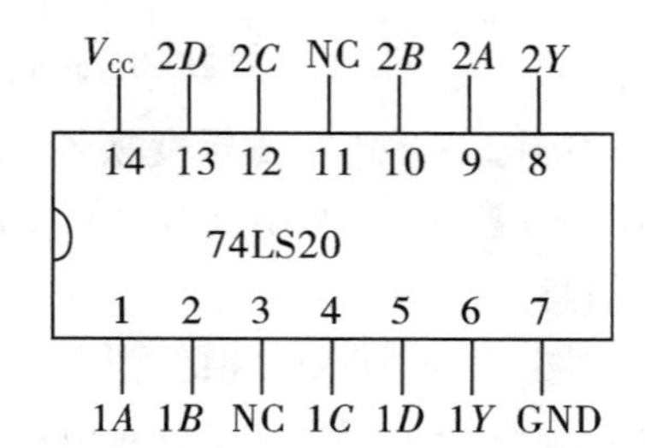

图 28-1　74LS138 和 74LS20 的管脚排列

【设计要求】

(1)设计测试译码器 74LS138 功能的实验方案。

(2)用 74LS138 和 74LS20 实现全减器的功能。提示:设被减数为 A,减数为 B,低位的借位为 J_0,所得的差为 D,借位为 J,则有

$$D(A,B,J_0)=\sum m(1,2,4,7)\ ,\ J(A,B,J_0)=\sum m(1,2,3,7)$$

参考设计步骤如下:

1)根据题意列真值表。真值表如表 28-1 所示。

表 28-1　全减器功能真值表

输入			输出	
A	B	J_0	J	D
0	0	0	0	0
0	0	1	1	1
0	1	0	1	1

续表 28-1

输入			输出	
A	B	J_0	J	D
0	1	1	1	0
1	0	0	0	1
1	0	1	0	0
1	1	0	0	0
1	1	1	1	1

2)根据真值表列表达式:

$$\begin{aligned} D &= ABJ_0'+AB'J_0+AB'J_0'+ABJ_0 \\ &= m_1+m_2+m_4+m_7 \\ &= \overline{\overline{m_1+m_2+m_4+m_7}} \\ &= \overline{\overline{m_1}\cdot\overline{m_2}\cdot\overline{m_4}\cdot\overline{m_7}} \\ &= \overline{\overline{D_1}\cdot\overline{D_2}\cdot\overline{D_4}\cdot\overline{D_7}} \end{aligned}$$

同理,可得 J 的表达式为

$$\begin{aligned} J &= ABJ_0'+AB'J_0+AB'J_0'+ABJ_0 \\ &= m_1+m_2+m_3+m_7 \\ &= \overline{\overline{m_1+m_2+m_4+m_7}} \\ &= \overline{\overline{m_1}\cdot\overline{m_2}\cdot\overline{m_3}\cdot\overline{m_7}} \\ &= \overline{\overline{D_1}\cdot\overline{D_2}\cdot\overline{D_3}\cdot\overline{D_7}} \end{aligned}$$

3)根据表达式,画出逻辑电路图。

4)根据逻辑电路图完成连接,进行逻辑测试。

【实验内容】

1. 74LS138 功能测试

按表 28-2 验证 74LS138 的功能,实验步骤自拟,并将验证过程在实验报告中加以简要说明。

表 28-2　74LS138 的功能表

输入					输出							
G_1	$G_2'+G_3'$	B_2	B_1	B_0	D_0'	D_1'	D_2'	D_3'	D_4'	D_5'	D_6'	D_7'
×	H	×	×	×	H	H	H	H	H	H	H	H

续表 28-2

输入					输出							
G_1	$G_2'+G_3'$	B_2	B_1	B_0	D_0'	D_1'	D_2'	D_3'	D_4'	D_5'	D_6'	D_7'
L	×	×	×	×	H	H	H	H	H	H	H	H
H	L	L	L	L	L	H	H	H	H	H	H	H
H	L	L	L	H	H	L	H	H	H	H	H	H
H	L	L	H	L	H	H	L	H	H	H	H	H
H	L	L	H	H	H	H	H	L	H	H	H	H
H	L	H	L	L	H	H	H	H	L	H	H	H
H	L	H	L	H	H	H	H	H	H	L	H	H
H	L	H	H	L	H	H	H	H	H	H	L	H
H	L	H	H	H	H	H	H	H	H	H	H	L

2. 用 74LS138 和 74LS20 实现的全减器的功能测试

画出原理图、按原理图接好实验电路，接上电源，测出真值表，并将结果填入表 28-3 中。

表 28-3　全减器功能测试表

输入			输出	
A	B	J_0	J	D
0	0	0		
0	0	1		
0	1	0		
0	1	1		
1	0	0		
1	0	1		
1	1	0		
1	1	1		

【实验注意事项】

选择实验用的集成电路按自己设计的实验接线图接好连线，特别注意 V_{CC} 及地线不能接错。线接好后经实验指导教师检查无误后方可通电实验。在实验过程中改动接线须先断开电源，接好线后再通电实验。

【Multisim 仿真】

(1)新建电路文件。依次选择菜单栏命令“文件”→“设计”→“Blank”→“Creat”,然后依次点击菜单按钮“文件”→“另存为”,并命名为“实验 28 组合逻辑电路设计 1”。

(2)根据实验需要合理选择放置(不限于)以下元件和虚拟仪器

1)放置电源 V_{CC}。依次选择菜单栏命令“绘制”→“元器件”,数据库为主数据库;组为 Sources;系列为 POWER_SOURCES;元器件为 VCC;双击放置在电路工作区的电源 VCC 并修改对应标签,如将电压值改为 5 V。

2)放置接地 DGND。依次选择菜单栏命令“绘制”→“元器件”,数据库为主数据库;组为 Sources;系列为 POWER_SOURCES;元器件为 DGND。

3)放置电源 V_{DD}。依次选择菜单栏命令“绘制”→“元器件”,数据库为主数据库;组为 Sources;系列为 POWER_SOURCES;元器件为 VDD。

4)放置接地 V_{SS}。依次选择菜单栏命令“绘制”→“元器件”,数据库为主数据库;组为 Sources;系列为 POWER_SOURCES;元器件为 VSS。

5)放置二输入端与非门 74LS00N。依次选择菜单栏命令“绘制”→“元器件”,数据库为主数据库;组为 TTL;系列为 74LS_IC;元器件为 74LS00N。

6)放置 3/8 译码器 74LS138N。依次选择菜单栏命令“绘制”→“元器件”,数据库为主数据库;组为 TTL;系列为 74LS_IC;元器件为 74LS138N。

7)放置四输入端二与非门 74LS20N。依次选择菜单栏命令“绘制”→“元器件”,数据库为主数据库;组为 TTL;系列为 74LS_IC;元器件为 74LS20N。

8)放置万用表 XMM。依次选择窗体右侧“虚拟仪器栏”→“万用表 XMM”或菜单栏“仿真”→“仪器”→“万用表 XMM”。

9)放置示波器 XSC。依次选择窗体右侧“虚拟仪器栏”→“示波器 XSC”或菜单栏“仿真”→“仪器”→“示波器 XSC”。

10)放置电平探测器 X。依次选择菜单栏命令“绘制”→“元器件”,组为 Indicators;系列为 PROBE;元器件为 PROBE_BLUE。

11)放置电压探针。依次选择菜单栏命令“绘制”→“PROBE”→“Voltage”(右键单击可以进行图上反转镜像等操作)。

12)放置逻辑开关 S。依次选择菜单栏命令“绘制”→“元器件”,数据库为主数据库;组为 Basic;系列为 SWITCH;元器件为 SPDT。

13)放置逻辑变换器 XLC。依次选择菜单栏命令“仿真”→“仪器”→“逻辑变换器 XLC”。

(3)按照本次实验【设计要求】和【实验内容与步骤】,自行设计电路并测试,将测试数据分别填入表 28-2、表 28-3 中,并加以简要说明。

【实验报告】

(1)整理实验结果填入相应表格中,并加以简要说明。

(2)总结组合逻辑电路的设计方法。

实验 29　组合逻辑电路设计 2

【实验目的】

(1)掌握数据选择器的功能和应用方法。

(2)熟悉数码管的使用方法。

(3)掌握显示译码器的功能和使用方法。

【实验设备及器件】

(1)KHD-2 型数字技术实验装置 1 台。

(2)DS1022U 型双踪示波器 1 台。

(3)万用表 1 只。

(4)元器件及导线。导线若干;双四选一数据选择器 74LS253 和显示译码器 74LS47 各1 片,它们的管脚如图 29-1 所示。

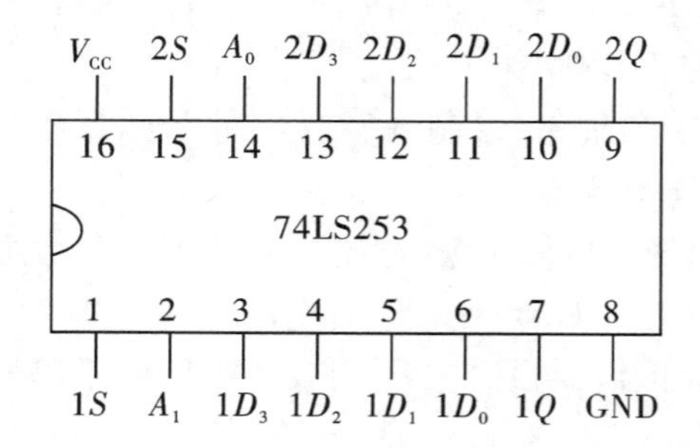

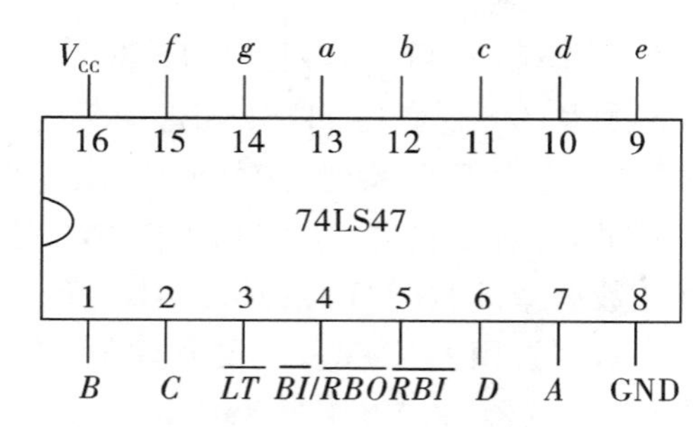

图 29-1　74LS253 和 74LS47 的管脚

【设计要求】

(1)用双四选一数据选择器 74LS253 和 74LS00 实现全加器。

(2)设计测试显示译码器 74LS47 功能的实验步骤。

【实验内容】

1. 测试由数据选择器构成的全加器

参考电路如图 29-2 所示。图 29-2 中控制端 A_1、A_0 为两个四选一数据选择器所共用,前面冠以“1”的为第一个数据选择器的输入和输出端,冠以“2”的为第二个数据选择器。A、B 为被加数和加数的某一位,C_0 为低位来的进位,S 为和,C_1 为向上一位的进位。请按表 29-1 测试其功能。

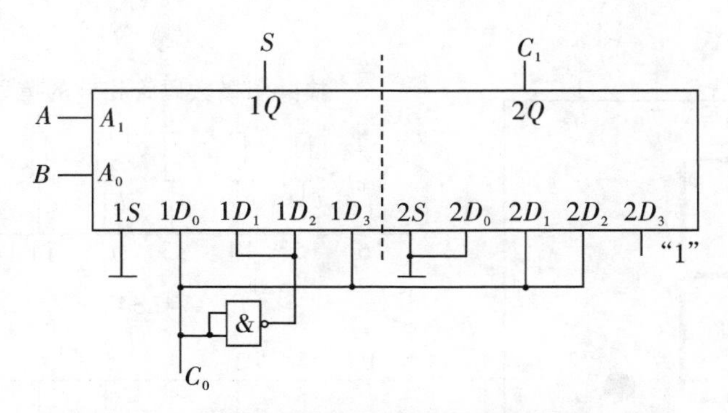

图 29-2　由双四选一数据选择器构成的全加器

表 29-1　全加器功能测试

输入			输出	
A	B	C_0	S	C_1
0	0	0		
0	0	1		
0	1	0		
0	1	1		
1	0	0		
1	0	1		
1	1	0		
1	1	1		

2. 集成显示译码器功能的测试

74LS47 的外引线排列如图 29-1 所示。$\overline{LT}$为灯测试输入端，$\overline{LT}=0$ 时各笔划段全亮，显示字形“8”。$A_{C_1}=A_{C_2}=\dfrac{\Delta U_{C_1}}{\Delta U_i}=\dfrac{-\beta R_C}{R_B+r_{be}+(1+\beta)\left(\dfrac{1}{2}R_P+2R_E\right)}\approx-\dfrac{R_C}{2R_E}$，作为输入时为灭灯输入，$\overline{BI}=0$ 时各笔划段全灭。

3. A、B、C、D（D 为最高位）输入二进制码

$\overline{BI}/\overline{RBO}$端作为输出端使用时为动态灭灯输出端，当动态灭灯输入端$\overline{RBI}=0$，且 $DCBA=0000$ 时，$\overline{BI}/\overline{RBO}=0$，使所有笔划段全部熄灭。

4. a、b、c、d、e、f、g 各笔划段控制端

输出低电平时点亮相应的笔划段，需配共阳极数码管。数码管的管脚及与 74LS47 的连接如图 29-3 所示。

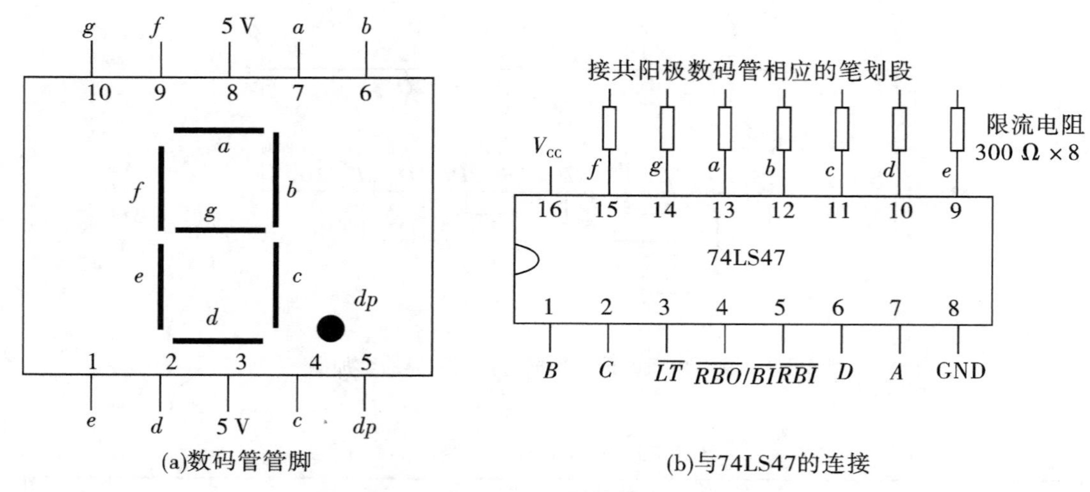

(a)数码管管脚

(b)与74LS47的连接

图 29-3　数码管的管脚及与 74LS47 的连接

按图 29-3 将数码管与译码器相连。注意:一定要接限流电阻,且要布局紧凑,放在面包板的合适位置,在后面的实验中还要用到。按照表 29-2 对其功能进行测试。

表 29-2　74LS47 功能测试表

控制端			数据输入				显示字形
$\overline{LT}$	$\overline{BI}/\overline{RBO}$	$\overline{RBI}$	D	C	B	A	
0	1/	×	×	×	×	×	
1	0/	×	×	×	×	×	
1	/0	0	0	0	0	0	
1	/1	1	0	0	0	0	
1	/1	×	0	0	0	1	
1	/1	×	0	0	1	0	
1	/1	×	0	1	0	0	
1	/1	×	0	1	0	1	
1	/1	×	0	1	1	0	
1	/1	×	0	1	1	1	
1	/1	×	1	0	0	0	
1	/1	×	1	0	0	1	
1	/1	×	1	0	1	0	
1	/1	×	1	0	1	1	
1	/1	×	1	1	0	0	

续表 29-2

控制端			数据输入				显示字形
$\overline{LT}$	$\overline{BI}/\overline{RBO}$	$\overline{RBI}$	D	C	B	A	
1	/1	×	1	1	0	1	
1	/1	×	1	1	1	0	
1	/1	×	1	1	1	1	

注:①表中$\overline{BI}/\overline{RBO}$的状态在“/”上为输入,在“/”下为输出;②“×”为任意态。

【Multisim 仿真】

(1)新建电路文件。依次选择菜单栏命令“文件”→“设计”→“Blank”→“Creat”,然后依次点击菜单按钮“文件”→“另存为”,并命名为“实验 29 组合逻辑电路设计 2”。

(2)根据实验需要合理选择放置(不限于)以下元件和虚拟仪器

1)放置电源 V_{CC}。依次选择菜单栏命令“绘制”→“元器件”,数据库为主数据库;组为 Sources;系列为 POWER_SOURCES;元器件为 VCC;双击放置在电路工作区的电源 VCC 并修改对应标签,如将电压值改为 5V。

2)放置接地 DGND。依次选择菜单栏命令“绘制”→“元器件”,数据库为主数据库;组为 Sources;系列为 POWER_SOURCES;元器件为 DGND。

3)放置电源 V_{DD}。依次选择菜单栏命令“绘制”→“元器件”,数据库为主数据库;组为 Sources;系列为 POWER_SOURCES;元器件为 VDD。

4)放置接地 V_{SS}。依次选择菜单栏命令“绘制”→“元器件”,数据库为主数据库;组为 Sources;系列为 POWER_SOURCES;元器件为 VSS。

5)放置双四选一数据选择器 74LS253N。依次选择菜单栏命令“绘制”→“元器件”,数据库为主数据库;组为 TTL;系列为 74LS_IC;元器件为 74LS253N。

6)放置显示译码器 74LS47N。依次选择菜单栏命令“绘制”→“元器件”,数据库为主数据库;组为 TTL;系列为 74LS_IC;元器件为 74LS47N。

7)放置 7 段共阳数码管。依次选择菜单栏命令“绘制”→“元器件”,数据库为主数据库;组为 Indicators;系列为 HEX_DISPLAY;元器件为 HEX_DISPLAY-SEVEN_SEG_COM_A-BLUE。

8)放置示波器 XSC。依次选择窗体右侧“虚拟仪器栏”→“示波器 XSC”或菜单栏命令“仿真”→“仪器”→“示波器 XSC”。

9)放置电平探测器 X。依次选择菜单栏命令“绘制”→“元器件”,组为 Indicators;系列为 PROBE;元器件为 PROBE_BLUE。

10)放置电压探针。依次选择菜单栏命令“绘制”→“PROBE”→“Voltage”(右键单击可以进行图上反转镜像等操作)。

11)放置逻辑开关 S。依次选择菜单栏命令“绘制”→“元器件”,数据库为主数据库;组为 Basic;系列为 SWITCH;元器件为 SPDT。

12)放置逻辑变换器 XLC。依次选择菜单栏命令“仿真”→“仪器”→“逻辑变换器 XLC”。

(3)按照本次实验【设计要求】和【实验内容】,自行设计电路并测试,将测试数据分别填入表 29-1、表 29-2 中,并加以简要说明。

【实验报告】

(1)整理实验结果填入相应表格中,并加以简要说明。

(2)总结组合逻辑电路的设计方法。

实验30　触发器及其应用

【实验目的】

(1)掌握 *RS* 触发器、集成 *JK* 触发器和 *D* 触发器的逻辑功能及触发方式。

(2)掌握 *RS* 触发器、*D* 触发器和 *JK* 触发器功能的测试方法。

(3)熟悉 KHD-2 数字技术实验装置中单脉冲和连续脉冲发生器的使用方法。

【实验设备及器件】

(1)KHD-2 型数字技术实验装置 1 台。

(2)万用表 1 只。

(3)DS1022U 双踪示波器 1 台。

(4)元器件 74LS00、74LS74、74LS112 各 1 片。

双 *D* 触发器 74LS74、双 *JK* 触发器 74LS112 的管脚如图 30-1 所示。

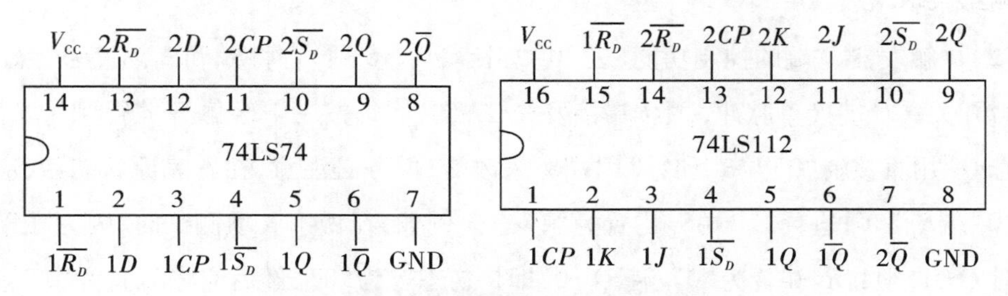

图 30-1　74LS74 和 74LS112 的管脚

【设计要求】

(1)设计测试 *D* 触发器特性表的实验步骤。

(2)设计测试 *JK* 触发器特性表的实验步骤。

(3)利用 *JK* 触发器构成时钟脉冲的二分频和四分频。

(4)设计将 *D* 触发器转换为 *JK* 触发器的电路(用与非门完成转换)。

【实验内容】

1. 基本 *RS* 触发器逻辑功能测试

利用与非门 74LS00 组成基本 *RS* 触发器的原理如图 30-2 所示,它是无时钟控制的低电平直接触发的触发器。基本 *RS* 触发器具有置“0”、置“1”和保持三种功能。将基本 *RS* 触发器测试结果记录在表 30-1 中。

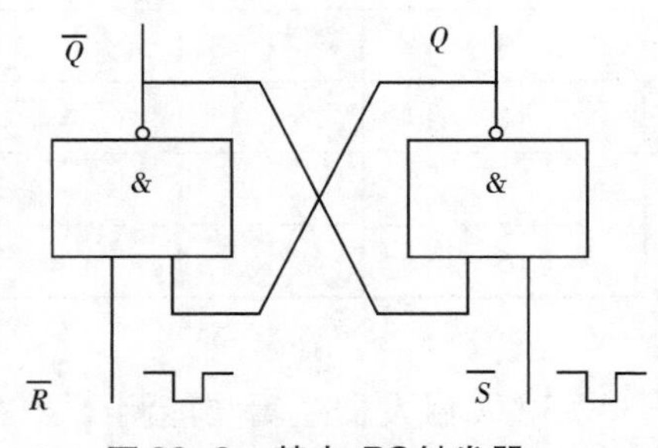

图 30-2　基本 *RS* 触发器

表 30-1　基本 *RS* 触发器的逻辑功能

$\overline{R}$	$\overline{S}$	Q	$\overline{Q}$
0	0		
0	1		
1	0		
1	1		

2. *D* 触发器逻辑功能测试

将 *D* 触发器的 V_{CC} 端接至+5V 电源上，将 GND（地端）接到电源的地端，用万用表检查集成片上的 5 V 电压。按表 30-2 测试 *D* 触发器的逻辑功能。

（1）观察 *D* 触发器的直接清“0”和置“1”端功能（表 30-2 中 1、2 两项）。$\overline{R_D}$和$\overline{S_D}$接逻辑开关，*D* 端和 *CP* 端任意（此时悬空即可），Q、$\overline{Q}$ 接发光二极管（或用万用表测量）。把检测结果填入表 30-2。

（2）*D* 触发器 *D* 端的控制功能（表 30-2 中 3、4、5、6 项）。将$\overline{R_D}$和$\overline{S_D}$都置为 1 态，*D* 端接逻辑开关，*CP* 端接单脉冲，Q、$\overline{Q}$ 端接发光二极管。每按一下轻触开关得到一个脉冲。原状态 Q^n 用直接清“0”端$\overline{R_D}$和置“1”端$\overline{S_D}$来改变，但务必注意，在置完原状态后，应将强迫置“0”端$\overline{R_D}$和强迫置“1”端$\overline{S_D}$均置为“1”态。例如，在做第 3 项测试时，因为在第 2 项做完时 $Q=1$，须将$\overline{R_D}$端置为“0”，使 $Q=0$，即将初态置为“0”，然后应将$\overline{R_D}$置为“1”，否则，*D* 和 *CP* 端都将无法起作用。当 *D*、Q^n 按表 30-1 中每种状态组合时，来一个手动单脉冲（作为 *CP* 脉冲）后，即得到新状态 Q^{n+1}，把检测结果填入表 30-2 中。

表 30-2　*D* 触发器的逻辑功能测试

序号	$\overline{R_D}$	$\overline{S_D}$	D	Q^n	Q^{n+1}
1	0	1	×	×	
2	1	0	×	×	
3	1	1	0	0	
4	1	1	0	1	
5	1	1	1	0	
6	1	1	1	1	

3. *JK* 触发器逻辑功能测试

（1）按表 30-3 测试 *JK* 触发器的逻辑功能，方法同上。

表 30-3　*JK* 触发器功能测试

J	K	Q^n	Q^{n+1}
0	0	0	
0	0	1	
0	1	0	
0	1	1	
1	0	0	
1	0	1	
1	1	0	
1	1	1	

（2）由 *JK* 触发器构成 *T′*触发器。根据 *JK* 触发器的特性方程 $Q^{n+1}=J\overline{Q^n}+\overline{K}Q^n$，将它转换为 *T′*触发器的最简单方法就是令 $J=K=1$，测试电路可参考图 30-3，*CP* 接连续脉冲。用示波器同时观察 *CP* 和 *Q* 的波形，注意 *Q* 在 *CP* 的哪个沿翻转，测量它们的频率关系。在此基础上，用两个 *JK* 触发器构成对时钟脉冲的四分频电路并加以测试。

（3）测试由 *D* 触发器转换为 *JK* 触发器的电路。电路如图 30-4 所示，重新按表 30-2 测试其功能。

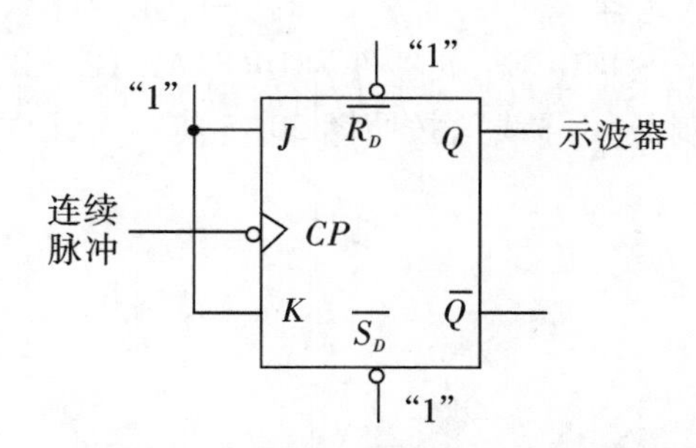

图 30-3　*JK* 触发器转换为 *T′*触发器

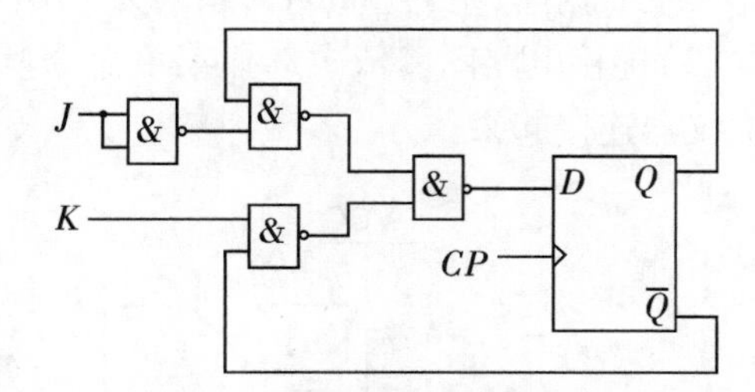

图 30-4　由 *D* 触发器构成的 *JK* 触发器

【Multisim 仿真】

（1）新建电路文件。依次选择菜单栏命令"文件"→"设计"→"Blank"→"Creat"，然后依次点击菜单按钮"文件"→"另存为"，并命名为"实验 30 触发器及其应用"。

（2）根据实验需要放置元件和虚拟仪器

1）放置电源 V_{CC}。依次选择菜单栏命令"绘制"→"元器件"，数据库为主数据库；组为 Sources；系列为 POWER_SOURCES；元器件为 VCC；双击放置在电路工作区的电源 VCC 并修改对应标签，如将电压值改为 5 V。

2）放置接地 DGND。依次选择菜单栏命令"绘制"→"元器件"，数据库为主数据库；组为 Sources；系列为 POWER_SOURCES；元器件为 DGND。

3）放置电源 V_{DD}。依次选择菜单栏命令“绘制”→“元器件”，数据库为主数据库；组为 Sources；系列为 POWER_SOURCES；元器件为 VDD。

4）放置接地 V_{SS}。依次选择菜单栏命令“绘制”→“元器件”，数据库为主数据库；组为 Sources；系列为 POWER_SOURCES；元器件为 VSS。

5）放置二输入端与非门 74LS00N。依次选择菜单栏命令“绘制”→“元器件”，数据库为主数据库；组为 TTL；系列为 74LS；元器件为 74LS00N。

6）放置双 *D* 触发器 74LS74N。依次选择菜单栏命令“绘制”→“元器件”，数据库为主数据库；组为 TTL；系列为 74LS_IC；元器件为 74LS74N。

7）放置双 *JK* 触发器 74LS112N。依次选择菜单栏命令“绘制”→“元器件”，数据库为主数据库；组为 TTL；系列为 74LS；元器件为 74LS112N。

8）放置示波器 XSC。依次选择窗体右侧“虚拟仪器栏”→“示波器 XSC”或菜单栏命令“仿真”→“仪器”→“示波器 XSC”。

9）放置电平探测器 X。依次选择菜单栏命令“绘制”→“元器件”，组为 Indicators；系列为 PROBE；元器件为 PROBE_BLUE。

10）放置电压探针。依次选择菜单栏命令“绘制”→“PROBE”→“Voltage”（右键单击可以进行图上反转镜像等操作）。

11）放置逻辑开关 S。依次选择菜单栏命令“绘制”→“元器件”，数据库为主数据库；组为 Basic；系列为 SWITCH；元器件为 SPDT。

12）放置数字时钟 DIGITAL_CLOCK。依次选择菜单栏命令“绘制”→“元器件”，数据库为主数据库；组为 Sources；系列为 DIGITAL_SOURCES；元器件为 DIGITAL_CLOCK。

（3）连接电路图。依次选择菜单命令“绘制”→“导线”，按照图 30-5 将各个元件和虚拟仪器连接起来。

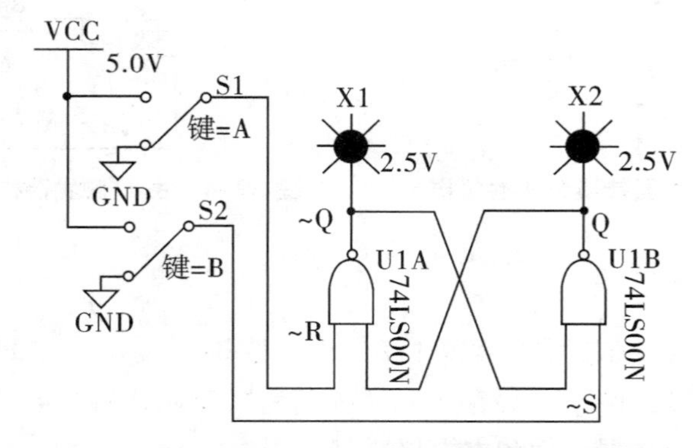

图 30-5　基本 *RS* 触发器逻辑功能测试仿真实验电路

（4）仿真。依次选择菜单命令“仿真”→“运行”。

（5）基本 *RS* 触发器逻辑功能测试

1）将逻辑开关按表 30-1 置位。

2）观察电平探测器 X_1、X_2 逻辑状态，并将结果填入表 30-1 中。

（6）*D* 触发器逻辑功能测试。将 *D* 触发器的 V_{CC}端接至+5 V 电源上，将 *GND*（地端）接到电源的地端，用万用表检查集成片上的 5 V 电压；按表 30-2 测试 *D* 触发器的逻辑功能。注意，在 Multisim 中做如下设置：依次点击菜单栏“仿真”→“混合模式仿真设置”，选择“使用真实管脚模型”。

（7）*JK* 触发器逻辑功能测试

1）按表 30-3 测试 *JK* 触发器的逻辑功能，方法同上。

2）按照图 30-6 所示将 *JK* 触发器转换成 *T*′触发器。

3）用示波器同时观察 *CP* 和 *Q* 的波形。

（8）测试由 *D* 触发器转换为 *JK* 触发器的电路。在 Multisim 中按照图 30-4 所示绘制电路，重新按表 30-2 测试其功能。

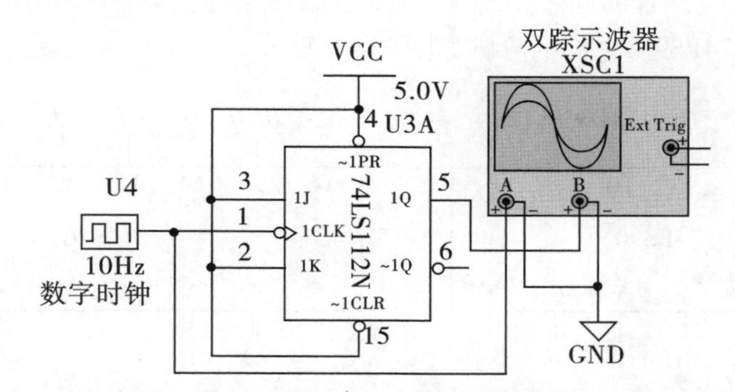

图 30-6　*JK* 触发器转换为 *T*′触发器仿真实验电路

【思考题】

（1）一个带直接置 0/1 端的 *JK* 触发器置为 0 或 1 有哪几种方法？

（2）一个带直接置 0/1 端的 *D* 触发器置为 0 或 1 有哪几种方法？

【实验报告】

（1）画出实验测试电路，整理实验测试结果，列表说明，回答所提问题，画出工作波形图。

（2）比较各种触发器的逻辑功能及触发方式。

实验31　计数器及其应用

【实验目的】

(1)熟悉中规模集成计数器的使用方法。

(2)掌握中规模计数器74LS161和74LS90的使用及功能测试方法。

(3)运用集成计数器构成1/N分频器。

【实验设备及器件】

(1)KHD-2型数字技术实验装置1台。

(2)万用表1只。

(3)元器件。可预置的同步中规模2/16进制加法计数器74LS161和2-5分频异步2/10进制计数器74LS90,它们的管脚如图31-1所示。

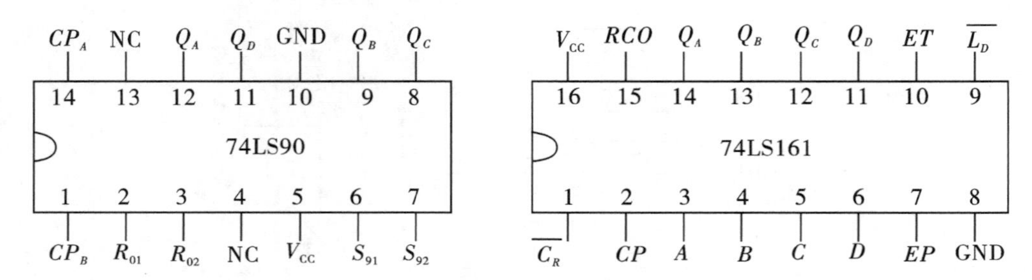

图31-1　74LS90和74LS161的管脚

【实验原理】

计数器是一个用以实现计数功能的时序部件,它不仅可用来计量脉冲数,还常用作数字系统的定时、分频和执行数字运算以及其他特定的逻辑功能。

计数器种类很多:按构成计数中的各触发器是否使用一个时钟脉冲源来分,有同步计数器和异步计数器;根据计数制的不同,分为二进制计数器、十进制计数器和任意进制计数器;根据计数的增减趋势,又分为加法、减法和可逆计数器;还有可预制和可编程序功能计数器等。目前,无论是TTL还是CMOS集成电路,都有品种较齐全的中规模集成计数器。使用者只要借助于器件手册提供的功能表和工作波形图以及引出端的排列,就能正确地运用这些器件。

【设计要求】

(1)设计74LS90和74LS161功能的测试方法。

(2)利用74LS161的预置数功能实现余三编码十进制计数器。

【实验内容】

(1)74LS161的功能测试。按照表31-1测试74LS161的各项功能,并将结果填入表31-1中。

表 31-1　74LS161 功能表

功能	输入									输出			
	$\overline{C_R}$	$\overline{L_D}$	CP	EP	ET	D	C	B	A	Q_D	Q_C	Q_B	Q_A
清零	0	×	×	×	×	×	×	×	×				
预置	1	0	↑	×	×	D	C	B	A				
保持	1	1	↑	$EP \cdot ET=0$		×	×	×	×				
计数	1	1	↑	1	1	×	×	×	×				

测试时，$\overline{C_R}$、$\overline{L_D}$、EP、ET 接逻辑开关，CP 接单脉冲，Q_D、Q_C、Q_B、Q_A 接显示电路。用电平指示电路指示进位信号 RCO 的有无，然后参考下列步骤进行测试：

1）清"0"功能。将$\overline{C_R}$置为 0 态，其他端任意（可暂时悬空），观察 Q_D、Q_C、Q_B、Q_A 是否显示"0"。

2）预置数功能。令$\overline{C_R}=1$、$\overline{L_D}=0$ 时，将 A、B、C、D 置为几种不同的状态，加入手动单脉冲，观察显示的数据是否与预置的数相同。

3）计数和保持功能。令$\overline{C_R}=\overline{L_D}=EP=ET=1$，按动单脉冲开关，观察计数过程，在实验报告中画出状态转换图；同时注意观察何时出现进位信号。在计数器的输出为某一状态时将 EP 或 ET 改接低电平，然后加手动脉冲，观察所发生的现象。

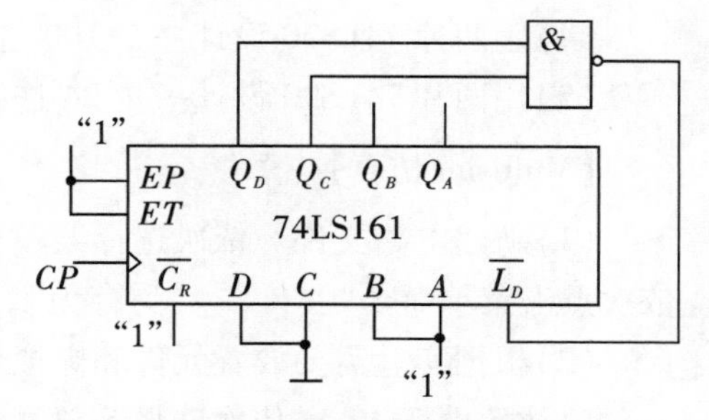

图 31-2　余三码十进制计数器

（2）74LS161 接成余三码十进制计数器。可参考图 31-2 所示电路，CP 接手动单脉冲，观察电路的状态变化过程。可以让电路从"0"态开始计数（利用$\overline{C_r}$端先清零），加入手动单脉冲，直至计数器的状态出现循环为止。

（3）74LS90 功能测试。按照表 31-2 测试 74LS90 的各项功能，并将结果填入表 31-2 中。

表 31-2　74LS90 的功能表

功能	输入						输出			
	R_{01}	R_{02}	S_{91}	S_{92}	CP_A	CP_B	Q_D	Q_C	Q_B	Q_A
清"0"	1	1	0	0	×	×				
置"9"	×	×	1	1	×	×				
二分频	0	0	0	0	↓	×				
五分频	0	0	0	0	×	↓				
十进制计数器	0	0	0	0	↓	Q_A				

测试时，R_{01}、R_{02}、S_{91}、S_{92}接逻辑开关，CP 接单脉冲，Q_D、Q_C、Q_B、Q_A 接显示电路 LED。然后参考下列步骤进行测试：

1）清“0”功能。将 R_{01} 和 R_{02} 置为“1”，其他端任意（可暂时悬空），观察数码管是否显示“0”。

2）置“9”功能。令 $R_{01}=R_{02}=0$，将 S_{91} 和 S_{92} 置为“1”，观察显示的数据是否为“9”。

3）二分频。令 $R_{01}=R_{02}=S_{91}=S_{92}=0$ 时，手动单脉冲电路的输出接至 CP_A，按动轻触开关，观察计数过程。

4）五分频。令 $R_{01}=R_{02}=S_{91}=S_{92}=0$ 时，手动单脉冲电路的输出接至 CP_B，按动轻触开关，观察计数过程。

5）十进制计数器。令 $R_{01}=R_{02}=S_{91}=S_{92}=0$ 时，手动单脉冲电路的输出接至 CP_A，CP_B 接 Q_A，按动轻触开关，观察计数过程。然后 CP_A接连续脉冲，用示波器分别观察 Q_A、Q_B、Q_C、Q_D对应 CP_A的波形，并用示波器的存储功能将 5 个波形全部显示在屏幕上。

6）在 8421BCD 码 10 进制基础上改接成 8 进制。画出原理图。

7）在 8421BCD 码 10 进制基础上改接成 9 进制。画出原理图。

8）在 8421BCD 码 10 进制基础上改接成 7 进制。画出原理图。

（4）用两片 74LS90 设计一个 100 进制计数器，画出电路图，并测试。

（5）用两片 74LS90 设计一个 24 进制计数器，画出电路图，并测试。

【Multisim 仿真】

（1）新建电路文件。依次选择菜单栏命令“文件”→“设计”→“Blank”→Creat，然后依次点击菜单命令“文件”→“另存为”，并命名为“实验 31 计数器及其应用”。

（2）根据实验需要放置元件和虚拟仪器

1）放置电源 V_{CC}。依次选择菜单栏命令“绘制”→“元器件”，数据库为主数据库；组为 Sources；系列为 POWER_SOURCES；元器件为 VCC；双击放置在电路工作区的电源“VCC 值”→“电压”，改为 5V。

2）放置接地 DGND。依次选择菜单栏命令“绘制”→“元器件”，数据库为主数据库；组为 Sources；系列为 POWER_SOURCES；元器件为 DGND。

3）放置电源 V_{DD}。依次选择菜单栏命令“绘制”→“元器件”，数据库为主数据库；组为 Sources；系列为 POWER_SOURCES；元器件为 VDD。

4）放置接地 V_{SS}。依次选择菜单栏命令“绘制”→“元器件”，数据库为主数据库；组为 Sources；系列为 POWER_SOURCES；元器件为 VSS。

5）放置二输入端与非门 74LS00N。依次选择菜单栏命令“绘制”→“元器件”，数据库为主数据库；组为 TTL；系列为 74LS；元器件为 74LS00N。

6）放置 2-5 分频异步 2/10 进制计数器 74LS90N。依次选择菜单栏命令“绘制”→“元器件”，数据库为主数据库；组为 TTL；系列为 74LS_IC；元器件为 74LS90N。

7）放置 2/16 进制加法计数器 74LS161N。依次选择菜单栏命令“绘制”→“元器件”，数据库为主数据库；组为 TTL；系列为 74LS；元器件为 74LS161N。

8）放置示波器 XSC。依次选择窗体右侧“虚拟仪器栏”→“示波器 XSC”或菜单栏命令“仿真”→“仪器”→“示波器 XSC”。

9）放置万用表 XMM。依次选择窗体右侧“虚拟仪器栏”→“万用表 XMM”或菜单栏命令“仿真”→“仪器”→“万用表 XMM”。

10）放置电平探测器 X。依次选择菜单栏命令“绘制”→“元器件”，组为 Indicators；系列为 PROBE；元器件为 PROBE_BLUE。

11）放置电压探针。依次选择菜单栏命令“绘制”→“PROBE”→“Voltage”（右击可以进行图上反转镜像等操作）。

12）放置逻辑开关。依次选择菜单栏命令“绘制”→“元器件”，数据库为主数据库；组为 Basic；系列为 SWITCH；元器件为 SPDT；双击放置在电路工作区的逻辑开关并修改对应标签。

13）放置按钮开关 K。依次选择菜单栏命令“绘制”→“元器件”，数据库为主数据库；组为 Electro_Mechanical；系列为 SUPPLEMENTARY_SWITCHES；元器件为 PB_NO。

（3）连接电路图。依次选择菜单命令“绘制”→“导线”，按照图 31-3 将各个元件和虚拟仪器连接起来。

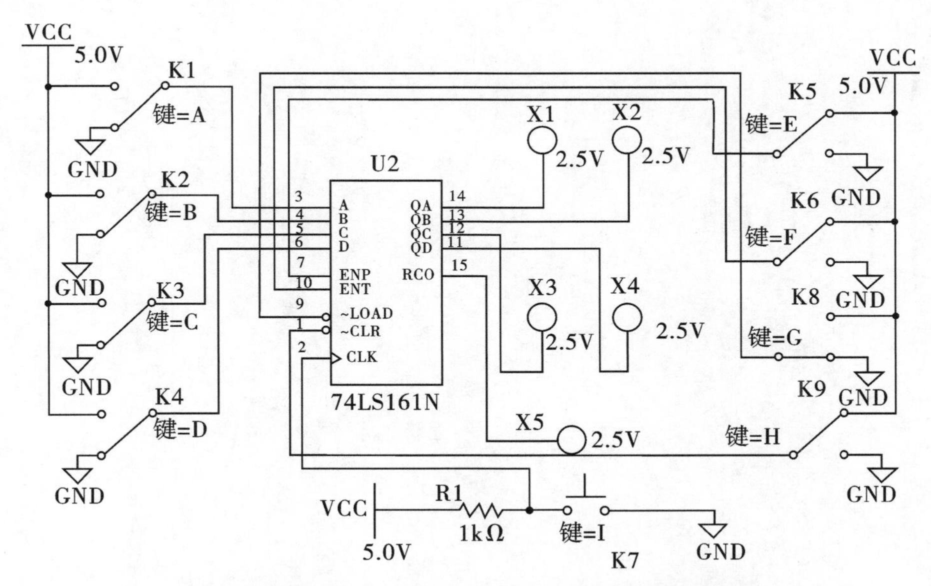

图 31-3 Multisim 中 74LS161 的功能测试仿真实验电路

（4）仿真。依次选择菜单命令“仿真”→“运行”。

（5）74LS161 的功能测试实验。按照表 31-1 测试 74LS161 的各项功能，并将结果填入表 31-1 中。

（6）74LS161 接成余三码十进制计数器实验。可参考图 31-3 所示电路在 Multisim 中自行作图，*CP* 接手动单脉冲，观察电路的状态变化过程。

（7）74LS90 功能测试实验。利用 Multisim 作图，按照表 31-2 测试 74LS90 的各项功能，并将结果填入表31-2中。

(8)分别利用两片74LS90设计成100和24进制计数器,自行利用Multisim作图,并测试之。

【实验报告】

(1)画出实验线路图,记录、整理实验数据及实验所得的有关波形。对实验结果进行分析。

(2)总结使用集成计数器的体会。

实验32　555定时器及其应用

【实验目的】

(1)熟悉555定时器的电路结构、工作原理及其特点。

(2)掌握利用555定时器组成各种脉冲电路的方法。

【实验设备及器件】

(1)KHD-2型数字技术实验装置1台。

(2)万用表1只。

(3)元器件。555集成定时器的管脚排列如图32-1所示。

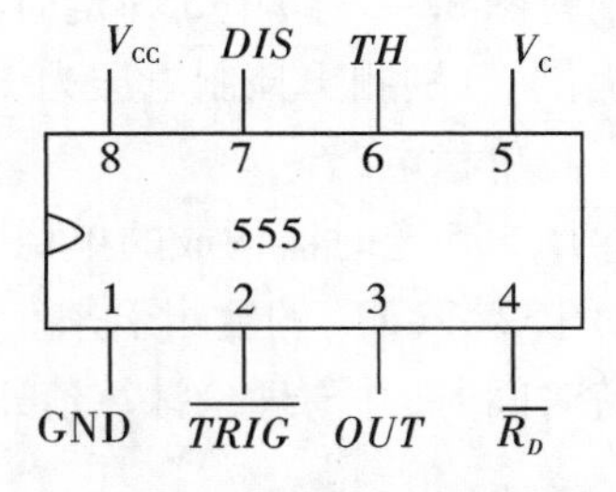

图32-1　555集成定时器引脚

1)引脚1。GND(地)端,接地。

2)引脚2。$\overline{TRIG}$(触发)端,当此引脚电压降至$V_{CC}/3$(或由控制端5引脚决定的阈值电压)时输出端给出高电平。

3)引脚3。OUT(输出)端,输出高电平($+V_{CC}$)或低电平。

4)引脚4。$\overline{R_D}$(复位)端,当此引脚接地时芯片复位,输出低电平。

5)引脚5。V_C(控制)端,控制芯片的阈值电压。(当此管脚悬空时默认两阈值电压为$V_{CC}/3$与$2V_{CC}/3$)。

6)引脚6。TH(阈值)端,当此引脚电压升至$2V_{CC}/3$(或由控制端决定的阈值电压)时输出端给出低电平。

7)引脚7。DIS(放电)端,内接OC门,用于给电容放电。

8)引脚8。V_{CC}(供电)端,给芯片供电。

【设计要求】

(1)用555定时器设计一多谐振荡器,输出频率为1 kHz的方波。

(2)用555定时器设计一单稳态电路,暂稳态维持时间约为0.7 ms,考虑如何将该时间变为100 ms。

【实验内容】

1.施密特电路

由555定时器构成的施密特触发电路如图32-2所示。在输入端加入正弦波(或三角波),用示波器的两个通道同时观察输入和输出的波形。此时示波器的输入必须使用直流耦合方式。测量两个触发电平,并计算回差电压。此时若输出无波形,请检查输入信号的幅值,幅值必须大于

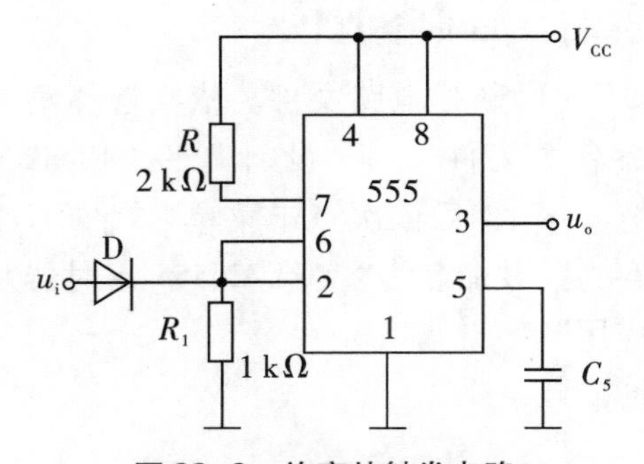

图32-2　施密特触发电路

$2V_{CC}/3$（为什么？请在报告中说明）。用示波器观察 555 定时器 7 脚的电压波形，与输出波形比较。

2. 多谐振荡器

图 32–3(a)所示为用 555 电路组成的多谐振荡器，用示波器观察振荡器输出 u_o 和电容上电压 u_C 的波形，测量出输出脉冲的幅度 U_{om}、周期 T、频率 f、占空比 D，并与理论计算值比较。测量 u_C 的最小值和最大值。注意：必须使用示波器的直流耦合方式。该电路应保留，为后边单稳态电路提供输入。

3. 压控振荡电路

将图 32–3(a)中 555 定时器的 5 脚接一个可调电压源，可用所用稳压电源的另一路来提供，分别测出控制电压为 1.5 V、3 V、4.5 V 时的振荡频率、占空比，并与理论值比较。

4. 单稳电路

用 555 定时器构成的单稳电路如图 32–3(b)所示，u_i 为触发输入信号，可由多谐振荡器[图 32–3(a)]的输出引来。用示波器同时观察 u_i 和 u_C 及 u_i 和 u_o 的波形，测出暂稳态的维持时间 t_w，并与理论计算值比较。

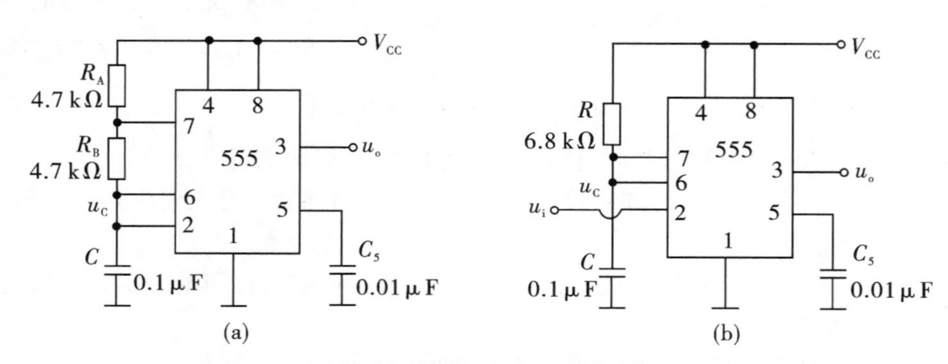

图 32–3　555 定时器构成的多谐振荡和单稳电路

改变 t_w，使之等于 100 ms，并改用轻触开关 S 来为单稳电路提供输入，电路如图 32–4 所示，此电路已成为具有去抖动功能的单脉冲产生电路。

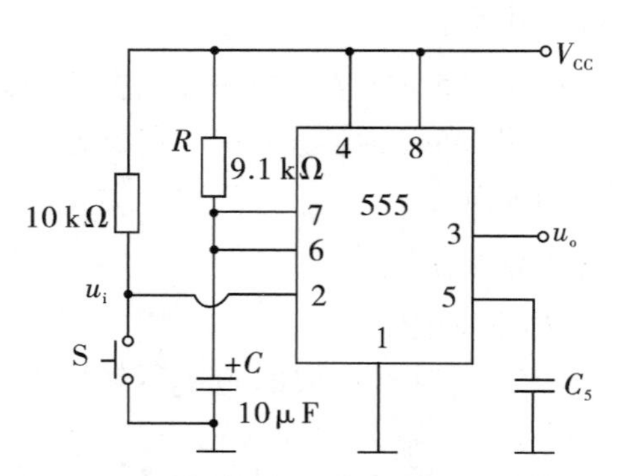

图 32–4　具有去抖动功能的单脉冲产生电路

【Multisim 仿真】

(1)新建电路文件。依次选择菜单栏命令“文件”→“设计”→“Blank”→“Creat”，然后依次点击菜单“文件”→“另存为”，并命名为“实验 32 555 定时器及其应用”。

(2)根据实验需要放置元件和虚拟仪器

1)放置电源 V_{CC}。依次选择菜单栏命令“绘制”→“元器件”,数据库为主数据库;组为 Sources;系列为 POWER_SOURCES;元器件为 VCC;双击放置在电路工作区的电源 VCC 并修改对应标签,如将电压值改为 5 V。

2)放置接地 DGND。依次选择菜单栏命令“绘制”→“元器件”,数据库为主数据库;组为 Sources;系列为 POWER_SOURCES;元器件为 DGND。

3)放置电源 V_{DD}。依次选择菜单栏命令“绘制”→“元器件”,数据库为主数据库;组为 Sources;系列为 POWER_SOURCES;元器件为 VDD。

4)放置接地 V_{SS}。依次选择菜单栏命令“绘制”→“元器件”,数据库为主数据库;组为 Sources;系列为 POWER_SOURCES;元器件为 VSS。

5)放置 555 定时器 555_VIRTUAL。依次选择菜单栏命令“绘制”→“元器件”,数据库为主数据库;组为 Mixed;系列为 MIXED_VIRTUAL;元器件为 555_VIRTUAL。

6)放置示波器 XSC。依次选择窗体右侧“虚拟仪器栏”→“示波器 XSC”或菜单栏命令“仿真”→“仪器”→“示波器 XSC”。

7)放置万用表 XMM。依次选择窗体右侧“虚拟仪器栏”→“万用表 XMM”或菜单栏命令“仿真”→“仪器”→“万用表 XMM”。

8)放置电平探测器 X。依次选择菜单栏命令“绘制”→“元器件”,组为 Indicators;系列为 PROBE;元器件为 PROBE_BLUE。

9)放置函数发生器 XFG。依次选择窗体右侧“虚拟仪器栏”→“函数发生器 XFG”或菜单栏命令“仿真”→“仪器”→“函数发生器 XFG”。

10)放置按钮开关 K。依次选择菜单栏命令“绘制”→“元器件”,数据库为主数据库;组为 Electro_Mechanical;系列为 SUPPLEMENTARY_SWITCHES;元器件为 PB_NO。

11)放置二极管 VD。依次选择菜单栏命令“绘制”→“元器件”,数据库为主数据库;组为 Diodes;系列为 DIODE;元器件为 1BH62。

12)电阻、电容若干。

(3)连接电路图。依次选择菜单命令“绘制”→“导线”,按照图 32-5 将各个元件和虚拟仪器连接起来。

(4)仿真。依次选择菜单命令“仿真”→“运行”。

(5)施密特电路、多谐振荡器、压控振荡电路实验。参照图 32-5 按照本实验的【实验内容】完成实验。

(6)单稳电路实验。可参考图 32-3(b)所示电路在 Multisim 中自行画图,按照本实验步骤 5 要求完成实验,其中具有去抖动功能的单脉冲产生电路如图 32-6 所示。

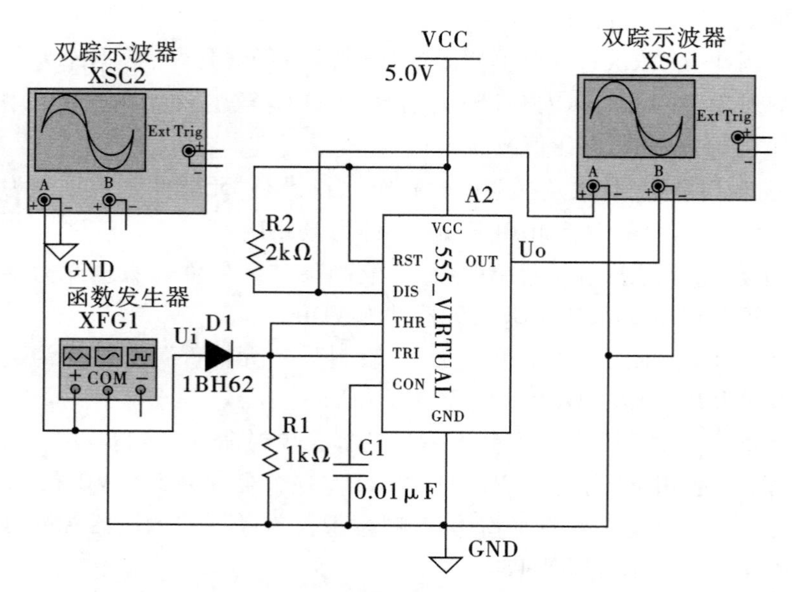

图 32-5　Multisim 施密特触发仿真实验电路

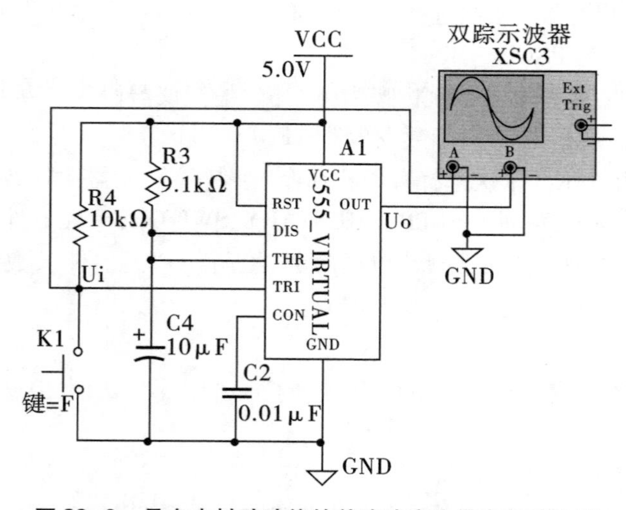

图 32-6　具有去抖动功能的单脉冲产生仿真实验电路

【实验报告】

(1)绘出详细的实验线路图,定量给出观察到的波形。

(2)分析总结实验结果。

实验33　电子秒表的设计

【实验目的】

(1)学习数字电路中基本 RS 触发器、单稳态触发器、时钟发生器、计数器、译码器、LED 显示器等单元电路的综合应用。

(2)学习电子秒表的调试方法。

【实验设备及器件】

(1)KHD-2 型数字技术实验装置 1 台。

(2)万用表 1 只。

(3)双踪示波器 1 台。

(4)元器件。74LS00,2 块;555 定时器,1 块;计数器 74LS90,3 块;电位器、电阻、电容若干。

【实验原理及电路】

图 33-1 为电子秒表的实验电路原理图,按功能不同把它分成四个单元电路进行分析。

1. 基本 RS 触发器

图 33-1 中 F_1 为用集成与非门构成的基本 RS 触发器,属低电平直接触发的触发器,有直接置位、复位的功能。它的一路输出 $\overline{Q}$ 作为单稳态触发器的输入,另一路输出 Q 作为与非门 5 的输入控制信号。

按动按钮开关 K_2(接地),则门 1 输出 $\overline{Q}=1$;门 2 输出 $Q=0$,K_2复位后 Q、$\overline{Q}$ 状态保持不变。再按动按钮开关 K_1,则 Q 由 0 变为 1,门 5 开启,为计数器启动做好准备。$\overline{Q}$ 由 1 变为 0,送出负脉冲,启动单稳态触发器工作。

基本 RS 触发器在电子秒表中的功能就是启动和停止秒表的工作。

2. 单稳态触发器

图 33-1 中单元 F_2 为用集成与非集成构成的微分型单稳态触发器。单稳态触发器的输入触发负脉冲信号 V_i由基本 RS 触发器 $\overline{Q}$ 端提供,输出负脉冲 V_o通过非门加到计数器的清除端 $R_0(1)$。

静态时,门 4 应处于截止状态,故电阻 R 必须小于门的关门电阻 R_{off}。定时元件 RC 取值不同,输出脉冲宽度也不同。当触发脉冲宽度小于输出脉冲宽度时,可以省去输入微分电路的 R_P和 C_P。

单稳态触发器在电子秒表中的功能是为计数器提供清零信号。

3. 时钟发生器

图 33-1 中单元 F_3 为用 555 定时器构成的多谐振荡器,是一种性能较好的时钟源。

调节电位器 R_W,使在输出端 3 获得频率为 50 Hz 脉冲的矩形波信号,当基本 RS 触发

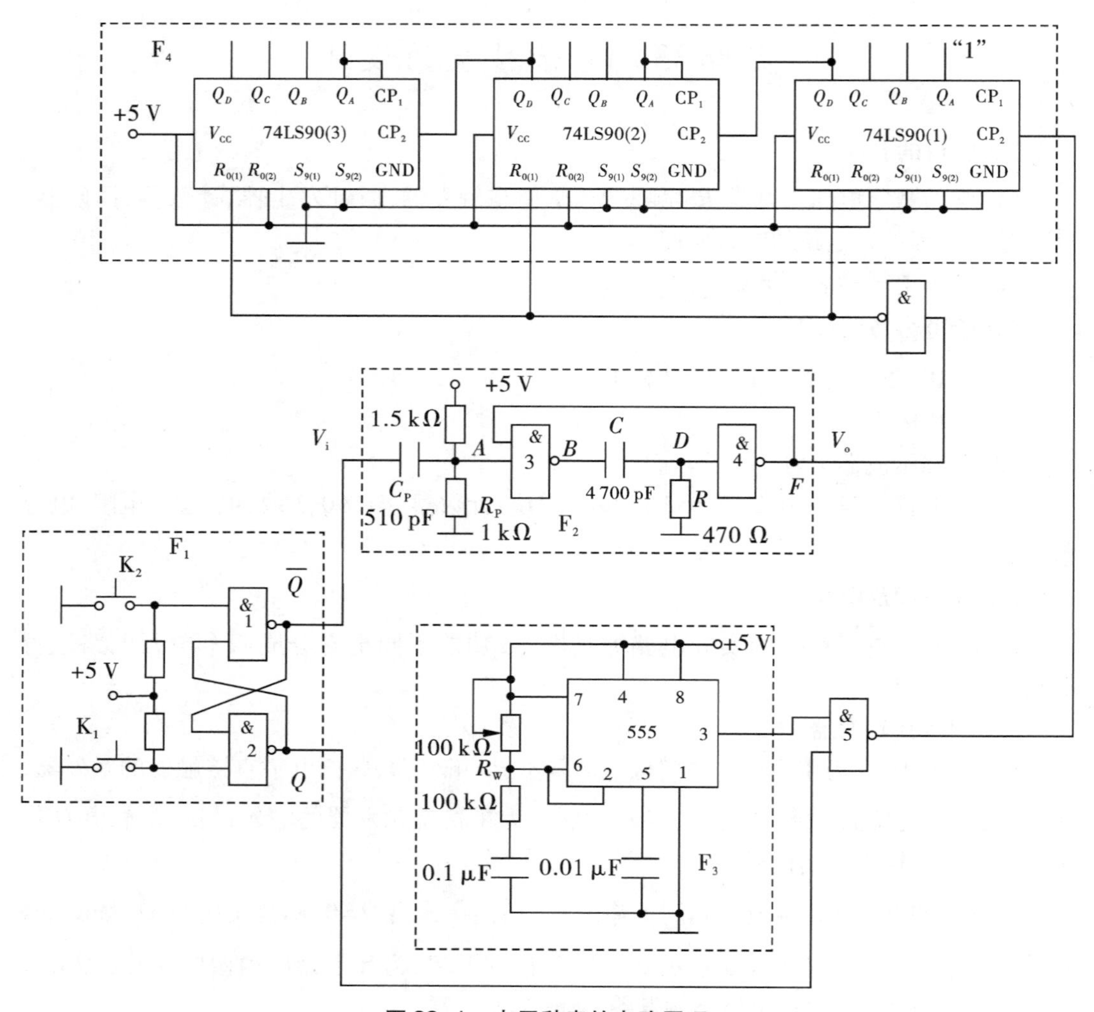

图 33-1　电子秒表的电路原理

器 $Q=1$ 时，门 5 开启，此时 50 Hz 脉冲信号通过门 5 作为计数脉冲加于计数器 74LS90(1)的计数输入端 CP_2。

4. 计数及译码显示

二-五-十进制计数器 74LS90 构成电子秒表的计数单元，如图 33-1 中单元 F_4 所示。其中计数器(1)接成五进制形式，对频率为 50 Hz 的时钟脉冲进行五分频，在输出端 Q_D 取得周期为 0.1 s 的矩形脉冲，作为计数器(2)的时钟输入。计数器(2)及计数器(3)接成 8421BCD 码十进制形式，其输出端与 KHD-2 数字实验装置上译码显示单元的相应输入端连接，可显示 0.1 ~0.9 s;1 ~9.9 s 计时。

【实验内容】

由于实验电路中使用器件较多，实验前必须合理安排各器件在实验装置上的位置，使电路逻辑清楚,接线较短。

实验时,应按照实验任务的次序,将各单元电路逐个进行接线和调试,即分别测试基本 *RS* 触发器、单稳态触发器、时钟发生器及计数器的逻辑功能,待各单元电路工作正常后,再将有关电路逐级连接起来进行测试,直到测试电子秒表整个电路的功能。

这样的测试方法有利于检查和排除故障,保证实验顺利进行。

1. 基本 *RS* 触发器的设计与测试

测试方法同前。

2. 单稳态触发器的设计与测试

用直流数字电压表测量 A、B、D、F 各点电位值并记录。

输入端接 1 kHz 连续脉冲源,用示波器观察并描绘 D 点(V_D)、F 点(V_o)波形,如嫌单稳输出脉冲时间太短,难以观察,可适当加大微分电容 C(如改为0.1 μF)待测试完毕,再恢复 4 700 pF。

3. 555 时钟信号发生器的设计与测试

用示波器观察输出电压波形并测量其频率,调节 R_W,使输出矩形波频率为 50 Hz。

4. 计数-译码-显示电路的设计与测试。

计数器(1)接成五进制形式,$R_{0(1)}$、$R_{0(2)}$、$S_{9(1)}$、$S_{9(2)}$ 接逻辑开关输出插口,CP_2 接单次脉冲源,CP_1 接高电平"1",$Q_D \sim Q_A$ 接 KHD-2 型数字实验设备上译码显示输入端 D、C、B、A,自己设计表格测试其逻辑功能,记录之。

计数器(2)及计数器(3)接成 8421BCD 码十进制形式,测试其逻辑功能并记录之。

将计数器 74LS90(1)、(2)、(3)级联,进行逻辑功能测试并记录之。

5. 电子秒表的整体调试

各单元电路测试正常后,按图 33-1 把几个单元电路连接起来,进行电子秒表的总体测试。

先按一下按钮开关 K_2,此时电子秒表不工作,再按一下按钮开关 K_1,则计数器清零后便开始计时,观察数码管显示计数情况是否正常,如不需要计时或暂停计时,按一下开关 K_2,计时立即停止,但数码管保留所计时的值。

6. 电子秒表准确度的测试与调试

利用电子钟或手表的秒计时对故障排除方法。

【Multisim 仿真】

(1)新建电路文件。依次选择菜单栏命令"文件"→"设计"→"Blank"→"Creat",然后依次点击菜单命令"文件"→"另存为",并命名为"实验 33 电子秒表的设计"。

(2)根据实验需要合理选择放置(不限于)元件和虚拟仪器

1)放置电源 V_{CC}。依次选择菜单栏命令"绘制"→"元器件",数据库为主数据库;组为 Sources;系列为 POWER_SOURCES;元器件为 VCC;双击放置在电路工作区的电源 VCC 并修改对应标签,如将电压值改为 5 V。

2)放置接地 DGND。依次选择菜单栏命令"绘制"→"元器件",数据库为主数据库;

组为 Sources；系列为 POWER_SOURCES；元器件为 DGND。

3）放置电源 V_{DD}。依次选择菜单栏命令“绘制”→“元器件”，数据库为主数据库；组为 Sources；系列为 POWER_SOURCES；元器件为 VDD。

4）放置接地 V_{SS}。依次选择菜单栏命令“绘制”→“元器件”，数据库为主数据库；组为 Sources；系列为 POWER_SOURCES；元器件为 VSS。

5）放置二输入端与非门 74LS00N。依次选择菜单栏命令“绘制”→“元器件”，数据库为主数据库；组为 TTL；系列为 74LS；元器件为 74LS00N。

6）放置 555 定时器 555_VIRTUAL。依次选择菜单栏命令“绘制”→“元器件”，数据库为主数据库；组为 Mixed；系列为 MIXED_VIRTUAL；元器件为 555_VIRTUAL。

7）放置 2-5 分频异步 2/10 进制计数器 74LS90N。依次选择菜单栏命令“绘制”→“元器件”，数据库为主数据库；组为 TTL；系列为 74LS_IC；元器件为 74LS90N。

8）放置显示译码器 74LS47N。依次选择菜单栏命令“绘制”→“元器件”，数据库为主数据库；组为 TTL；系列为 74LS_IC；元器件为 74LS47N。

9）放置万用表 XMM。依次选择窗体右侧“虚拟仪器栏”→“万用表 XMM”或菜单栏命令“仿真”→“仪器”→“万用表 XMM”。

10）放置电平探测器 X。依次选择菜单栏命令“绘制”→“元器件”，组为 Indicators；系列为 PROBE；元器件为 PROBE_BLUE。

11）放置电压探针。依次选择菜单栏命令“绘制”→“PROBE”→“Voltage”（右键单击可以进行图上反转镜像等操作）。

12）放置按钮开关 K。依次选择菜单栏命令“绘制”→“元器件”，数据库为主数据库；组为 Electro_Mechanical；系列为 SUPPLEMENTARY_SWITCHES；元器件为 PB_NO。

13）放置电位器 R。依次选择菜单栏命令“绘制”→“元器件”，数据库为主数据库；组为 Basic；系列为 POTENTIOMETER；元器件的规格为 100 kΩ；双击刚放置在电路工作区的电位器并修改对应标签。

14）放置 7 段共阳数码管。依次选择菜单栏命令“绘制”→“元器件”，数据库为主数据库；组为 Indicators；系列为 HEX_DISPLAY；元器件为 HEX_DISPLAY-SEVEN_SEG_COM_A-BLUE。

15）放置电阻、电容若干。

（3）按照本次实验要求，自行设计电路并测试，并加以简要说明。

【实验报告】

（1）总结电子秒表的整个调试过程。

（2）分析调试过程中发现的问题及故障排除方法。

实验 34　智力竞赛抢答器的设计

【实验目的】

(1)学习数字电路中 D 触发器、分频电路、多谐振荡器、CP 时钟脉冲源等单元电路的综合应用。

(2)熟悉智力竞赛抢答器的工作原理。

(3)了解简单数字系统实验、调试及故障排除方法。

【实验设备及器件】

(1)KHD-2 型数字技术实验装置 1 台。

(2)万用表 1 只。

(3)DS1022U 双踪示波器 1 台。

(4)元器件。74LS175、74LS00、74LS20、74LS74 各 1 片。图 34-1 为 74LS175 的引脚图,图 34-2 为 74LS20 的引脚图,其他集成块的引脚图见其他实验。

图 34-1　74LS175 的引脚

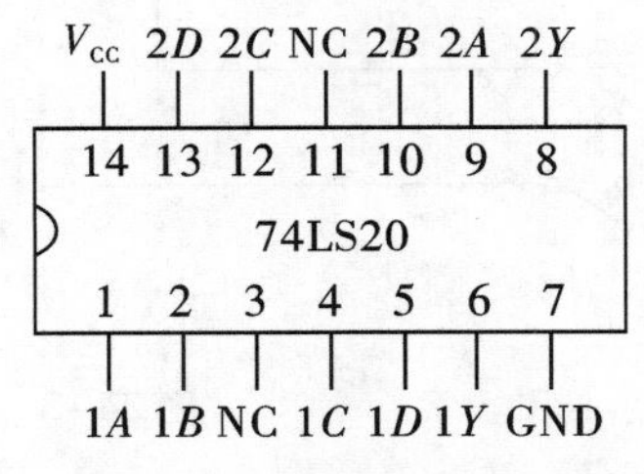

图 34-2　74LS20 的引脚

【实验原理及电路】

可供 4 个人使用的智力竞赛抢答器电路如图 34-3 所示,用以判断抢答的优先权。

图 34-3 中 F_1 为四 D 触发器 74LS175,它具有公共置 0 端和公共 CP 端,引脚排列见图 34-1;F_2 为四输入与非门 74LS20;F_3 是由 74LS00 组成的多谐振荡器;F_1 是由 74LS74 组成的四分电路。F_3、F_4 组成抢答电路中的 CP 时钟脉冲源。抢答开始时,由主持人清除信号,按下复位开关 S,74LS175 的输出 $Q_1 \sim Q_4$ 全为 0,所有 LED 均熄灭,当主持人宣布"抢答开始"后,首先作出判断的参赛者立即按下开关,对应的 LED 点亮,同时,通过与非门 F_2 送出信号锁住其余 3 个抢答者的电路,不再接受其他信号,直到主持人再次清除信号为止。

【实验内容】

(1)设计智力竞赛抢答器的原理图。

(2)完成智力竞赛抢答器电路接线。试测方法参照以前的有关实验内容,判断器件的好坏。

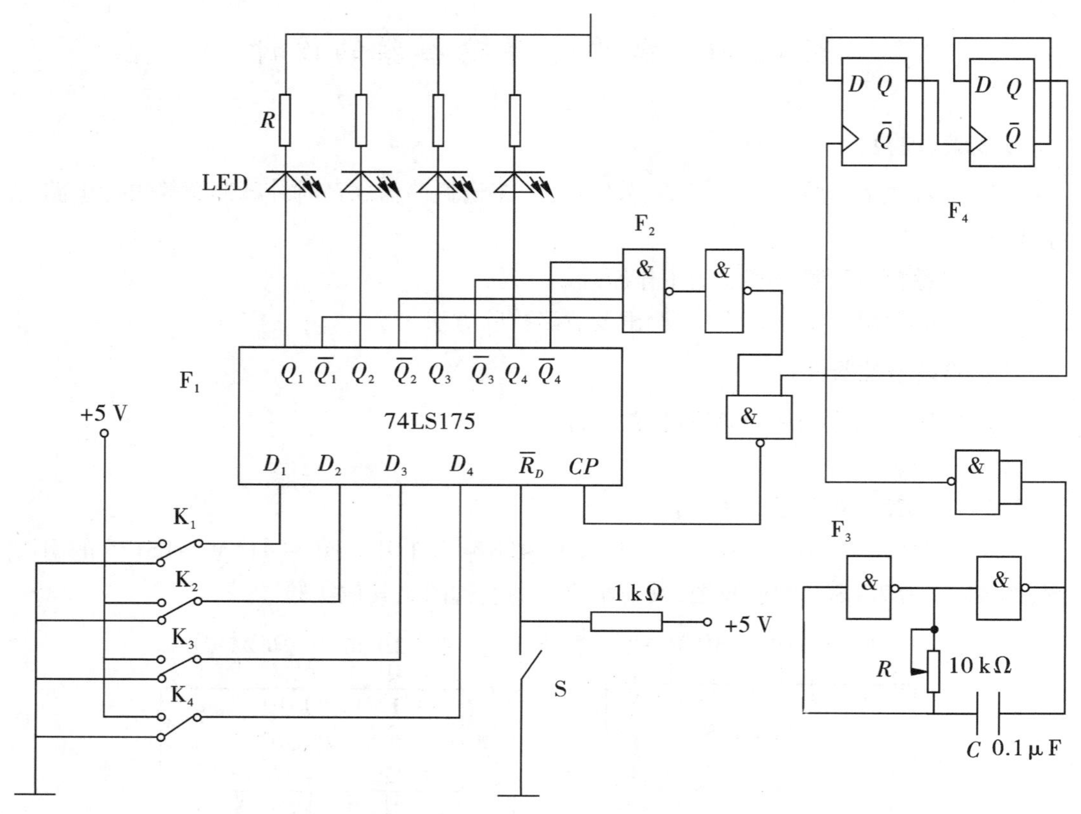

图 34-3　智力竞赛抢答器电路

(3)单独对多谐振荡器和分频器进行调试,使其输出 4 kHz 脉冲。断开抢答器电路中 CP 脉冲源电路,单独对多谐振荡器 F_3 及分频器 F_4 进行调试,调整多谐振荡器 10 kΩ 电位器,使其输出脉冲频率约 4 kHz,观察 F_3 及 F_4 输出波形及测试其频率

(4)测试抢答器的功能。接通+5 V 电源,CP 端接 KHD-2 型数字实验装置上连续脉冲源,取重复频率约 1 kHz。

1)抢答开始前,开关 K_1、K_2、K_3、K_4 均置“0”,准备抢答,将开关 S 置“0”,LED 全熄灭,再将 S 置“1”。抢答开始,K_1、K_2、K_3、K_4某一开关置“1”,观察 LED 的亮灭情况,然后将其他三个开关中任一个置“1”,观察 LED 的亮、灭有否改变。

2)重复步骤 1)的内容,改变 K_1、K_2、K_3、K_4 任一个开关状态,观察抢答器的工作情况。

3)整体测试,断开试验装置上的连续脉冲源,接入 F_3 及 F_4,再进行试验。

【Multisim **仿真**】

(1)新建电路文件。依次选择菜单栏命令“文件”→“设计”→“Blank”→“Creat”,然后依次点击菜单按钮“文件”→“另存为”,并命名为“实验 34 智力竞赛抢答器的设计”。

(2)根据实验需要合理选择放置(不限于)元件和虚拟仪器

1)放置电源 V_{CC}。依次选择菜单栏命令“绘制”→“元器件”,数据库为主数据库;组为 Sources;系列为 POWER_SOURCES;元器件为 VCC;双击刚放置在电路工作区的电源 VCC 并修改对应标签,如将电压值改为 5 V。

2)放置接地 *DGND*。依次选择菜单栏命令“绘制”→“元器件”,数据库为主数据库;组为 Sources;系列为 POWER_SOURCES;元器件为 DGND。

3)放置电源 V_{DD}。依次选择菜单栏命令“绘制”→“元器件”,数据库为主数据库;组为 Sources;系列为 POWER_SOURCES;元器件为 VDD。

4)放置接地 V_{SS}。依次选择菜单栏命令“绘制”→“元器件”,数据库为主数据库;组为 Sources;系列为 POWER_SOURCES;元器件为 VSS。

5)放置二输入端四与非门 74LS00N。依次选择菜单栏命令“绘制”→“元器件”,数据库为主数据库;组为 TTL;系列为 74LS;元器件为 74LS00N。

6)放置四 *D* 触发器 74LS175N。依次选择菜单栏命令“绘制”→“元器件”,数据库为主数据库;组为 TTL;系列为 74LS_IC;元器件为 74LS175N。

7)放置四输入端二与非门 74LS20N。依次选择菜单栏命令“绘制”→“元器件”,数据库为主数据库;组为 TTL;系列为 74LS;元器件为 74LS20N。

8)放置双 *D* 触发器 74LS74N。依次选择菜单栏命令“绘制”→“元器件”,数据库为主数据库;组为 TTL;系列为 74LS_IC;元器件为 74LS74N。

9)放置万用表 XMM。依次选择窗体右侧“虚拟仪器栏”→“万用表 XMM”或菜单栏命令“仿真”→“仪器”→“万用表 XMM”。

10)放置电平探测器 X。依次选择菜单栏命令“绘制”→“元器件”,组为 Indicators;系列为 PROBE;元器件为 PROBE_BLUE。

11)放置电压探针。依次选择菜单栏命令“绘制”→“PROBE”→“Voltage”(右键单击可以进行图上反转镜像等操作)。

12)放置逻辑开关 K_1、K_2。依次选择菜单栏命令“绘制”→“元器件”,数据库为主数据库;组为 Basic;系列为 SWITCH;元器件为 SPDT;双击刚放置在电路工作区的逻辑开关并修改对应标签。

13)放置开关 S。依次选择菜单栏命令“绘制”→“元器件”,数据库为主数据库;组为 Basic;系列为 SWITCH;元器件为 DIPSW1。

14)放置电位器 *R*。依次选择菜单栏命令“绘制”→“元器件”,数据库为主数据库;组为 Basic;系列为 POTENTIOMETER;元器件的规格为 100 kΩ;双击刚放置在电路工作区的电位器并修改对应标签。

15)放置 7 段共阳数码管。依次选择菜单栏命令“绘制”→“元器件”,数据库为主数据库;组为 Indicators;系列为 HEX_DISPLAY;元器件为 HEX_DISPLAY-SEVEN_SEG_COM_A-BLUE。

16)放置 LED。依次选择菜单栏命令“绘制”→“元器件”,数据库为主数据库;组为

Diodes;系列为 LED;元器件为 LED_blue。

17)放置电阻排。选择菜单栏“绘制”→“元器件”,数据库为主数据库;组为 Basic;系列为 RPACK;元器件为 4Line_Bussed。

18)放置电阻、电容若干。

(3)按照本实验要求,自行设计电路并测试,并加以简要说明。

【思考题】

若在原理图中加一个计时功能,要求计时电路显示时间精确到秒,最多限制为 2 min,一旦超出时限,则取消抢答权,画出改进电路图。

【实验报告】

(1)分析智力竞赛抢答器各部分的功能及工作原理。

(2)总结数字系统的设计、调试方法。

(3)分析实验电路中出现的故障及解决方法。

实验 35　血型配对指示器电路设计

【实验目的】

(1)熟悉选择器集成电路的功能及使用。

(2)熟悉用选择器解决组合逻辑问题的设计方法。

【实验设备及器件】

(1)KHD-2 型数字技术实验装置 1 台。

(2)万用表 1 只。

(3)DS1022U 双踪示波器 1 台。

(4)元器件。数据选择器 74LS153、二输入与门各 1 片。

【双 4 选 1 数据选择器/数据分配器 74LS153 介绍】

(1)74LS153 引脚如图 35-1 所示。

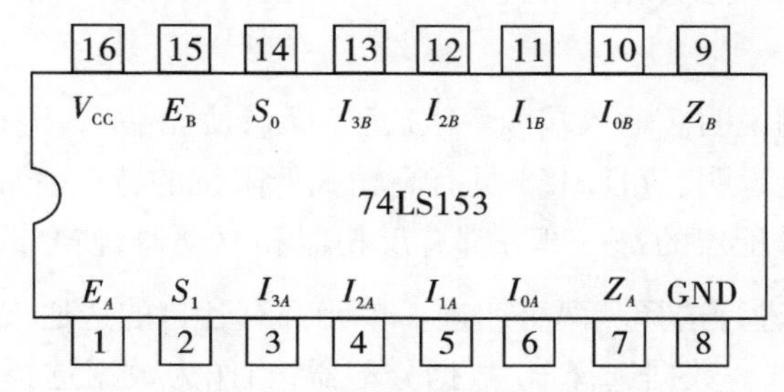

图 35-1　74LS153 引脚

(2)74LS153 内部逻辑图如图 35-2 所示。

(3)74LS153 真值表如表 35-1 所示。

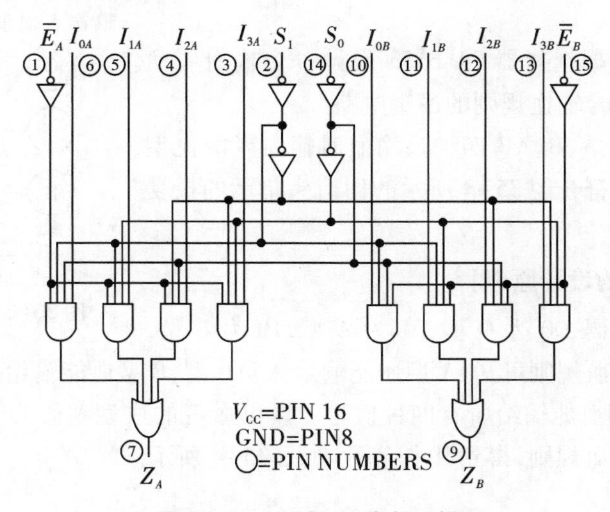

图 35-2　74LS153 内部逻辑

表 35-1　74LS153 真值表

选择控制端			输入(A 或 B)				输出
S_1	S_0	$\overline{E}$	I_0	I_1	I_2	I_3	Z
×	×	H	×	×	×	×	L
L	L	L	L	×	×	×	L
L	L	L	H	×	×	×	H
L	H	L	×	L	×	×	L
L	H	L	×	H	×	×	H
H	L	L	×	×	L	×	L
H	L	L	×	×	H	×	H
H	H	L	×	×	×	L	L
H	H	L	×	×	×	H	H

注:H 表示高电平、L 表示低电平、×表示任意电平。

(4)74LS153 引脚说明。输入端 $I_{0A}\sim I_{3A}$、$I_{0B}\sim I_{3B}$;使能端$\overline{E_A}$、$\overline{E_B}$;控制端 S_0、S_1。

(5)74LS153 功能说明。74LS153 具有高输入低阻抗的特点,可以实现并-串转换,单片数据选择器/数据分配器的每一部分都有反相器和驱动器,使与或非门可以对补码、在片的二进制译码数据进行选择。两个四选一单元都有各自的选通 $\overline{E}$ 输入。

74LS153 是双四选一数据选择器/数据分配器,当作为数据选择器时,根据 S_0 和 S_1 的配置,选择要进行的数据输入端口,给予给定端口输入,再对应输出便可以得到想要的结果。当作为数据分配器时,根据 $I_0\sim I_3$ 的端口配置情况,选择要输出的端口,当给予 S_0、S_1 数据信号时,输出端便可以得到想要的结果。

【设计要求】

利用四选一数据选择器 74LS153 设计一个输血者血型和受血者血型符合输血规则的逻辑电路。

人的血型有 O、A、B、AB 四种。输血时输血者的血型与受血者血型必须符合图 35-3 所示的用箭头指示的授受关系。

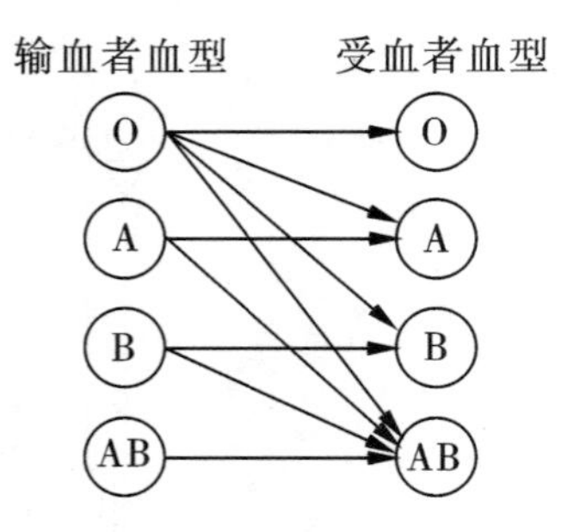

图 35-3　血型授受关系

【血型匹配器的设计原理】

首先为血型编码,00 为 O 型,01 为 A 型,10 为 B 型,11 为 AB 型。由输血规则可知,A 型血能输给 A、AB 型,B 型血能输给 B、AB 型,AB 型只能输给 AB 型,O 型血能输给所有四种血型。设供血者的血型编码为 XY,受血者的血型编码为 CD,根据输血规则,得到其卡诺图,如图 35-4 所示。

XY \ CD	00	01	11	10
00(O型)	1	1	1	1
01(A型)	0	1	1	0
11(B型)	0	0	1	0
10(AB型)	0	0	1	1

图 35-4　输血规则的卡诺图

化简得到血型配对指示器逻辑表达式：

$$Z=X'Y'+X'YD+XY'C+XYCD \tag{35-1}$$

令式(35-1)中的 $X=S_1$，$Y=S_0$，则式(35-1)输出如式(35-2)所示：

$$Z=1\cdot(S_1'S_0')+D\cdot(S_1'S_0)+C\cdot(S_1S_0')+CD\cdot(S_1S_0) \tag{35-2}$$

由于 74LS153 的输出表达式为

$$Z_A=I_{0A}\cdot(S_1'S_0')+I_{1A}\cdot(S_1'S_0)+I_{2a}\cdot(S_1S_0')+I_{3A}\cdot(S_1S_0)$$

因此，74LS153 数据选择器的输入为：$I_{0A}=1$；$I_{1A}=D$；$I_{2A}=C$；$I_{3A}=CD$。

根据上述分析，选择 74LS153 中一个单独的 4 选 1 数据选择器，将 I_{0A} 端接高电平，I_{1A} 端接 D，I_{2A} 端接 C，I_{3A} 端接 C 和 D 相与的值，X 接入 S_1 端，Y 接入 S_0 端，使能端接 $\overline{E_A}$ 低电平时，实现血型配对指示器电路的搭建，其实现原理如图 35-5 所示。

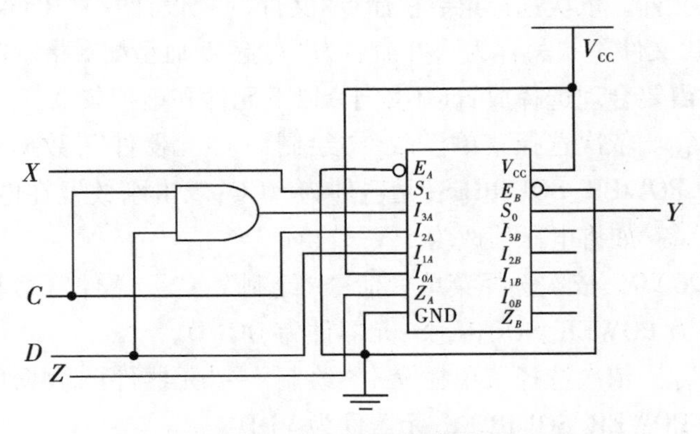

图 35-5　血型配对指示器原理

【实验内容】

利用四选一数据选择器 74LS153 实现一个供血者的血型和受血者的血型符合输血规则的电路，符合输血规则时，电路输出为 1，指示灯亮，否则为 0，指示不亮。

(1)按照图 35-5 连接实验电路，X、Y、C、D 连接逻辑开关；Z 接 LED。

(2)根据表 35-2 完成测试。

表 35-2　供血者和受血者间的匹配关系表

供血者		受血者		匹配关系
X	Y	C	D	Z
0	0	0	0	
0	0	0	1	
0	0	1	0	
0	0	1	1	
0	1	0	0	
0	1	0	1	
0	1	1	0	
0	1	1	1	
1	0	0	0	
1	0	0	1	
1	0	1	0	
1	0	1	1	
1	1	0	0	
1	1	0	1	
1	1	1	0	
1	1	1	1	

【Multisim 仿真】

(1)新建电路文件。依次选择菜单栏命令“文件”→“设计”→“Blank”→“Creat”,然后依次点击菜单按钮“文件”→“另存为”,并命名为“实验 35 血型配对指示器电路设计”。

(2)根据实验需要合理选择放置(不限于)以下元件和虚拟仪器

1)放置电源 V_{CC}。依次选择菜单栏命令“绘制”→“元器件”,数据库为主数据库;组为 Sources;系列为 POWER_SOURCES;元器件为 VCC;双击刚放置在电路工作区的电源 VCC 并修改对应标签,如将电压值改为 5 V。

2)放置接地 $DGND$。依次选择菜单栏命令“绘制”→“元器件”,数据库为主数据库;组为 Sources;系列为 POWER_SOURCES;元器件为 DGND。

3)放置电源 V_{DD}。依次选择菜单栏命令“绘制”→“元器件”,数据库为主数据库;组为 Sources;系列为 POWER_SOURCES;元器件为 VDD。

4)放置接地 V_{SS}。依次选择菜单栏命令“绘制”→“元器件”,数据库为主数据库;组为 Sources;系列为 POWER_SOURCES;元器件为 VSS。

5)放置双四选一数据选择器 74LS153N。依次选择菜单栏命令“绘制”→“元器件”,数据库为主数据库;组为 TTL;系列为 74LS_IC;元器件为 74LS153N。

6)放置二输入端与门 AND_2。依次选择菜单栏命令“绘制”→“元器件”,数据库为主数据库;组为 Misc Digital;系列为 TIL;元器件为 AND2。

7)放置万用表 XMM。依次选择窗体右侧“虚拟仪器栏”→“万用表 XMM”或菜单栏命令"仿真"→"仪器"→"万用表 XMM"。

8)放置电平探测器 X。依次选择菜单栏命令"绘制"→"元器件",组为 Indicators;系列为 PROBE;元器件为 PROBE_BLUE。

9)放置电压探针。依次选择菜单栏命令"绘制"→"PROBE"→"Voltage"(右键单击可以进行图上反转镜像等操作)。

10)放置逻辑开关 S_1、S_2。依次选择菜单栏命令"绘制"→"元器件",数据库为主数据库;组为 Basic;系列为 SWITCH;元器件为 SPDT;双击刚放置在电路工作区的逻辑开关并修改对应标签。

11)放置电位器 R。依次选择菜单栏命令"绘制"→"元器件",数据库为主数据库;组为 Basic;系列为 POTENTIOMETER;元器件的规格为 100 kΩ;双击刚放置在电路工作区的电并修改对应标签。

12)放置 7 段共阳数码管。依次选择菜单栏命令"绘制"→"元器件",数据库为主数据库;组为 Indicators;系列为 HEX_DISPLAY;元器件为 HEX_DISPLAY-SEVEN_SEG_COM_A-BLUE。

13)放置电阻、电容若干。

(3)按照本实验要求,自行设计电路并按照"实验步骤"测试,加以简要说明,参考电路如图 35-6 所示。

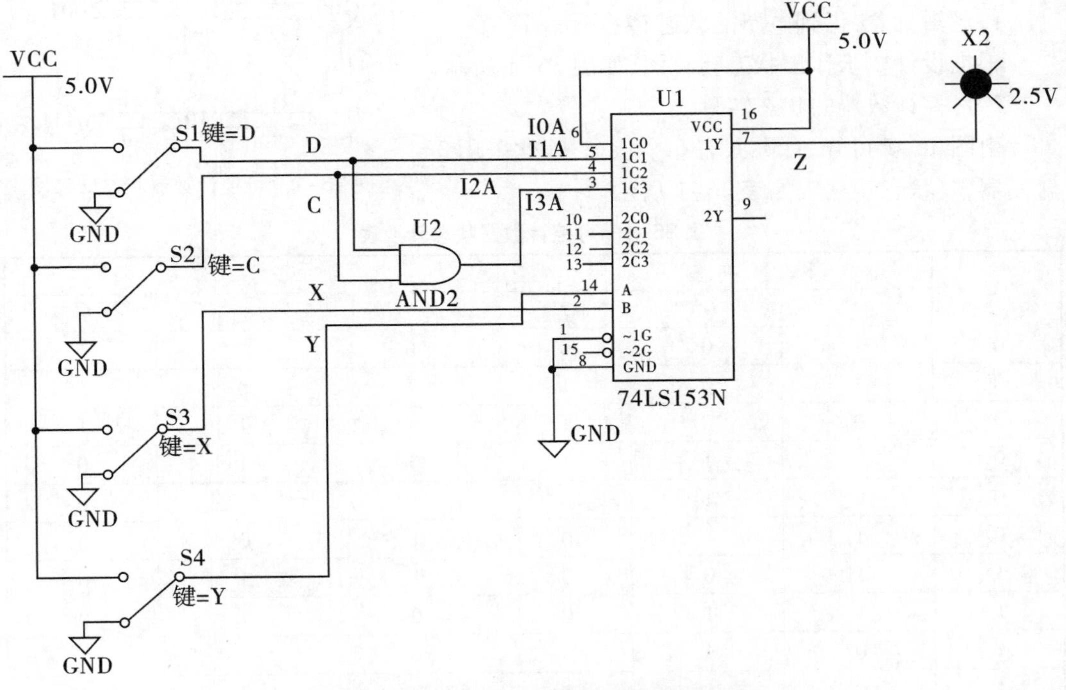

图 35-6 血型配对指示器仿真实验电路

【实验报告】

记录实验的实验结果,完成实验报告。

实验36 可控计数器电路设计

【实验目的】

(1)掌握D触发器的应用。

(2)掌握时序逻辑电路的设计方法。

(3)熟悉可控计数器的实现方法。

【实验器材】

(1)KHD-2型数字技术实验装置1台。

(2)万用表1只。

(3)DS1022U双踪示波器1台。

(4)元器件。74LS74、二输入与门、二输入或非门、非门各1片。

【设计要求】

用D触发器设计一个可控计数器。当$X=0$时,计数顺序为4→5→1→3→2→6→4;$X=1$时,计数顺序为4→6→2→3→1→5→4。组合电路采用与门、或非门及非门实现。

【设计流程】

1. 逻辑抽象,得到电路的状态转移图

根据设计要求作出状态转移图,如图36-1所示。

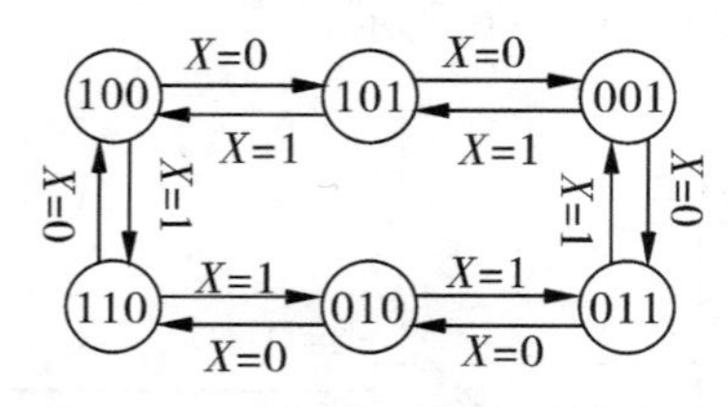

图36-1 可控计数器状态转移图

2. 可控计数器的状态转移表

由图36-1可知,计数共有6个状态,因此采用3个触发器,其状态转移表如表36-1所示。

表36-1 可控计数器状态转换表

X	初态			次态		
	Q_2^n	Q_1^n	Q_0^n	Q_2^{n+1}	Q_1^{n+1}	Q_0^{n+1}
0	1	0	0	1	0	1
0	1	0	1	0	0	1
0	0	0	1	0	1	1
0	0	1	1	0	1	0
0	0	1	0	1	1	0
0	1	1	0	1	0	0
1	1	0	0	1	1	0
1	1	1	0	0	1	0
1	0	1	0	0	1	1
1	0	1	1	0	0	1
1	0	0	1	1	0	1
1	1	0	1	1	0	0

3. 确定表达式

根据表 36-1 得到 Q^{n+1}_2、Q^{n+1}_1、Q^{n+1}_0 的状态卡诺图,如图 36-2 所示,并由卡诺图得出状态方程,如式(1)所示。

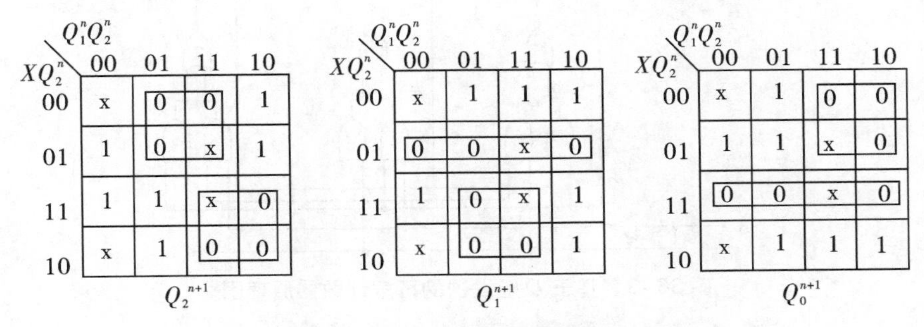

图 36-2　可控计数器状态卡诺图

$$\begin{cases}\overline{Q_2^{n+1}}=\overline{X}Q_0^n+XQ_1^n\\ \overline{Q_1^{n+1}}=\overline{X}Q_2^n+XQ_0^n\\ \overline{Q_0^{n+1}}=\overline{X}Q_1^n+XQ_2^n\end{cases}\tag{36-1}$$

4. 表达式化简

根据式(1)以及 D 触发器的特性方程 $Q^{n+1}=D$,化简得到该电路的状态方程和激励方程,如式(2)所示。

$$\begin{cases}Q_2^{n+1}=\overline{\overline{X}Q_0^n+XQ_1^n}\\ Q_1^{n+1}=\overline{\overline{X}Q_2^n+XQ_0^n}\\ Q_0^{n+1}=\overline{\overline{X}Q_1^n+XQ_2^n}\\ D_2=Q_2^{n+1}\\ D_1=Q_1^{n+1}\\ D_0=Q_0^{n+1}\end{cases}\tag{36-2}$$

5. 确定逻辑电路图

根据式(2),采用 D 触发器、与门、或非门以及非门方式得到可控计数器的电路原理图,如图 36-3 所示。

【实验内容】

利用 D 触发器、与门、或非门以及非门实现可控计数器的逻辑电路,具体实验电路步骤如下:

(1)按照图 36-3 设计实验电路,其中 X 端接逻辑开关,CLK 端接数字时钟信号源,频率为 1 kHz,占空比 50%,延迟时间为 0.5 ms。

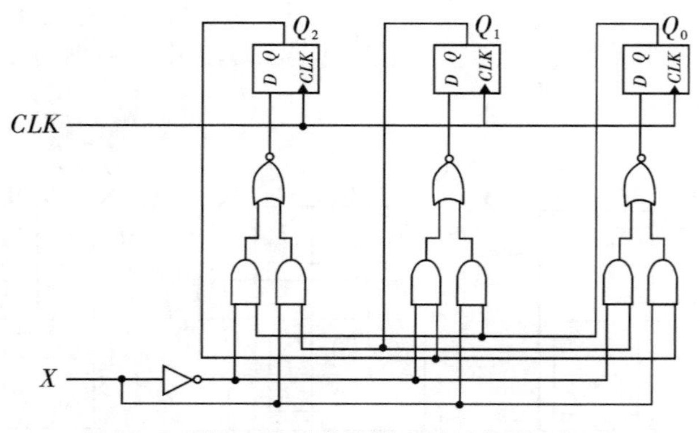

图 36-3　基于 D 触发器的可控计数器原理图

(2)将 $Q_2Q_1Q_0$ 的初态设置为 100,即将 Q_2 的 i_C 值设为 1,Q_1、Q_0 的 i_C 保持 0 不变。

(3)将四输入七段数码管的最高位端口接地,其他端口分别接至 Q_2、Q_1、Q_0 的 Q 端,根据表 36-2 中 X 值的改变,运行实验,通过观察数码显示器,分析可控计数器的计数顺序,记录数码显示器相应的输出于表 36-2。

表 36-2　可控计数器计数顺序

X	数码显示器结果顺序
0	
1	

【Multisim 仿真】

(1)新建电路文件。依次选择菜单栏命令“文件”→“设计”→“Blank”→“Creat”,然后依次点击菜单按钮“文件”→“另存为”,并命名为“实验 36 可控计数器电路设计”。

(2)根据实验需要合理选择放置(不限于)元件和虚拟仪器

1)放置电源 V_{CC}。依次选择菜单栏命令“绘制”→“元器件”,数据库为主数据库;组为 Sources;系列为 POWER_SOURCES;元器件为 VCC;双击刚放置在电路工作区的电源 VCC 并修改对应标签,如将电压值改为 5 V。

2)放置接地 $DGND$。依次选择菜单栏命令“绘制”→“元器件”,数据库为主数据库;组为 Sources;系列为 POWER_SOURCES;元器件为 DGND。

3)放置电源 V_{DD}。依次选择菜单栏命令“绘制”→“元器件”,数据库为主数据库;组为 Sources;系列为 POWER_SOURCES;元器件为 VDD。

4)放置接地 V_{SS}。依次选择菜单栏命令“绘制”→“元器件”,数据库为主数据库;组为 Sources;系列为 POWER_SOURCES;元器件为 VSS。

5)放置双 D 触发器 74LS74N。依次选择菜单栏命令“绘制”→“元器件”,数据库为主数据库；组为 TTL；系列为 74LS；元器件为 74LS74N。

6）放置二输入端与门 AND_2。依次选择菜单栏命令“绘制”→“元器件”，数据库为主数据库；组为 Misc Digital；系列为 TIL；元器件为 AND2。

7）放置二输入端或非门 NOR_2。依次选择菜单栏命令“绘制”→“元器件”，数据库为主数据库；组为 Misc Digital；系列为 TIL；元器件为 NOR2。

8）放置非门 NOT。依次选择菜单栏命令“绘制”→“元器件”，数据库为主数据库；组为 Misc Digital；系列为 TIL；元器件为 NOT。

9）放置数字时钟。依次选择菜单栏命令“绘制”→“元器件”，组为 Sources；系列为 DIGITAL_SOURCES；元器件为 DIGITAL_CLOCK。

10）放置电平探测器 X。依次选择菜单栏命令“绘制”→“元器件”，组为 Indicators；系列为 PROBE；元器件为 PROBE_BLUE。

11）放置电压探针。依次选择菜单栏命令“绘制”→“PROBE”→“Voltage”（右击可以进行图上反转镜像等操作）。

12）放置逻辑开关 S_1、S_2。依次选择菜单栏命令“绘制”→“元器件”，数据库为主数据库；组为 Basic；系列为 SWITCH；元器件为 SPST；双击刚放置在电路工作区的逻辑开关并修改对应标签。

13）放置电位器 R。依次选择菜单栏命令“绘制”→“元器件”，数据库为主数据库；组为 Basic；系列为 POTENTIOMETER；元器件的规格为 100 kΩ；双击刚放置在电路工作区的电位器并修改对应标签。

14）放置四输入七段数码管。依次选择菜单栏命令“绘制”→“元器件”，数据库为主数据库；组为 Indicators；系列为 HEX_DISPLAY；元器件为 DCD_HEX_DIG_BLUE。

15）放置电阻、电容若干。

（3）按照本实验要求，自行设计电路并按照“实验步骤”测试，加以简要说明。

【实验报告】

（1）阐述基于 D 触发器的可控计数器的设计流程，完成表 36-2。

（2）分析 D 触发器、数码管的使用方法及注意事项，完成实验报告。

注意：实验装置上的七段数码管的引脚有 4 位，本实验中只用到 3 位输入，因此数码管与 D 触发器相连接时需注意，数码管的最高位接地，次高位接 Q_2 的 Q 端，第三高位接 Q_1 的 Q 端，最低位接 Q_0 的 Q 端。

实验37 环形计数器及其自启动电路的设计

【实验目的】

(1)熟悉环型计数器的结构特征及工作状态的特点。

(2)认识基本环型计数器的自启动能力。

(3)了解环形计数器自启动电路的设计方法。

【实验设备及器件】

(1)KHD-2 型数字技术实验装置1台。

(2)万用表1只。

(3)DS1022U 双踪示波器1台。

(4)元器件。74LS74、二输入与门、二输入或非门各1片。

【设计要求】

设计一个能自启动的3位环形计数器。要求该3位环形计数器的有效循环状态为100→010→011→001→100。

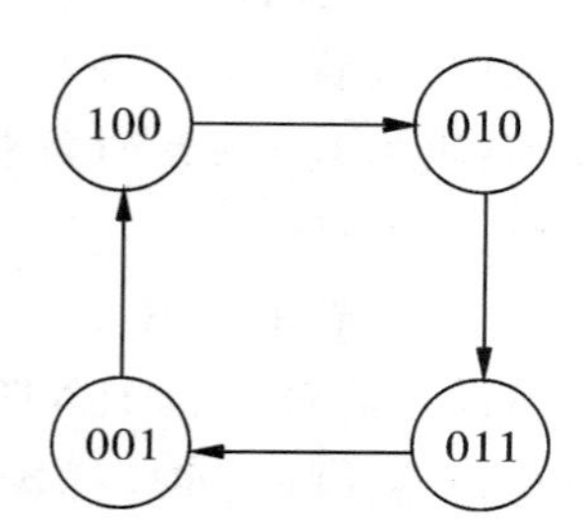

图37-1 自启动3位环形计数器的状态转移图

【设计流程】

1. 逻辑抽象,得到电路的状态转移图

根据设计要求作出状态转移图,如图37-1所示。

2. 自启动3位环形计数器的状态转移表

由可控计数器的状态转移图可知,计数共有3个状态,因此采用3个触发器,其状态转移表如表37-1所示。

表37-1 自启动3位环形计数器状态转换表

PS			*NS*		
Q_2^n	Q_1^n	Q_0^n	$Q^{n+1}{}_2$	$Q^{n+1}{}_1$	$Q^{n+1}{}_0$
1	0	0	0	1	0
0	1	0	0	1	1
0	1	1	0	0	1
0	0	1	1	0	0

3. 确定表达式

根据表37-1得到 $Q^{n+1}{}_2$、$Q^{n+1}{}_1$、$Q^{n+1}{}_0$的状态卡诺图,如图37-2所示,并由卡诺图得出状态方程,如式(1)所示。

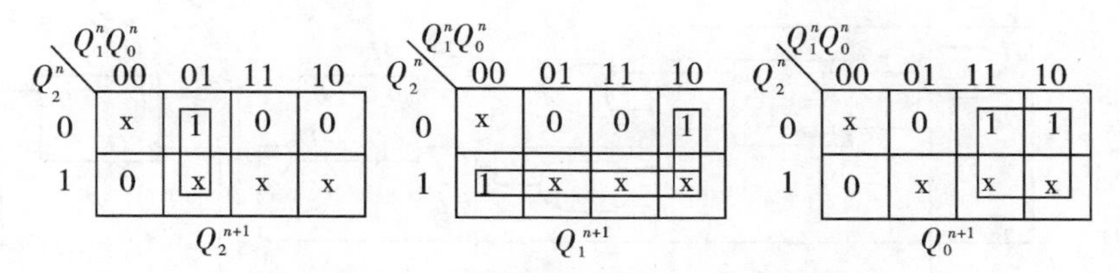

图 37-2　自启动 3 位环形计数器的状态卡诺图

在卡诺图合并 1 的过程中，如果把表示任意项的 X 包括在圈内，则等于把 X 取作为 1；如果把 X 画在圈外，则等于把 X 取为 0。这无形中已经为无效状态指定了次态，如果这个指定的次态属于有效循环中的状态，那么电路是能自启动的。反之，如果它也是无效状态，则电路将不能自启动。在后一种情况下，就需要修改状态电路的化简方式，将无效状态的次态改为某个有效状态。

由图 37-1 可知，化简时将 000 状态的 X 全都画在了圈外，也就是化简时把它们全取作 0 了。也就意味着 000 的次态仍然是 000。这样，电路一旦进入 000 状态以后，就不可能在时钟信号的作用下脱离这个无效状态而进入有效循环，因此电路不能自启动。

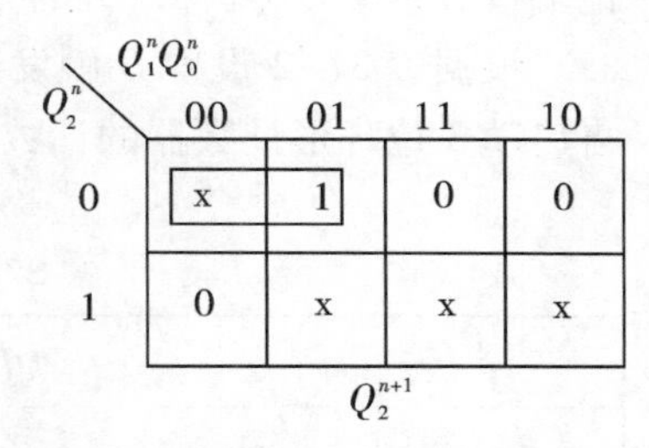

图 37-3　修改后 Q_2^{n+1} 的卡诺图

为使电路能够自启动，应将图 37-1 中 000 状态的次态 XXX 取为一个有效状态，例如取为 100，此时 Q_2^{n+1} 的卡诺图被修改为图 37-3 所示的形式，化简后得到该电路的状态方程式，如式（1）所示。

$$\begin{cases} Q_2^{n+1} = \overline{Q_2^n Q_1^n} \\ Q_1^{n+1} = Q_2^n + Q_1^n\ \overline{Q_0^n} \\ Q_0^{n+1} = Q_1^n \end{cases} \tag{1}$$

4. 表达式化简

根据式（1）以及 D 触发器的特性方程 $Q^{n+1}=D$，化简得到该电路的状态方程和激励方程，如式（2）所示：

$$\begin{cases} D_2 = \overline{Q_2^n Q_1^n} \\ D_1 = Q_2^n + Q_1^n\ \overline{Q_0^n} \\ D_0 = Q_1^n \end{cases} \tag{2}$$

5. 确定逻辑电路图

根据式（2），采用 D 触发器、与门、或门方式得到自启动 3 位环形计数器的电路原理图，如图 37-4 所示。

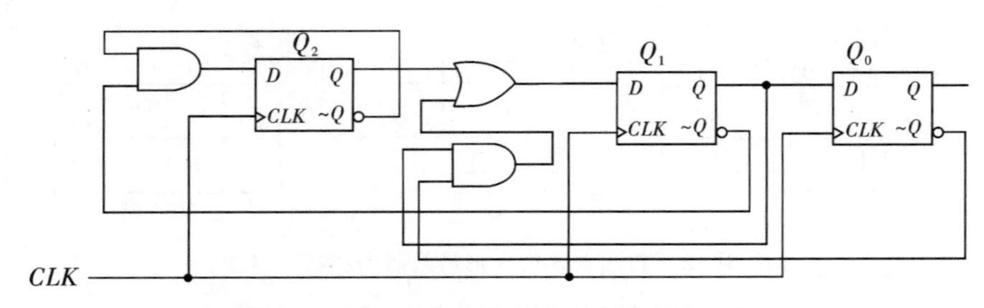

图 37-4　自启动 3 位环形计数器的原理图

【实验内容】

根据图 37-4 设计的实验电路在数字实验装置上完成接线，*CLK* 端接 1 kHz 数字时钟信号源，占空比为 50%，延迟时间为 0.5 ms；将四输入七段数码管的最高位端口接地，其他端口分别接至 Q_2、Q_1、Q_0的 Q 端。

根据表 37-2 设置 D 触发器的初始状态值，运行实验，通过观察数码管显示器，分析自启动 3 位环形计数器的计数顺序，将数码管显示器相应的输出记录在表 37-2 中。

表 37-2　自启动 3 位环形计数器测试结果

Q_2^n	Q_1^n	Q_0^n	数码管显示结果
1	0	0	
0	1	0	
0	1	1	
0	0	1	

【Multisim 仿真】

（1）新建电路文件。依次选择菜单栏命令“文件”→“设计”→“Blank”→“Creat”，然后点击“文件”→“另存为”，并命名为“实验 37 环形计数器及其自启动电路的设计”。

（2）根据实验需要合理选择放置（不限于）元件和虚拟仪器

1）放置电源 V_{CC}。依次选择菜单栏命令“绘制”→“元器件”，数据库为主数据库；组为 Sources；系列为 POWER_SOURCES；元器件为 V_{CC}；双击刚放置在电路工作区的电源 VCC 并修改对应标签，如将电压值改为 5 V。

2）放置接地 *DGND*。依次选择菜单栏命令“绘制”→“元器件”，数据库为主数据库；组为 Sources；系列为 POWER_SOURCES；元器件为 DGND。

3）放置电源 V_{DD}。依次选择菜单栏命令“绘制”→“元器件”，数据库为主数据库；组为 Sources；系列为 POWER_SOURCES；元器件为 VDD。

4）放置接地 V_{SS}。依次选择菜单栏命令“绘制”→“元器件”，数据库为主数据库；组为 Sources；系列为 POWER_SOURCES；元器件为 VSS。

5)放置双 D 触发器 74LS74N。依次选择菜单栏命令“绘制”→“元器件”,数据库为主数据库;组为 TTL;系列为 74LS;元器件为 74LS74N。

6)放置二输入端与门 AND_2。依次选择菜单栏命令“绘制”→“元器件”,数据库为主数据库;组为 Misc Digital;系列为 TIL;元器件为 AND2。

7)放置二输入端或非门 NOR_2。依次选择菜单栏命令“绘制”→“元器件”,数据库为主数据库;组为 Misc Digital;系列为 TIL;元器件为 NOR2。

8)放置二输入端或门 OR_2。依次选择菜单栏命令“绘制”→“元器件”,数据库为主数据库;组为 Misc Digital;系列为 TIL;元器件为 OR2。

9)放置非门 NOT。依次选择菜单栏命令“绘制”→“元器件”,数据库为主数据库;组为 Misc Digital;系列为 TIL;元器件为 NOT。

10)放置数字时钟 DIGITAL_CLOCK。依次选择菜单栏命令“绘制”→“元器件”,组为 Sources;系列为 DIGITAL_SOURCES;元器件为 DIGITAL_CLOCK。

11)放置电平探测器 X。依次选择菜单栏命令“绘制”→“元器件”,组为 Indicators;系列为 PROBE;元器件为 PROBE_BLUE。

12)放置电压探针。依次选择菜单栏命令“绘制”→“PROBE”→“Voltage”(右键单击可以进行图上反转镜像等操作)。

13)放置逻辑开关 S_1、S_2。依次选择菜单栏命令“绘制”→“元器件”,数据库为主数据库;组为 Basic;系列为 SWITCH;元器件为 SPST;双击刚放置在电路工作区的逻辑开关并修改对应标签。

14)放置电位器 R。依次选择菜单栏命令“绘制”→“元器件”,数据库为主数据库;组为 Basic;系列为 POTENTIOMETER;元器件的规格为 100 kΩ;双击刚放置在电路工作区的电位器并修改对应标签。

15)放置四输入七段数码管。依次选择菜单栏命令“绘制”→“元器件”,数据库为主数据库;组为 Indicators;系列为 HEX_DISPLAY;元器件为 DCD_HEX_DIG_BLUE。

16)放置电阻、电容若干。

(3)按照本实验要求,自行设计电路并按照“实验步骤”测试,加以简要说明。

【实验报告】

(1)阐述自启动 3 位环形计数器的设计流程,完成表 37-2。

(2)按照图 37-2 化简卡诺图,分析电路不能自启动的原因,并阐述自启动电路的设计方法,完成报告。

附录　常用仪器仪表

附录1　示波器的原理及使用

一、示波器的基本结构

示波器的种类很多，但它们都包含下列基本组成部分，如附图1-1所示。

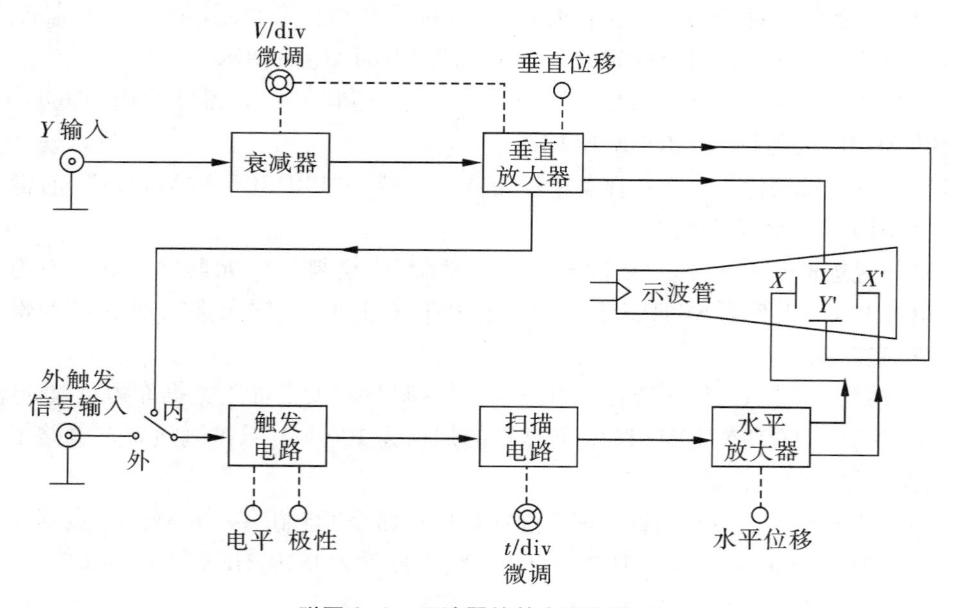

附图1-1　示波器的基本结构框图

1. 主机

主机包括示波管及其所需的各种直流供电电路，在面板上的控制旋钮有辉度、聚焦、水平位移、垂直位移等。

2. 垂直通道

垂直通道主要用来控制电子束按被测信号的幅值大小在垂直方向上的偏移。它包括Y轴衰减器、Y轴放大器和配用的高频探头。通常示波管的偏转灵敏度比较低，因此在一般情况下，被测信号往往需要通过Y轴放大器放大后加到垂直偏转板上，才能在屏幕上显示出一定幅值的波形。Y轴放大器的作用提高了示波管Y轴偏转灵敏度。为了保证Y轴放大不失真，加到Y轴放大器的信号不宜太大，但是实际的被测信号幅值往往在很大范围内变化，此Y轴放大器前还必须加一个Y轴衰减器，以适应观察不同幅值的被测信号。示波器面板上设有 Y 轴衰减器（通常称 Y 轴灵敏度选择开关）和 Y 轴增益微调旋钮，分别调节 Y 轴衰减器的衰减量和 Y 轴放大器的增益。对 Y 轴放大器的要求是增益大，频响好，输入阻抗高。

为了避免杂散信号的干扰，被测信号一般都通过同轴电缆或带有探头的同轴电缆加到示波器 Y 轴输入端。但必须注意，被测信号通过探头幅值将衰减（或不衰减），其衰减比为 10∶1（或 1∶1）。

3. 水平通道

水平通道主要控制电子束按时间值在水平方向上偏移，主要由扫描发生器、水平放大器、触发电路组成。

（1）扫描发生器。扫描发生器又叫锯齿波发生器，用来产生频率调节范围宽的锯齿波，作为 X 轴偏转板的扫描电压。锯齿波的频率（或周期）调节是由"扫描速率选择"开关和"扫速微调"旋钮控制的。使用时，调节"扫速选择"开关和"扫速微调"旋钮，使其扫描周期为被测信号周期的整数倍，保证屏幕上显示稳定的波形。

（2）水平放大器。其作用与垂直放大器一样，将扫描发生器产生的锯齿波放大到 X 轴偏转板所需的数值。

（3）触发电路。用于产生触发信号以实现触发扫描的电路。为了扩展示波器应用范围，一般示波器上都设有触发源控制开关，触发电平与极性控制旋钮和触发方式选择开关等。

二、示波器的双踪显示

1. 双踪显示原理

示波器的双踪显示是依靠电子开关的控制作用来实现的。电子开关由"显示方式"开关控制，共有五种工作状态，即 Y_1、Y_2、Y_1+Y_2、交替、断续。当开关置于"交替"或"断续"位置时，荧光屏上便可同时显示两个波形。当开关置于"交替"位置时，电子开关的转换频率受扫描系统控制，工作过程如附图 1-2 所示。即电子开关首先接通 Y_2 通道，进行第一次扫描，显示由 Y_2 通道送入的被测信号的波形；然后电子开关接通 Y_1 通道，进行第二次扫描，显示由 Y_1 通道送入的被测信号的波形；接着接通 Y_2 通道，这样便轮流地对 Y_2 和 Y_1 两通道送入的信号进行扫描、显示，由于电子开关转换速度较快，每次扫描的回扫线在荧光屏上又不显示出来，借助于荧光屏的余辉作用和人眼的视觉暂留特性，使用者便能在荧光屏上同时观察到两个清晰的波形。这种工作方式适宜于观察频率较高的输入信号场合。

当开关置于"断续"位置时，相当于将一次扫描分成许多个相等的时间间隔。在第一次扫描的第一个时间间隔内显示 Y_2 信号波形的某一段；在第二个时间时隔内显示 Y_1 信号波形的某一段；以后各个时间间隔轮流地显示 Y_2、Y_1 两信号波形的其余段，经过若干次断续转换，使荧光屏上显示出两个由光点组成的完整波形如附图 1-3（a）所示。由于转换的频率很高，光点靠得很近，其间隙用肉眼几乎分辨不出，再利用消隐的方法使两通道间转换过程的过渡线不显示出来,见附图 1-3(b),因而同样可达到同时清晰地显示两个波形的目的。这种工作方式适合于输入信号频率较低时使用。

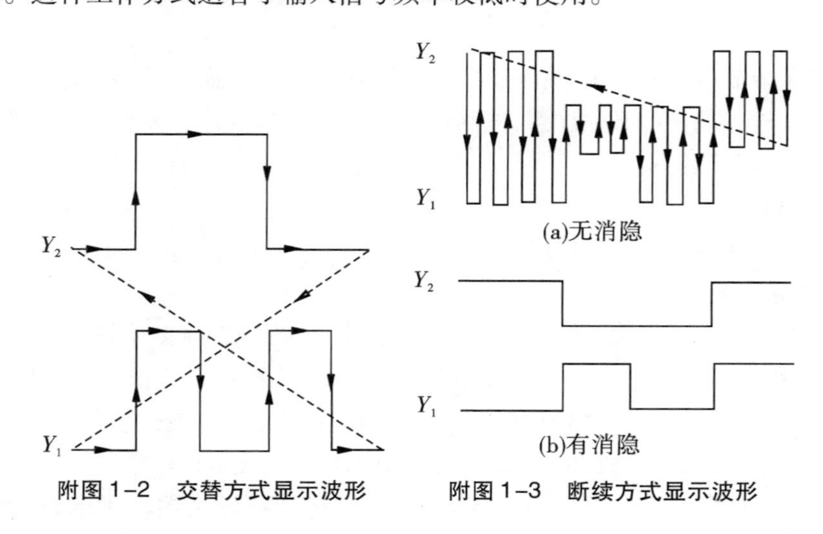

附图 1-2　交替方式显示波形　　附图 1-3　断续方式显示波形

2. 触发扫描

在普通示波器中,X 轴的扫描总是连续进行的,称为连续扫描。为了能更好地观测各种脉冲波形,在脉冲示波器中,通常采用触发扫描。采用这种扫描方式时,扫描发生器将工作在待触发状态。它仅在外加触发信号作用下,时基信号才开始扫描,否则便不扫描。这个外加触发信号通过触发选择开关分别取自"内触发"(Y 轴的输入信号经由内触发放大器输出触发信号),也可取自"外触发"输入端的外接同步信号。其基本原理是利用这些触发脉冲信号的上升沿或下降沿来触发扫描发生器,产生锯齿波扫描电压,然后经 X 轴放大后在 X 轴偏转板进行光点扫描。适当地调节"扫描速率"开关和"电平"调节旋钮,能方便地在荧光屏上显示具有合适宽度的被测信号波形。

上面介绍了示波器的基本结构,下面将结合使用介绍电子技术实验中常用的 DS1022U 型双踪示波器。

三、DS1022U 型双踪示波器

1. 概述

DS1022U 型双踪示波器是一款高性能指标、经济型的双通道数字示波器。该数字示波器前面板设计清晰直观,完全符合传统仪器的使用习惯,方便用户操作。为加速调整,便于测量,您可以直接使用"AUTO"键,将立即获得适合的波形显示和挡位设置。此外,高达 500 MSa/s 的实时采样、10 GSa/s 的等效采样率及强大的触发和分析能力,可帮助用户更快、更细致地观察、捕获和分析波形。

2. 面板控制件介绍

DS1022U 型数字示波器向用户提供简单而功能明晰的前面板,以进行基本的操作。面板上包括旋钮和功能按键。旋钮的功能与其他示波器类似。显示屏右侧的一列 5 个灰色按键为菜单操作键（自上而下定义为 1 号至 5 号）。通过它们，可以设置当前菜单的不同选项；其他按键为功能键，可以进入不同的功能菜单或直接获得特定的功能应用。

DS1022U 型面板如附图 1-4 所示。

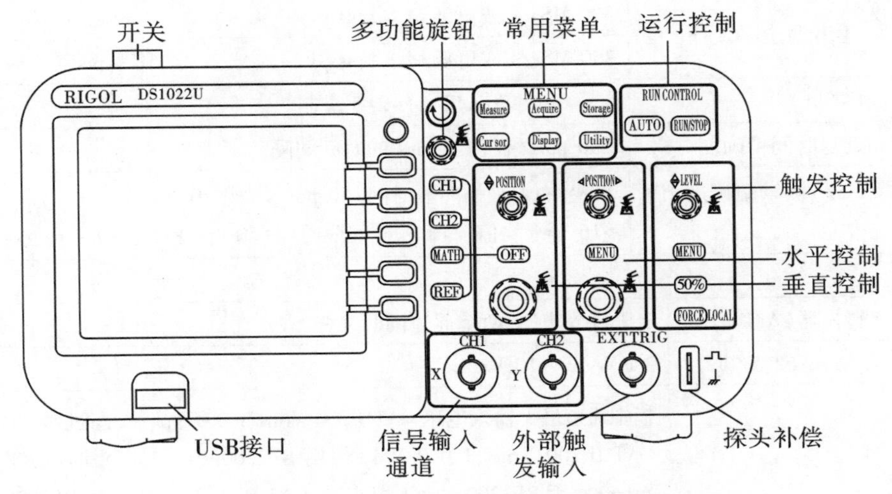

附图 1-4　DS1022U 型双踪示波器面板

3. 技术指标

DS1022U 型双踪示波器的技术指标如附表 1-1 所示。

附表 1-1　DS1022U 型双踪示波器的技术指标

<table>
<tr><td colspan="3">采样</td></tr>
<tr><td>采样方式</td><td>实时采样</td><td>等效采样</td></tr>
<tr><td>采样率</td><td>500 MSa/s</td><td>10 GSa/s</td></tr>
<tr><td>平均值</td><td colspan="2">所有通道同时达到 N 次采样后完成一次波形显示，N 次数可在 2、4、8、16、32、64、128 和 256 之间选择</td></tr>
<tr><td colspan="3">输入</td></tr>
<tr><td>输入耦合</td><td colspan="2">直流、交流或接地（DC、AC、GND）</td></tr>
<tr><td>输入阻抗</td><td colspan="2">（1±2%）MΩ，输入电容为 18 pF±3 pF</td></tr>
<tr><td>探头衰减系数设定</td><td colspan="2">1×,5×,10×,50×,100×,500×,1 000×</td></tr>
<tr><td rowspan="2">最大输入电压</td><td colspan="2">400 V（DC+AC 峰值、1 MΩ 输入阻抗）</td></tr>
<tr><td colspan="2">40 V（DC+AC 峰值）</td></tr>
<tr><td>通道间时间延迟（典型值）</td><td colspan="2">500 ps</td></tr>
<tr><td colspan="3">水平</td></tr>
<tr><td>采样率范围</td><td colspan="2">实时：13.65 Sa/s ~ 500 MSa/s
等效：13.65 Sa/s ~ 10 GSa/s</td></tr>
</table>

续附表 1-1

波形内插		Sin(x)/x		
存储深度	通道模式	采样率	存储深度(普通)	存储深度(长存储)
	双通道/单通道	500 MSa/s 或更低	8 kpts	
		250 MSa/s 或更低	8 kpts	512 kpts
扫速范围(s/div)		5 ns/div ~ 50 s/div,1-2-5 进制		
采样率和延迟时间精确度		±50 ppm(任何≥1 ms 的时间间隔)		
时间间隔(ΔT)测量精确度(满带宽)		单次:±(1 采样间隔时间+50 ppm×读数+0.6 ns) >16 个平均值:±(1 采样间隔时间+50 ppm×读数+0.4 ns)		
垂直				
模拟数字转换器(A/D)		8 比特分辨率,两个通道同时采样		
灵敏度(V/格)范围(V/div)		2 mV/div ~ 10 V/div		
最大输入		模拟通道最大输入电压 CAT I 300 Vrms、1 000 Vpk;瞬态过压 1 000 Vpk CAT II 100 Vrms、1 000 Vpk;使用 RP2200 10 : 1 探头时,CAT II 300 Vrms;使用 RP3200 10 : 1 探头时,CAT II 300 Vrms 使用;RP3300 10 : 1 探头时,CAT II 300 Vrms		
位移范围		±40V(250 mV/div ~ 10 V/div)±2 V(2 ~ 245 mV/div)		
等效带宽		70 MHz		
单次带宽		70 MHz		
可选择的模拟带宽限制(典型值)		20 MHz		
低频响应(交流耦合,-3 dB)		≤5 Hz		
上升时间(BNC 上典型值,等效采样时)		<5 ns		
直流增益精确度		2 ~ 5 mV/div,±4%(普通或平均值获取方式)10 mV/div ~ 10 V/div,±3%(普通或平均值获取方式)		
直流测量精确度(平均值获取方式)		垂直位移为零,且 N≥16 时,±(直流增益精确度×读数+0.1 格+1 mV);垂直位移不为零,且 N≥16 时,±[直流增益精确度×(读数+垂直位移读数)+(1%×垂直位移读数)+0.2 格]。设定值从 2 ~ 245 mV/div 加 2 mV。设定值从 250 mV/div ~ 10V/div 加 50 mV。		
电压差(ΔV)测量精确度(平均值获取方式)		在同样的设置和环境条件下,经对捕获的≥16 个波形取平均值后波形上任两点间的电压差(ΔV):±(直流增益精确度×读数+0.05 格)		
触发				
触发灵敏度		0.1 div ~ 1.0 div,用户可调节		

续附表 1-1

触发电平范围	内部	距屏幕中心±6 格
	EXT	±1.2 V
触发电平精确度(典型值)适用于上升和下降时间≥20 ns 的信号	内部	±(0.3 div×V/div)(距屏幕中心±4 div 范围内)
	EXT	±(6%设定值+200 mV)
触发位移		正常模式:预触发[存储深度/(2×采样率)],延迟触发 1 s
		慢扫描模式:预触发 6 div,延迟触发 6 div
释抑范围		500 ns ~ 1.5 s
设定电平至 50%(典型值)		输入信号频率≥50 Hz 条件下的操作
边沿触发		
边沿类型		上升、下降、上升+下降
脉宽触发		
触发条件		(大于、小于、等于)正脉宽,(大于、小于、等于)负脉宽
脉冲宽度范围		20 ns ~ 10 s
视频触发		
信号制式行频范围		支持标准的 NTSC、PAL 和 SECAM 广播制式,行数范围是 1 ~ 525(NTSC)和 1 ~ 625(PAL/SECAM)
斜率触发		
触发条件		(大于、小于、等于)正斜率,(大于、小于、等于)负斜率
时间设置		20 ns ~ 10 s
交替触发		
CH1 触发		边沿、脉宽、视频、斜率
CH2 触发		边沿、脉宽、视频、斜率

4. 操作方法

(1)电源检查。DS1022U 型双踪示波器电源电压为 100 ~ 240 VAC_{RMS},频率为 45 ~ 440 Hz。接通电源前,检查当地电源电压,如果不相符合,则严格禁止使用。

(2)开机显示。显示界面如附图 1-5 所示。

(3)测量电参数。将探头菜单衰减系数设定为 10×,并将探头上的开关设定为 10×,如将通道 1 的探头连接到电路被测点,按下"AUTO"按键,再按下"Measure"按键以显示自动测量菜单,如电压测量、频率测量、频率测量等。

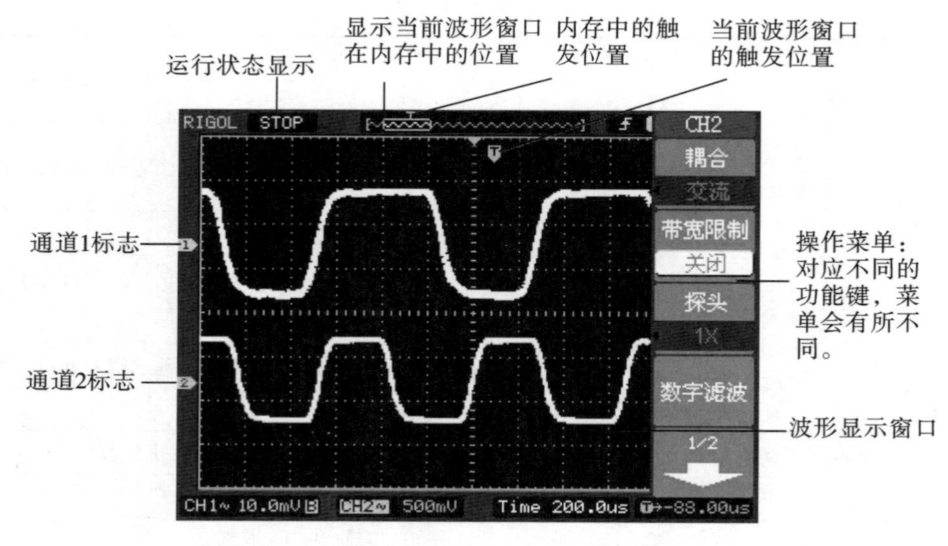

附图 1-5　DS1022U 型双踪示波器显示界面说明

以上为简单电参数的测量，其他参数由于具体操作内容较多，详细可登录北京普源精电科技有限公司 RIGOL 网站，参考 DS1022U 型双踪示波器用户手册。

附录 2　DG1022U 型双通道信号发生器

一、概述

DG1022U 型双通道函数/任意波形发生器使用直接数字合成技术，可生成稳定、精确、纯净和低失真的正弦信号。它还能提供 5 MHz、具有快速上升沿和下降沿的方波。另外，还具有高精度、宽频带的频率测量功能。该发生器实现了易用性、优异的技术指标及众多功能特性的结合，可帮助用户更快地完成工作任务。

二、面板控制件介绍

DG1022U 型向用户提供简单而功能明晰的前面板，如附图 2-1 所示。

三、技术指标

技术指标如附表 2-1 和附表 2-2 所示。

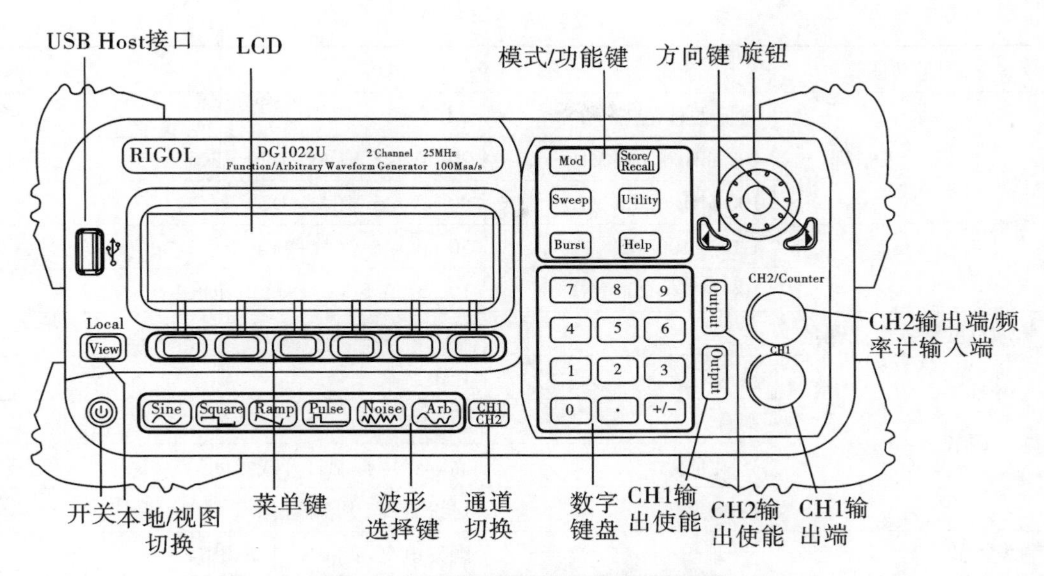

附图 2-1 DG1022U 型信号发生器面板

附表 2-1 频率特性

波形	特性
正弦波	1 μHz ~ 25 MHz
方波	1 μHz ~ 5 MHz
脉冲	500 μHz ~ 5 MHz
锯齿波/三角波	1 μHz ~ 500 kHz
白噪声	5 MHz 带宽(-3 dB)
任意波	1 μHz ~ 5 MHz
分辨率	1 μHz
准确度	90 天内±50 ppm,1 年内±100 ppm,18 ~ 28 ℃
温度系数	<5 ppm/℃

附表 2-2 频率计指标

<table>
<tr><th>测量功能</th><th colspan="2">内容</th></tr>
<tr><td>频率范围</td><td colspan="2">单通道:100 mHz ~ 200 MHz</td></tr>
<tr><td>频率分辨率</td><td colspan="2">6 bits/s</td></tr>
<tr><td colspan="3">电压范围和灵敏度(非调制信号)</td></tr>
<tr><td>自动模式</td><td>1 Hz ~ 200 MHz</td><td>200 mV ~ 5 V(峰-峰电压值)</td></tr>
</table>

续附表 2-2

测量功能		内容	
手动模式	DC 耦合	直流偏移范围	±1.5 V
		100 mHz ~ 100 MHz	20 mV ~ 5 V(AC+DC)
		100 MHz ~ 200 MHz	40 mV ~ 5 V(AC+DC)
	AC 耦合	1 Hz ~ 100 MHz	50 mV ~ 5 V(峰-峰电压值)
		100 MHz ~ 200 MHz	100 mV ~ 5 V(峰-峰电压值)
脉冲宽度和占空比测量			1 Hz ~ 10 MHz(100mV_{pp} ~ 10V_{pp})
输入调节		输入阻抗	1 MΩ
		耦合方式	AC、DC
		高频抑制	高频噪声抑制打开或关闭
		灵敏度	可设置高、中、低三挡
触发方式			触发电平可手动/自动调整
触发电平范围			±3 V(0.1% ~ 100%)
分辨率			6 mV

四、使用方法

1. 准备

(1)将电源接入 220 V、50 Hz 交流电源上。

(2)开机前各输出旋钮逆时针旋至最小。

2. 使用

(1)信号类型选择。根据所需信号的类型将位于面板中下部的功能键开关按下或抬起以选择所需信号类型。

(2)频率调节。如附图 2-2 所示输出正弦信号频率调节为例,在菜单栏中,选中"频率",光标位于参数显示区的频率参数位置,用户可在此位置通过数字键盘、方向键或旋钮对波的频率值进行修改。上述设置完成后,按"View"键切换为图形显示模式,信号发生器输出相应波形。

附图 2-2　波形频率、幅值等参数设置界面

(3)脉宽调节。在菜单栏中,选中"占空比",光标位于参数显示区的占空比参数位

置，用户可在此位置通过数字键盘、方向键或旋钮对波的脉宽进行修改。上述设置完成后，按“View”键切换为图形显示模式，信号发生器输出相应波形。

(4)幅度调节。与频率、脉宽调节方法类似。

(5)频率计的使用。按“Utility”键选择“频率计”进入频率计测量工作模式，通过同轴电缆将信号连接至对应的输入端，按下“AUTO”键进入自动测量模式。该模式下，耦合方式采用AC耦合，并自动调整触发电平和灵敏度，直到读数显示稳定为止，如附图2-3所示。同样，也可以采用手动测量模式，请参照说明书。

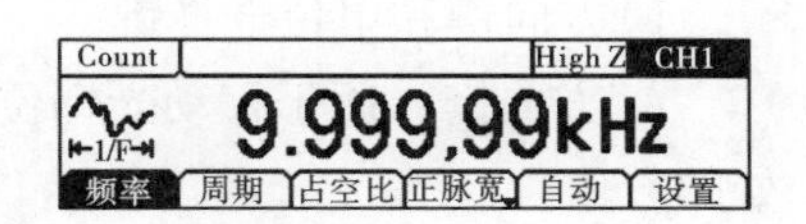

附图2-3 频率计测量值界面

附录3 DP832型可编程直流稳压电源

一、概述

DP832型可编程直流稳压源是一款高性能的3通道可编程线性直流稳压电源。其拥有清晰的用户界面、优秀的性能指标、多种分析功能、多种通信接口，可满足多样化的测试需求。

二、面板控制键件及使用介绍

DP832型直流稳压电源面板如附图3-1所示。

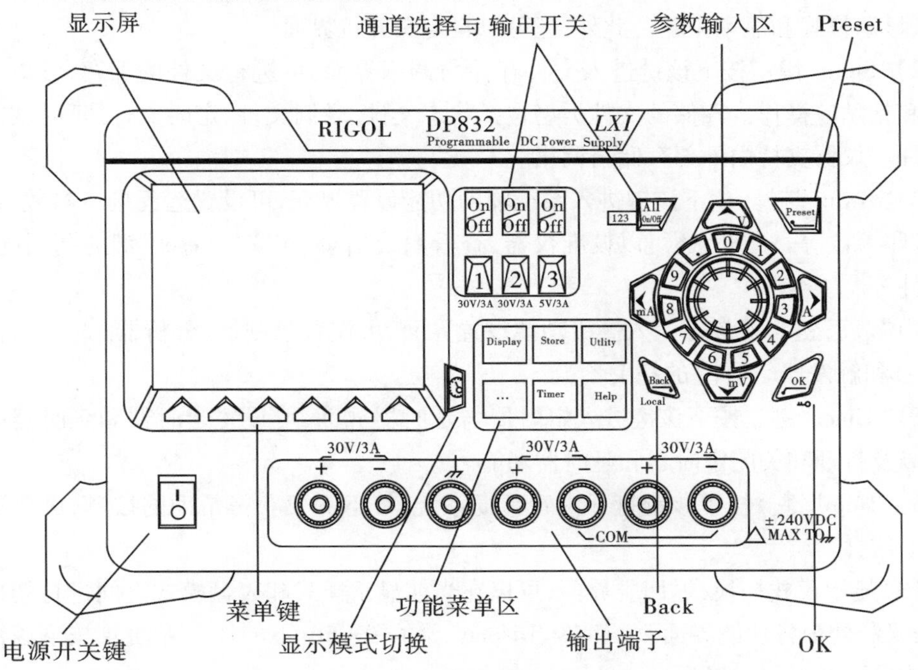

附图3-1 DP832型直流稳压电源面板

(1)显示屏,用于显示系统参数设置、系统输出状态、菜单选项以及提示信息等。

(2)通道(挡位)选择与输出开关。按下对应键,可打开或关闭对应通道的输出。

(3)参数输入区,包括方向键(单位选择键)、数字键盘和旋钮。

1)方向键和单位选择键

A. 方向键。用于移动光标位置;设置参数时,可以使用上/下方向键增大或减小光标处的数值。

B. 单位选择键。使用数字键盘输入参数时,用于选择电压单位(V、mV)或电流单位(A、mA)。

2)数字键盘。圆环式数字键盘:包括数字 0 ~ 9 和小数点,按下按键,可直接输入数字或小数点。

3)旋钮。设置参数时,旋转旋钮可以增大或减小光标处的数值。浏览设置对象(定时参数、延时参数、文件名输入等)时,旋转旋钮可以快速移动光标位置。

(4)"Preset"键用于将仪器所有设置恢复为出厂默认值,或调用用户自定义的通道电压/电流配置。

(5)"OK"键用于确认参数的设置。

(6)"Back"键用于删除当前光标前的字符。当仪器工作在远程模式时,该键用于返回本地模式。

(7)输出端子用于输出通道的电压和电流。

(8)功能菜单区

1)"Display"键。按下该键进入显示参数设置界面,可设置屏幕的亮度、对比度、颜色亮度、显示模式和显示主题。此外,还可以自定义开机界面。

2)"Store"键。按下该键进入文件存储与调用界面,可进行文件的保存、读取、删除、复制和粘贴等操作。存储的文件类型包括状态文件、录制文件、定时文件、延时文件和位图文件。仪器支持内外部存储与调用。

3)"Utility"键。按下该键进入系统辅助功能设置界面,可设置远程接口参数、系统参数、打印参数等。此外,还可以校准仪器、查看系统信息、定义"Preset"键的调用配置、安装选件等。

4)"..."键。按该键进入高级功能设置界面,可设置录制器、分析器(选件)、监测器(选件)和触发器(选件)的相关参数。

5)"Timer"键。按下该键进入定时器与延时器界面,可设置定时器和延时器的相关参数以及打开和关闭定时器和延时器功能。

6)"Help"键。按下该键打开内置帮助系统,按下需要获得帮助的按键,可获取相应的帮助信息。

(9)显示模式切换/返回主界面,可以在当前显示模式和表盘模式之间进行切换。此外,当仪器处于各功能界面时(Timer、Display、Store、Utility 下的任一界面),按下该键可退出功能界面并返回主界面。

（10）菜单键。与其上方的菜单一一对应，按下任一菜单键选择相应菜单。

（11）电源开关键。可打开或关闭仪器。

三、技术指标

所有技术指标需在规定的操作温度下连续运行 30 min 以上才能得到保证，具体参数见附表 3-1。

附表 3-1　DP832 型可编程直流稳压电源技术指标

<table>
<tr><td colspan="7">直流输出（0～40 ℃）</td></tr>
<tr><td>通道（挡位）</td><td colspan="3">电压/电流</td><td colspan="3">过压保护/过流保护</td></tr>
<tr><td>CH1</td><td colspan="3">0～30 V/0～3 A</td><td colspan="3">10 mV～33 V/1 mA～3.3 A</td></tr>
<tr><td>CH2</td><td colspan="3">0～30 V/0～3 A</td><td colspan="3">10 mV～33 V/1 mA～3.3 A</td></tr>
<tr><td>CH3</td><td colspan="3">0～5 V/0～3 A</td><td colspan="3">10 mV～5.5 V/1 mA～3.3 A</td></tr>
<tr><td colspan="7">环境</td></tr>
<tr><td colspan="3">冷却方法</td><td colspan="4">风扇冷却</td></tr>
<tr><td colspan="3">工作温度</td><td colspan="4">0～40 ℃</td></tr>
<tr><td colspan="3">存储温度</td><td colspan="4">-40～70 ℃</td></tr>
<tr><td colspan="3">湿度</td><td colspan="4">5%～80%（相对湿度）</td></tr>
<tr><td colspan="3">海拔高度</td><td colspan="4">1 500 m 以下</td></tr>
<tr><td colspan="7">电源</td></tr>
<tr><td colspan="3">交流输入（50～60 Hz）</td><td colspan="4">100（1±10%）V_{AC}，115（1±10%）V_{AC}，230（1±10%）V_{AC}
（最大 250 V_{AC}）</td></tr>
<tr><td colspan="7">分辨率</td></tr>
<tr><td>通道</td><td colspan="2">编程</td><td colspan="2">回读</td><td colspan="2">显示</td></tr>
<tr><td>CH1 CH2 CH3</td><td>电压</td><td>电流</td><td>电压</td><td>电流</td><td>电压</td><td>电流</td></tr>
<tr><td>标配</td><td>10 mV</td><td>1 mA</td><td>10 mV</td><td>1 mA</td><td>10 mV</td><td>10 mA</td></tr>
<tr><td>安装高分辨率选件后</td><td>1 mV</td><td>1 mA</td><td>0.1 mV</td><td>0.1 mA</td><td>1 mV</td><td>1 mA</td></tr>
</table>

四、使用方法

（1）连接通道输出端子。

（2）按下前面板电源开关键，仪器启动并执行自检操作，若自检通过，屏幕会显示开机界面，否则，系统会提示相应的自检失败信息（包括模拟板 1、模拟板 2、风扇、温度）。

（3）选择通道，根据需要输出的电压、电流值，选择合适的通道，按对应的通道选择键，此时，显示屏突出显示该通道、通道编号、输出状态及输出模式。

（4）按电压菜单键，设置所需的电压值。

（5）按电流菜单键，设置所需的电流值。

（6）按过压、过流菜单键，设置合适的过压、过流保护值。

（7）打开对应通道的输出，用户界面将突出显示该通道的实际输出电压、电流、功率以及输出模式。

注意，关机后若再次开机，请保证两次的开机时间间隔大于 5 s。

附录 4　TVT-322D 型双通道交流数字毫伏表

一、概述

TVT-322D 型双通道交流数字毫伏表适用于测量频率 5 Hz～2 MHz，100 μV～300 V 的正弦有效值波形。仪器采用 4 位数字显示，精度高、频率影响误差小、输入阻抗高，有电压、dB、dBm 三种显示方式，显示清晰直观。可自动转换量程，使用方便。各控制开关均采用高质量的轻触式开关，手感好，可靠性高。广泛应用于工厂、实验室、科研单位、部队和学校。

二、面板控制键件介绍

数字毫伏表前面板如附图 4-1 所示。

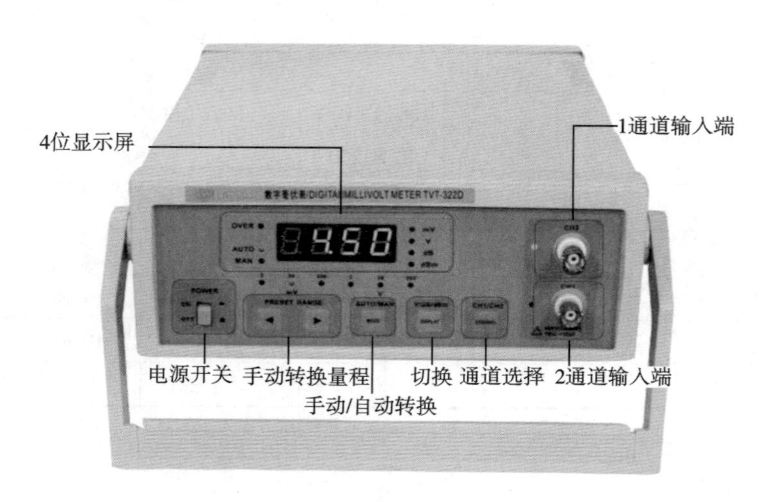

附图 4-1　数字毫伏表面板

三、技术指标

主要技术参数见附表 4-1。

附表 4-1　TVT-322D 型双通道交流数字毫伏表主要技术参数

项目	参数
测量范围	电压:30μ V～300 V dB:-79～+50 dB(0 dB=1 V) dBm:-77～+52 dBm　(0 dB=1 mV,600 Ω)
频率范围	5 Hz～2 MHz
量程	3 mV、30 mV、300 mV、3 V、30 V、300 V
电压测量误差	5 Hz～2 MHz:±4% 读数±20 个字 20 Hz～500 kHz:±2.5% 读数±10 个字 50 Hz～100 kHz:±1.5% 读数±8 个字 (1 kHz 为基准)
输入阻抗	1 MΩ(±10%),30 pF
dB 误差	±1 个字
dBm 误差	±1 个字
分辨率	1 μV
噪声	输入短路时小于 15 个字(30 mV～300 V 量程)
温漂	小于 10^{-4} ℃(基准温度 20 ℃)
额定工作温度/湿度	0～40 ℃/小于 90% RH
电源	220 V/110 V(±10%)　50 Hz/60 Hz
尺寸	274 mm×225 mm×88 mm(长×宽×高)
质量	3 kg

四、使用方法

(1)测量前请接通电源,按下电源开关“ON”键。

(2)刚开机时,机器处于 CHI 输入、自动量程、电压显示方式。用户可根据需要重新选择输入通道、测量方式、显示方式。如果采用手动测量方式,在加入被测电压前要先选择合适的量程。

(3)两个通道的量程有记忆功能,因此如果输入信号没有变化,转换通道时不必重新设置量程。

(4)当机器处于手动测量方式时,从“INPUT”端接入被测电压后,应马上显示出被测电压数据。当机器处于自动测量方式时,加入被测电压后需几秒后显示数据才会稳定下来。

(5)如果显示数据不闪烁,“OVER”灯不亮,表示机器工作正常,如果“OVER”灯亮,表示数据误差较大,用户可根据需要选择是否更换量程。

（6）如果显示数据闪烁，表示被测量电压已超出当前量程的范围，必须更换量程。

注意：①打开电源开关后，数码管应当亮，数字表有几秒不规则的数据跳动属于正常现象，几秒后数据稳定下来进入测量状态。②输入短路 15 个字以下的噪声，这不影响测试精确，不需调零。③当机器处于手动转换量程状态时，请不要长时间输入电压大于该量程所能测量的最大电压。

附录 5　DM3058E 型数字式万用表

一、概述

DM3058E 型数字式万用表是一款 5 $\frac{1}{2}$位双显数字式万用表，它是针对高精度、多功能、自动测量的用户需求而设计的产品，集基本测量功能、多种数学运算功能、任意传感器测量等功能于一身。DM3058E 型数字式万用表拥有高清晰的 256×64 点阵单色液晶显示屏，易于操作的键盘布局和清晰的按键背光和操作提示，使其更具灵活、易用的操作特点；支持 RS-232、USB 接口。

二、面板控制键介绍

DM3058E 型数字式万用表面板如附图 5-1 所示。

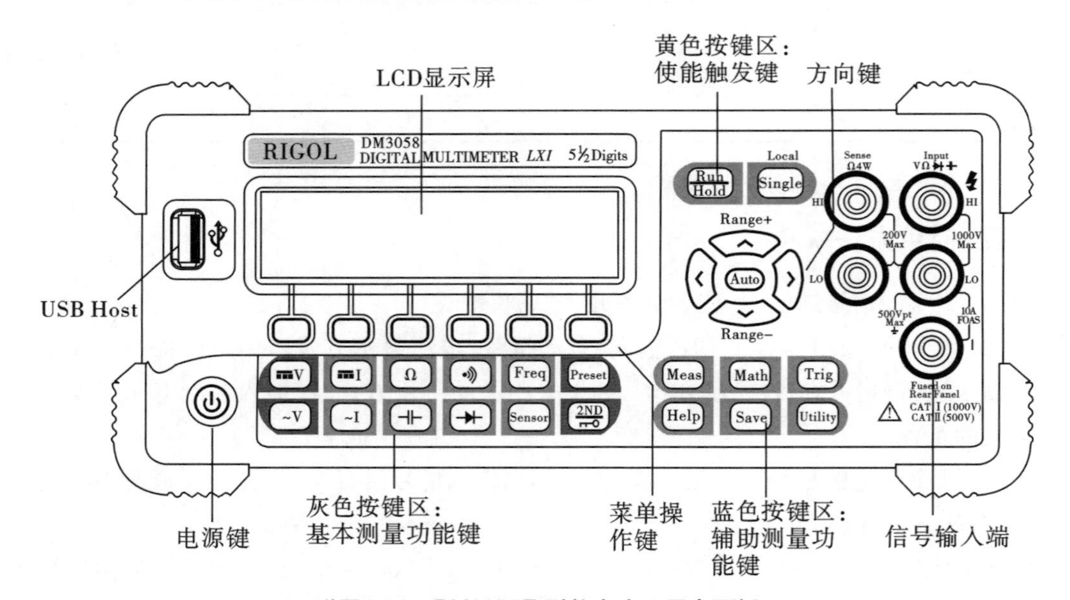

附图 5-1　DM3058E 型数字式万用表面板

打开双显的方法是：附图 5-1 灰色按键区的 2ND 按下后，该按钮发光，仪器开始等待第二功能操作。此时，按下任意功能键，如果该功能允许作为副显示，则副显示将显示该功能，主显示则显示打开副显示之前已选中的功能，如附图 5-2 所示。

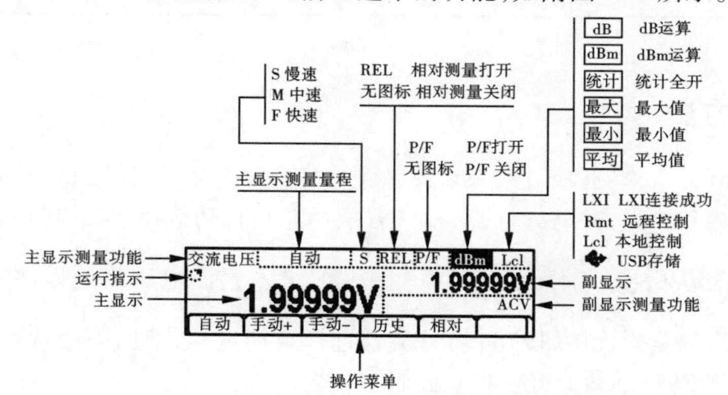

附图 5-2　LCD 显示屏双显界面

附图 5-3　LCD 显示屏单显界面

三、技术指标

DM3058E 型数字式万用表的技术指标见附表 5-1。

附表 5-1　DM3058E 型数字式万用表技术指标

电源	AC 100～120 V，45～440 Hz；AC 200～240 V，45～66 Hz
工作环境：	全精度 0～50 ℃，80% RH，40 ℃，无凝结存储温度-20～70 ℃ 海拔高度：上限 3 000 m
直流特性	
直流电压	量程 200 mV～1 000 V
直流电流	量程 200 μA～10 A
电阻	量程 200 Ω～100 MΩ
二极管测试	2 V
交流特性	
交流电压有效值	量程 200 mV～750 V，频率范围 20 Hz～100 kHz
交流电流有效值	量程 20 mA～10 A，频率范围 20 Hz～10 kHz（10 A 时为 20 Hz～5 kHz）

续附表 5-1

电容特性	2 nF ~ 10 000 μF
外部触发输入	TTL 兼容(输入端悬空时为高)触发条件:上升沿/下降沿可选
质量	2.5 kg

四、使用方法

以测量交流电压为例,该万用表可测量最大 1 000 V 的直流电压。下面将详细介绍直流电压的连接和测量方法。(注意,每次开机后总是自动选择直流电压测量功能)

(1)开机情况下,按下前面板的 V 按键,进入直流电压测量界面如附图 5-4 所示。该直流电压测量界面中,按"自动"按钮,选择自动量程,禁用手动量程。按"手动+"按钮或"手动-"按钮,手动设置量程。此时禁用自动量程。

附图 5-4　直流电压测量界面

(2)红色测试引线接 Input-HI 端,黑色测试引线接 Input-LO 端。

(3)根据测量电路的电压范围,选择合适的电压量程,如 200 mV、2 V、20 V、200 V、1000 V。

(4)设置直流输入阻抗。直流输入阻抗的默认值为 10 MΩ,此参数出厂时已经设置,用户可直接进行电压测量。(如果用户不需要修改此参数,直接执行下一步)

(5)设置相对值(可选操作),按下"相对"按钮打开或关闭相对运算功能,相对运算打开时,显示屏上方显示"REL",此时显示的读数为实际测量值减去所设定的相对值。

(6)读取测量值。读取测量结果时,可使用左、右方向键选择测量(读数)速率。

(7)按"历史"键,可对本次测量所得数据进行查看或保存处理。